多旋翼无人机

远程控制实践

全权 杨兰江 宁俊清 刘浩 毛鹏达 马泽青 著

電子工業出版社
Publishing House of Electronics Industry
北京 • BEIJING

内 容 简 介

本书基于半自主自驾仪多旋翼直接进行系统辨识、控制器设计和任务规划，无须了解自驾仪内部的控制算法，具有基础性、实用性、综合性和系统性等特点。书中包含实验原理、实验平台和实验任务三大部分，共八章内容。实验任务包括五个环环相扣的主题实验：系统辨识、滤波器设计、跟踪控制器设计、路径跟随控制器设计和避障控制器设计，完成多旋翼飞行器远程控制实践。所有主题实验均基于MATLAB/Simulink 完成了软件在环仿真、硬件在环仿真和实飞，所有的例程能被单独完成，且包含操作视频。

本书适合对多旋翼飞行器设计与控制感兴趣的读者，也可以把本书部分实验作为高年级本科生以及研究生专业课程的实践环节，或者作为该领域研究的入门指南。

图书在版编目（CIP）数据

多旋翼无人机远程控制实践/全权等著. —北京：电子工业出版社，2022.11

ISBN 978-7-121-44712-9

I. ①多…　II. ①全…　III. ①无人驾驶飞机-遥控系统-高等学校-教材　IV. ①V279

中国版本图书馆 CIP 数据核字(2022)第 242300 号

责任编辑：郝志恒　章海涛　　文字编辑：路　越

印　　刷：北京盛通数码印刷有限公司

装　　订：北京盛通数码印刷有限公司

出版发行：电子工业出版社

北京市海淀区万寿路 173 信箱　　邮编：100036

开　　本：787 × 1092　1/16　　印张：15.75　　字数：410 千字

版　　次：2022 年 11 月第 1 版

印　　次：2025 年 1 月第 3 次印刷

定　　价：89.00 元

凡所购买电子工业出版社图书有缺损问题，请向购买书店调换。若书店售缺，请与本社发行部联系，联系及邮购电话：（010）88254888，88258888。

质量投诉请发邮件至 zlts@phei.com.cn，盗版侵权举报请发邮件至 dbqq@phei.com.cn。

本书咨询联系方式：192910558（QQ 群）。

序

近年来，随着经济社会的快速发展，新一轮产业革命的推进，无人机产业呈现出非常迅猛的发展态势。一是应用范围不断拓展，从传统的个人娱乐逐渐拓展至全方位民生领域；二是产业结构不断完善，一系列种类齐全、功能多样、安全可靠的无人机产品应运而生；三是商业模式不断创新，无人机与各相关行业深度融合，不断有新的商业模式涌现出来。多旋翼是最近十几年发展起来的较新型的飞行器，在短距和小载重场合有着广泛的应用，是对无人机和通用航空产业的有益补充。

基于完善的多旋翼的飞行控制，本书主要关注顶层控制，包括模型辨识、状态估计、跟踪控制、路径跟随和自主避障等相关内容。这些工作为更顶层的自主决策奠定了基础，可延伸到无人机空中交通、山区物流和应急救援调度等领域。

本书写作内容丰富，结构严谨，层次有序，理论与工程紧密结合，覆盖从数字仿真到硬件在环仿真，最后到实际飞行，一气呵成。与此同时，本书还提供了详细的代码和视频指导。这些“知行合一”的工作理念，大大降低了初学者的入门门槛，同时也帮助他们迅速达到从事该领域工作的智识水平。

虽然目前国内无人机的发展势头很迅猛，但与国外航空产业的先进水平相比还有较大差距。要缩短这些差距，需要更多顶层的规划设计和更多的优秀人才，将无人机从单纯的产品研制变为可靠的服务，服务于国计民生、经济建设和保家卫国!

刘大响

中国工程院院士

2022年6月

前　言

随着材料、动力、芯片及人工智能等技术的迅猛发展，智能化、信息化和自动化的时代已经到来。借助这股浪潮，无人机以及最近出现的载人电动垂起飞行器（Electric Vertical TakeOff and Landing，eVTOL）蓬勃发展，广泛应用于军民领域。eVTOL 更是比肩目前的无人驾驶汽车，颠覆未来出行模式，有着万亿级市场。

然而，飞行器在载重方面具有苛刻限制，这对相关技术提出了很大的挑战。另外，飞行器具有复杂性、不稳定性及危险性等高门槛属性。因此，如何降低门槛，让不同专业的人才都能为飞行器行业添砖加瓦，是一件具有挑战性的事情。同时，如何让一个人从仿真到实践实现自己的想法，更具有挑战性。为此，我们在前期出版了《多旋翼飞行器设计与控制》和《多旋翼飞行器设计与控制实践》，分别作为理论方面和实践方面的书籍服务开发人员。后者更是采用基于模型开发理念进行底层飞控开发，我们相应地推出 RflySim 仿真平台（rflysim.com），这些工作得到了大家的一致好评。为了更好地推广飞行器方面的教育，考虑到非编程的实践类型工程师的需求，我们还推出《多旋翼飞行器：从原理到实践》，让更多的人认识飞行器，懂得组装、调试、操控和维护等操作。基于以上的工作，本书的定位是：在具备完好底层自驾仪的多旋翼飞行器基础上，进行顶层飞控算法的开发，这是对目前书籍体系的良好补充。

本书包括系统辨识、滤波器设计、跟踪控制器设计、路径跟随控制器设计和避障控制器设计五个主题实验，这些主题实验环环相扣。例如，系统辨识和滤波器设计实验得到的结果将会被跟踪控制器设计所用，而跟踪控制器设计可以进一步用于路径跟随控制器设计和避障控制器设计。因此，本书整体上兼顾基础性和系统性，读者可以基于这些实验完成一个完整的项目原型演示。这些技术还可以结合视觉等人工智能算法，让飞行器实现更加自主的飞行。除了基础性和系统性，在降低门槛方面，本书有以下四个方面体现。①具备完好底层自驾仪的飞行器降低了复杂性、不稳定性和危险性；②本书基于 MATLAB/Simulink 完成了数字仿真、硬件在环仿真和实飞。在整个实验过程中，接口保持一致，控制算法等代码基本无须改变；③本书提供的例程可以保证每个主题实验能被单独完成。每个主题实验又包括由浅入深的四个分步实验：基础实验、分析实验、设计实验和实飞实验。不仅如此，为了让读者更好地理解和操作，所有例程代码均免费开放；④所有实验均录制了操作视频，进行手把手教学。

本书的撰写花费近三年，经历了本人在北京航空航天大学自动化科学与电气工程学院所带的“课程设计和综合实验”等课程五轮次的使用测试，以及可靠飞行控制研究组（http://rfly.buaa.edu.cn）多名同学的反复修订。在此过程中，同学们提出了很多有用的建议，特向他们表示感谢。另外，本书的撰写离不开可靠飞行控制研究组马泽青同学前期的参与，他完成了前四个主题实验的数字仿真雏形。然而，行百里者半九十，后面工作量异常巨大。杨兰江、宁俊清、刘浩和毛鹏达同学接过旗帜，又进行了一年半的推导、补充、改进和完善。杨兰江负责第 1 章到第 3 章、第 8 章及附录 B 所有内容，宁俊清负责第 4 章、第 5 章和附录 A 所有内容，刘浩负责第 6 章和第 7 章所有内容，毛鹏达负责第 4 章到第 8 章所有硬件在环仿真实验部分及撰写，我本人负责整本书的架构、实验内容的设计和全书的修订工作。长时间且反复打磨的目的是方便读者阅读和复现，使读者从中受益。借此机会，也感谢一直关心和支持可靠飞行控制研究组发展的朋友们。

在不远的将来，科幻片中的飞行时代将会逐步实现。在这个时代来临前，可靠飞行控制研究组有幸能为该领域添砖加瓦。

本书开发的实验和工具花费了我们大量心血，为此我们保留实验和开发的工具方面的版权。我们开发的工具和提供的实验代码可以在https://rflysim.com/docs/#/5_Course/Content 中下载，仅供个人免费使用。在该网站上，还可以找到线上和线下实验课程以及教具信息。未经可靠飞行控制研究组授权，不允许任何公司和个人将本书及附带代码和工具，作为教育产品进行销售；否则，必将追究法律责任。关于本书存在的问题和版权，可通过电子邮箱qq_buaa@buaa.edu.cn 联系本人。

全　权

于北京航空航天大学新主楼

2022 年 10 月

目　录

第1章

Chapter 1

绪　论

本章以多旋翼飞行器（以下简称多旋翼）为主要研究对象，介绍了它自身的特点与相对其他类型飞行器的一些区别。多旋翼作为各类飞行器中的重要一类，因其使用简单和可垂直起降等优点，在各大领域都有着非常广阔的发展潜力。针对特定的领域与新的任务需求，多旋翼的机架布局、气动布局、动力系统与控制系统等都需要进行重新设计，而且还需要不断地进行飞行测试来验证是否达到期望的性能。传统的多旋翼开发与测试方法较为依赖实际的飞行实验，导致在培养行业所需专业人才方面存在两大难点。一方面，多旋翼系统复杂且涉及较多的交叉学科内容，对于专业开发人员来说跨学科知识能力要求过于严格，对于初学者来说学习门槛过高；另一方面，室外的飞行实验具有较大的危险性且与当地的空域管理政策息息相关。因此，开发阶段的验证和确认（Verification and Validation，V&V）环节[1]严重受限。针对当前飞行器教育中理论与实践联系不够紧密，以及传统的小型飞行器开发流程过于低效等问题，本书引入了基于半自主飞控的多旋翼远程控制平台，并设计了一系列实验，来实现仿真到室内飞行实验循序渐进的快速开发流程，希望读者能够在最新工具和方法的辅助下，专注并且高效地学习多旋翼相关知识与技术，而不需要关注底层代码与硬件实现。本书介绍的实验平台能让读者快速地在真实的多旋翼上实现并验证自己的想法。本章将会介绍：①读者需要提前掌握的基本知识；②后续章节的实验内容及基本学习步骤；③学习本书的预期收获。值得注意的是，虽然本书只选择了多旋翼，但是本书用到的与多旋翼相关的工具与方法也可以推广到其他类型的飞行器上。

1.1 什么是多旋翼

1.1.1 常见飞行器分类

按飞行环境和工作方式的不同，飞行器可以分为航空器、航天器、火箭和导弹[2]。其中，航空器是指在大气层内飞行的飞行器，其依靠空气的静浮力或靠与空气相对运动产生的空气动力升空飞行，航空器的一般分类如图 1.1所示。本书中所讨论的飞行器一般指航空器，常见的小型航空器有三类，如图 1.2所示。

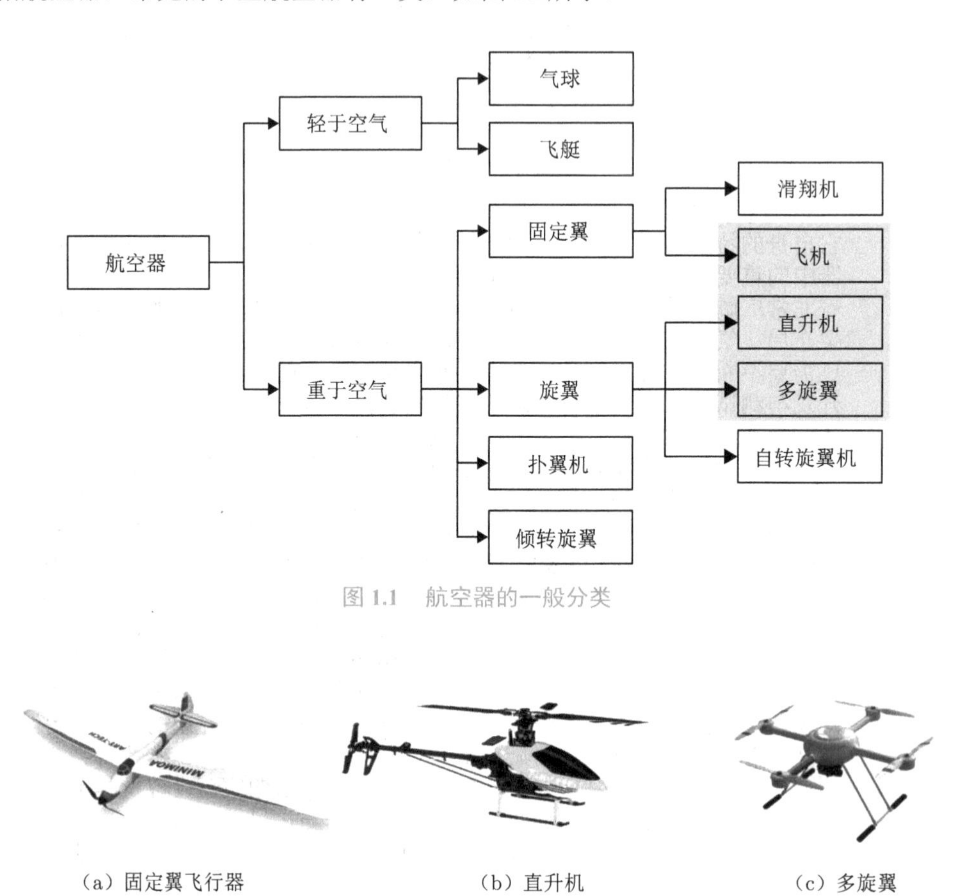

图 1.1 航空器的一般分类

图 1.2 常见的小型航空器

1）固定翼飞行器

如图 1.2（a）所示，固定翼飞行器的机翼位置和后掠角等参数基本固定不变，民航飞机和战斗机大多数都是固定翼飞行器。它们通常由推力系统产生前向的空速，进而通过机翼产生升力来平衡飞行器的重力。基于这个原理，固定翼飞行器需要保持一定的前飞速度，因此很难垂直起降。与传统的直升机相比，固定翼飞行器的优点是结构简单、载荷更大、飞行距离更长而耗能更少，缺点是起飞和降落的时候一般需要跑道或弹射器。

2）直升机

如图 1.2（b）所示，直升机是一种由旋翼直接提供升力的旋翼飞行器。直升机有四个控制输入，分别是周期变距杆、总距操纵杆、航向和油门。总距操纵杆控制旋翼的迎角（或攻角）。直升机的升力主要由总距操纵杆和油门控制，姿态由周期变距杆控制。由前面的介绍可知，直升机可以垂直起降，无须跑道或弹射器。与固定翼飞行器相比，直升机的续航时间更短，而且复杂的机械结构会带来很高的维护成本。

3）多旋翼（**Multicopter**，**Multirotor**[①]或 **Multirocopter**）

多旋翼可以视为一类有三个或者更多螺旋桨的直升机，也具备垂直起降能力，最常见的是四旋翼，如图 1.2（c）所示。与直升机不同的是，多旋翼通过控制螺旋桨的转速来实现拉力的快速调节。由于多旋翼结构具有对称性，所以螺旋桨之间的反扭矩可以相互抵消。多旋翼的结构非常简单，由此具有各通道之间耦合弱、可靠性高和维护成本低等优势。然而，拉力产生原理在一定程度上也牺牲了多旋翼的负载能力和续航时间。一般的多旋翼（如六旋翼）与四旋翼之间有何区别呢？如图 1.3所示，六旋翼由六个螺旋桨来产生拉力、俯仰力矩、滚转力矩和偏航力矩。而四旋翼只有四个螺旋桨来产生拉力和三轴力矩。因此，除了将拉力和力矩分配给每个螺旋桨的方法不同，各类型的多旋翼没有本质区别。

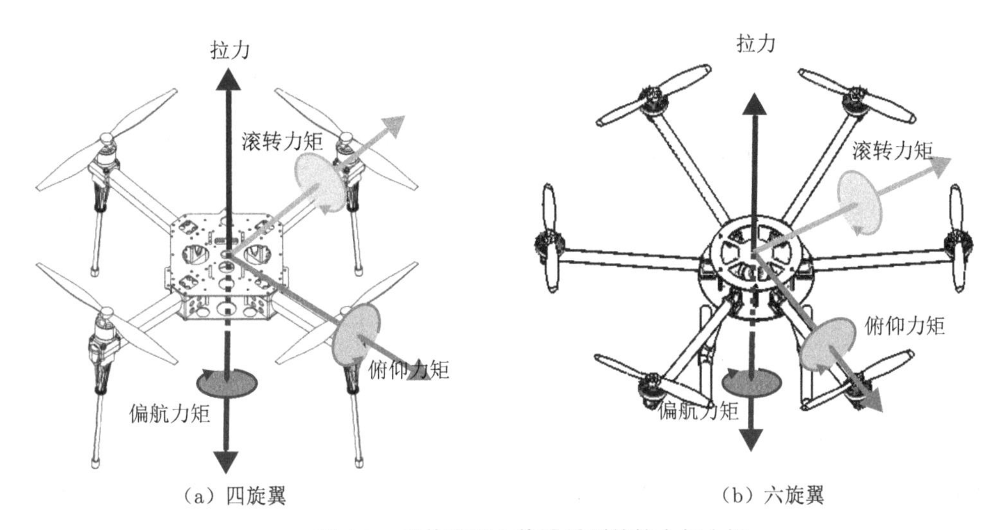

（a）四旋翼　　（b）六旋翼

图 1.3　四旋翼和六旋翼受到的拉力与力矩

除了前面介绍的三种飞行器，还有一些飞行器由这三种飞行器复合而成[4]。如图 1.4（a）所示为旋翼倾转复合式飞行器，它由三旋翼和固定翼飞行器复合而成，既能高速前飞，又能垂直起降。如图 1.4（b）所示的机身旋转复合式飞行器集成了四旋翼（底部）、固定翼飞行器和直升机[5]，同时也具备高速前飞和垂直起降的能力。图 1.5展示了

① 事实上，螺旋桨（Propellers）的定义与旋翼（Rotors）的定义是不同的。固定翼飞行器一般使用螺旋桨来产生推力，而直升机使用旋翼来产生升力。固定翼飞行器的螺旋桨叶片的桨距一般是固定的，而直升机叶片的桨距可以通过滑盘调节。所以，从定义上来看，多旋翼一般安装的是螺旋桨而不是旋翼[3]。“四旋翼”和“多旋翼”这两个词已经被广泛使用，因此本书对“螺旋桨”和“旋翼”这两种表达方式不加以严格区分。但是本书更倾向于使用“螺旋桨”。

一种复合式多旋翼，它复合了两个单旋翼和四旋翼[6]，进而增加了最大负载能力。

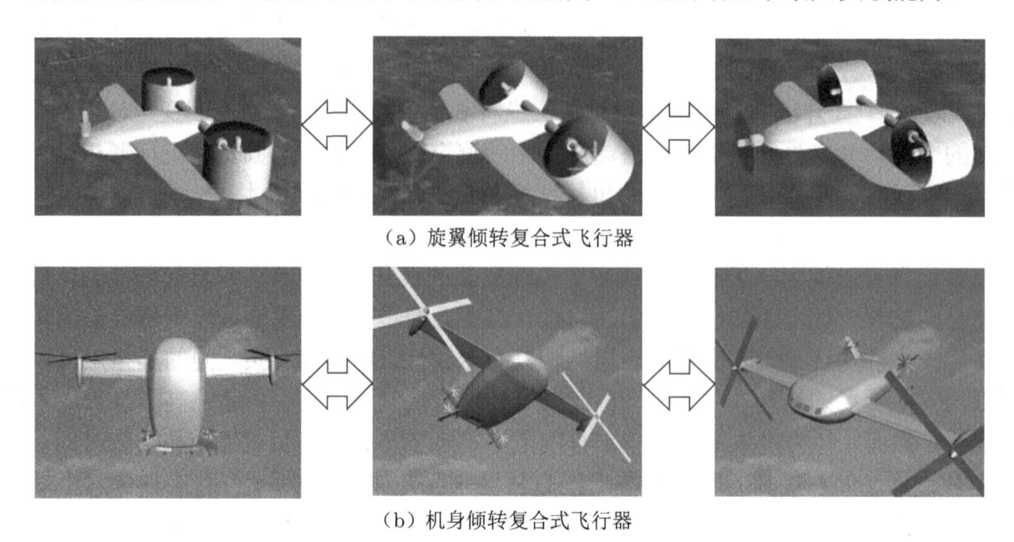

（a）旋翼倾转复合式飞行器

（b）机身倾转复合式飞行器

图 1.4 复合式飞行器从悬停模态转换到前飞模态示意图。（a）飞行器的旋翼能够相对机身倾转，从而完成模态转换；（b）螺旋桨相对机身都固定，通过控制使整机倾转完成模态转换

图 1.5 复合式多旋翼。中间的共轴双桨转速动态较慢，提供主要拉力，而外围的四旋翼通过快速改变螺旋桨的速度改变拉力，从而改变姿态

1.1.2 无人驾驶飞机和航空模型飞机

无人驾驶飞机是由动力驱动、机上无人驾驶的航空器，简称“**无人机**”（Unmanned Aerial Vehicle，UAV），军事或民用领域常见的无人机包括无人直升机、无人飞艇、无人固定翼飞机等[7]。无人机的飞行可以通过机载电脑自动控制，也可以由地面或其他平台上的操纵人员（有时也称为驾驶员）远程控制。英文中有时也用“Drones”来表示无人机。本书中主要考虑微小型无人机。

航空模型在后文中简称“航模”，有时也称为“遥控飞行器”“遥控模型”。“航模是一种有尺寸限制的、带有或不带有发动机的、不能载人的飞行器，可以用于空中比赛、运动或者娱乐[8]”。它也指无线控制航模或者无线控制飞行器。在整个飞行过程中，它必须位于飞行器操纵人员的视距内。读者可以参考文献 [9] 得到航模操作的法定参数。

从广义的角度来讲，“无人机”可以认为是一个一般化的称谓，无人驾驶的飞行器都可以称为“无人机”，但“无人机”与“航模”之间也有一定的区别，具体总结如表 1.1所示。

表 1.1 无人机与航模的区别

	无人机	航模
组成	复杂	简单
操作方式	自主控制与遥控	遥控
用途	军事、民用、特种用途	娱乐

（1）组成不同。一般来说，小型无人机的组成比航模更复杂。无人机系统由机架、动力系统、自驾仪、任务系统、通信链路系统和地面站等组成。航模主要包括机架、动力系统、简单的自稳系统、遥控器及接收系统等。

（2）操控方式不同。无人机是由机载电脑自动控制或者是由地面或其他飞机上的飞行器操纵人员远程控制，而航模一般由操纵人员遥控操纵实现飞行。

（3）用途不同。无人机更偏向于军事用途或民用特种用途，一般用来执行特殊任务。而航模更接近于玩具。

多旋翼主要有两种控制方式：**半自主控制方式**和**全自主控制方式**。目前，大部分开源自驾仪可以同时支持两种控制方式。半自主控制方式意味着自驾仪可以稳定姿态、保持高度和稳定位置等。以开源自驾仪 ArduPilot Mega（APM）①为例，在**半自主控制方式**下，用户可以选择以下模式：自稳模式、定高模式或者定点模式等。在这种控制方式下，多旋翼同时还受控于操纵人员，因此更像是航模。而**全自主控制方式**意味着多旋翼可以完成储存在自驾仪里的预装订的任务，任务包含导航指令以及实现自动起降的指令。在全自主控制方式控制下，地面上的操纵人员只需要规划任务即可。此时，多旋翼更像无人机。有些多旋翼可同时支持这两种控制方式，它们可以由操纵人员来回切换，并且不同的控制方式对应不同的应用。为了简单起见，本书在后面章节不再具体区分多旋翼航模还是多旋翼无人机，都统称为**多旋翼飞行器**，简称为**多旋翼**。

1.2 为什么选择多旋翼

多旋翼麻雀虽小，但五脏俱全，是控制实践的一个非常好的研究对象。多旋翼系统的特点和未来研究需求可以总结如下。

（1）多旋翼除了能够由自驾仪自主控制飞行，还能由操作员通过地面站或者遥控器（对应于**信息与通信工程**学科）进行远程控制。因此，我们希望通信链路安全可靠，并且不被黑客攻破。此外，还有研究者通过检测通信链路来追踪遥控多旋翼的操作员，从而查处违法飞行。

（2）多旋翼本身涉及很多电子设备（对应于**电子科学与技术**学科）。我们希望电子电路稳定可靠，不受外界电磁辐射影响。同时希望机载嵌入式处理器具有更丰富的计算资源，功耗和重量越小越好。

（3）多旋翼系统需要软件环境来运行控制算法（对应于**计算机科学与技术**学科），一般需要实时操作系统（Real-Time Operating System，RTOS）来提供软件运行环境并提供

① 详见 http://ardupilot.org

与机载硬件通信的接口。例如，著名的开源自驾仪软件 PX4[①]运行在一个轻量级实时操作系统 Nuttx[②]之上。

（4）在多旋翼设计上，需要考虑材料、布局和结构（对应于**力学、机械工程**学科），还要考虑动力系统选型（对应于**力学、电气工程**学科）等。我们希望结构轻而稳固；机身设计成流线型用于高速飞行；螺旋桨和电机匹配，从而达到最高效率。

（5）在状态估计上需要考虑多个传感器（如 GPS、陀螺仪、加速度计、磁力计、气压计、超声波测距仪、光电传感器等）信号不同步、采样周期不相同、数据延迟以及传感器出现异常等问题，最终鲁棒且高性能地估计相应状态（对应于**仪器科学与技术**学科）。

（6）多旋翼作为一个典型的闭环控制系统（对应于**控制科学与工程**学科），具有很多有趣的特性，例如它是一个不稳定、非线性、欠驱动和执行器控制量受限（螺旋桨只能产生正向垂直于机身平面的拉力）系统。它不像固定翼飞行器和直升机那样需要较高的气动设计要求，降低了建模、分析和控制难度，让一般非航空院校的初学者或者工程师能迅速上手使用，因此它是研究空中运动体控制的绝佳平台。

（7）多旋翼价格便宜，飞行实验简单，可以较为容易地得到大量相关飞行数据，这也为多旋翼的健康评估提供了较好的基础条件。

多旋翼的上述特点可以为相应学科方法测试提供看得见摸得着的实践，特别是控制方面的实践。无论从教育还是科研的角度来看，多旋翼系统都是一个非常好的研究对象。在组织整个开发上，它是一个系统工程，对学生或工程师也有很大挑战。传统飞行器开发主要集中在航空航天院所，人力、财力、经验与资源都比较充裕。在开放的市场以及日益激烈的竞争环境下，相关创业公司面临人员少、一肩挑、经验少和资源少等问题。这就要求核心工程师团队能够同时掌握：机架的布局和结构设计、动力系统设计、模型建立与系统辨识、状态估计、控制系统设计、路径规划决策逻辑、健康评估和失效保护设计等理论知识，同时需要具备丰富的操作系统开发、软件编写调试以及实飞实验等实践经验。多旋翼这个平台可以培养工业界需要的跨专业复合型人才，提升其软件开发能力、分析能力、算法设计能力、管理能力以及展示能力。退一步说，多旋翼本身也在工业界很实用，它能较好地对接研究教学和实际应用，对高校学生来说也很有吸引力。

1.3 本书内容简介

本书的目的就是让读者在学习“自动控制原理”等专业课之后，运用所学专业技术基础课及专业课知识，进行控制系统的详细设计，在综合运用专业理论和解决工程问题方面得到实际锻炼。另外，由于飞行控制相关课程工程实践性很强，仅通过理论学习，很难掌握飞行控制技术的精髓。本书提供建立完成的多旋翼数学模型以及基于该数学模型设计的软/硬件在环仿真软件等。本书包含五个具体实验：

（1）实验一：系统辨识；

（2）实验二：滤波器设计；

① https://dev.px4.io/master/en/concept/architecture.html

② https://nuttx.org/

（3）实验三：跟踪控制器设计；

（4）实验四：路径跟随控制器设计；

（5）实验五：避障控制器设计。

五个实验的关系如图 1.6所示。具体地，针对真实的带半自主飞控的**多旋翼**和给定的多旋翼**非线性系统模型**，读者可以先通过**系统辨识**实验获取**辨识模型**，在该模型上快速地进行算法开发与仿真验证，然后将算法移植到多旋翼上。辨识模型可以辅助设计**跟踪控制器**用于跟踪给定指令，同时也可以将状态信号输出给**滤波器**获取精确的状态反馈。在决策方面，采用人工势场法设计**路径跟随控制器**和**避障控制器**，能够实时生成航路点作为跟踪控制器的输入。最后，跟踪控制器的输出给辨识模型、非线性系统模型或者真实的多旋翼，形成完整闭环。

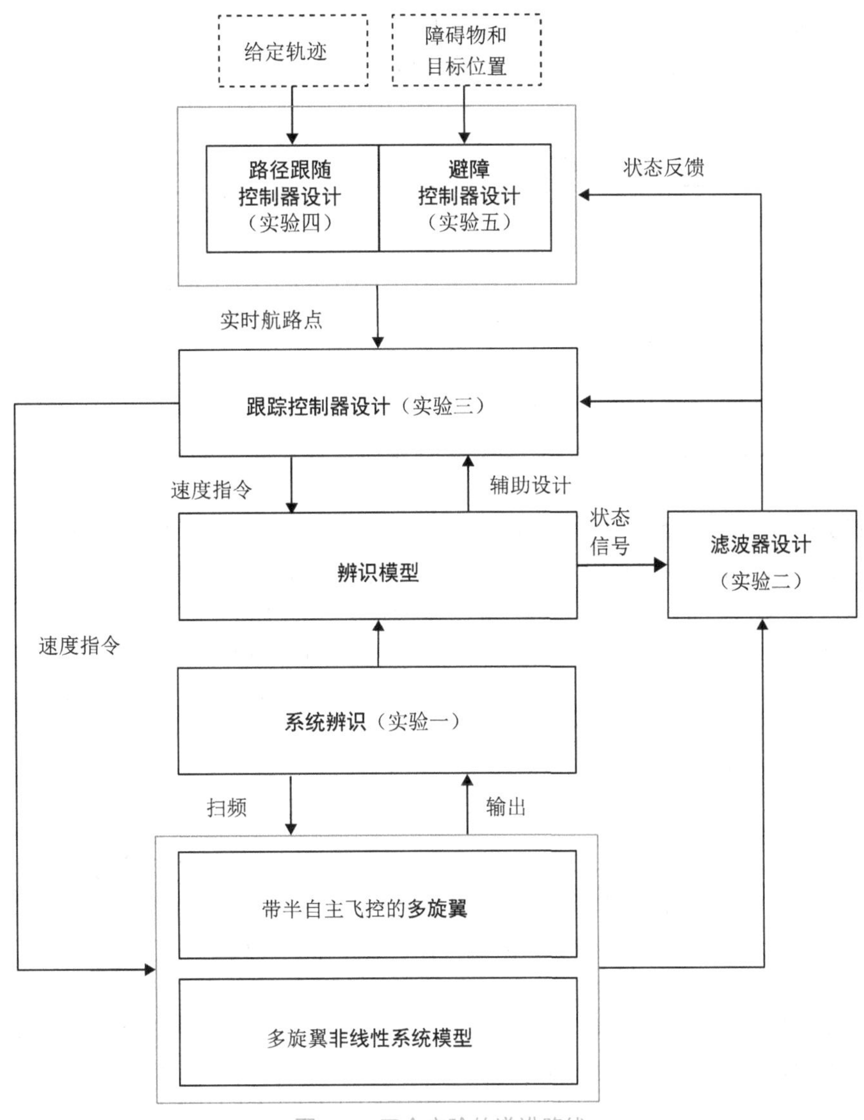

图 1.6　五个实验的递进路线

本书提供的例程可以保证每个实验被单独或者按照一种递进的结构完成。上述五个实验都包括由浅入深的四个分步实验：基础实验、分析实验、设计实验和实飞实验。

（1）**基础实验**：打开例程，阅读并运行程序代码，然后观察并记录分析数据。

（2）**分析实验**：指导读者修改例程，运行修改后的程序并收集和分析数据。

（3）**设计实验**：在上述两个实验的基础上，针对给定的任务，进行独立设计。

（4）**实飞实验**：在设计实验的基础上，针对给定的任务，进行独立设计并运用于真实的多旋翼。

对于基础实验和分析实验，本书都会提供完整的例程。通过基础实验和分析实验，读者能较好地了解整个系统的构架、模型和算法的性能。通过设计实验，读者能够基于原有例程的架构进行自主设计开发算法，逐一替换相关模块，并进行硬件在环仿真测试。通过实飞实验，读者能将自主设计开发的算法用于实际飞行。四个分步实验构成了由浅入深的学习阶梯，便于读者一步一步达到最终的实验目标。如表 1.2所示，每个实验的侧重与内容有所不同。

表 1.2 实验类型、目标和内容

目标	基础实验	分析实验	设计实验	实飞实验
熟悉开发平台	✓	✓	✓	✓
熟悉分析过程	×	✓	✓	✓
熟悉设计方法	×	×	✓	✓
仿真 1.0	✓	✓	✓	✓
仿真 2.0	✓	✓	✓	×
硬件在环仿真	×	×	✓	×
实飞实验	×	×	×	✓

基础实验、分析实验和设计实验都包括仿真 1.0 和仿真 2.0，其中设计实验还包括硬件在环仿真。这里的仿真 1.0 采用的模型是简化的线性模型，通常是利用系统辨识得到的，用于模拟基于模型开发；而仿真 2.0 采用的模型是高逼真的非线性模型，用于模拟基于模型开发到真实飞行器上的迁移。实飞实验包括仿真 1.0 和实飞，这里的仿真 1.0 采用的模型也是简化的线性模型；不同的是，该模型是通过对真实多旋翼实飞数据进行系统辨识得到的模型，更加贴近于读者所使用的多旋翼。总得来说，实验可以划分为两个阶段：仿真阶段和实飞阶段。

1）仿真阶段

如图 1.7所示，仿真阶段需要经历“**仿真 1.0→ 仿真 2.0→ 硬件在环仿真**”。仿真 1.0 采用的多旋翼模型是设计模型，而仿真 2.0 使用的是一个高保真的非线性模型。通过图 1.6中的“系统辨识”实验，对仿真 2.0 使用的高保真非线性模型进行系统辨识，可以得到传递函数模型，也称为**设计模型**。每一章的设计实验包含硬件在环仿真，它采用自驾仪和非线性模型进行仿真，能够更加逼真地模拟实飞实验。在每个实验设计完成后，需要在 MATLAB/Simulink 中实现，并在搭建好的设计模型仿真平台中进行仿真测试。之后，读者需要将通过仿真测试的控制器，应用到高保真的非线性模型。这个阶段，读者将熟悉整个开发流程，深入分析系统的组成和原理。只有清楚了解系统原理及控制器设计方法，才能设计合理的方案。同时，本阶段要求读者掌握多种现代工具以及开发和仿真时需要的各种软件。

2）实飞阶段

如图 1.8所示，实飞阶段需要经历“**仿真 1.0→ 实飞实验**”。仿真 1.0 采用对真实多旋翼进行图 1.6中“系统辨识”实验得到的设计模型，而实飞实验是在真实多旋翼上进行的。在每个实验设计完成后，需要在 MATLAB/Simulink 中实现，并在搭建好的设计模型仿真平台中进行仿真测试。之后，读者需要将通过仿真测试的控制器，应用于真实的多旋翼。可以看出，实飞阶段其实是在重复仿真阶段，但实飞阶段存在着更多的不确定性。

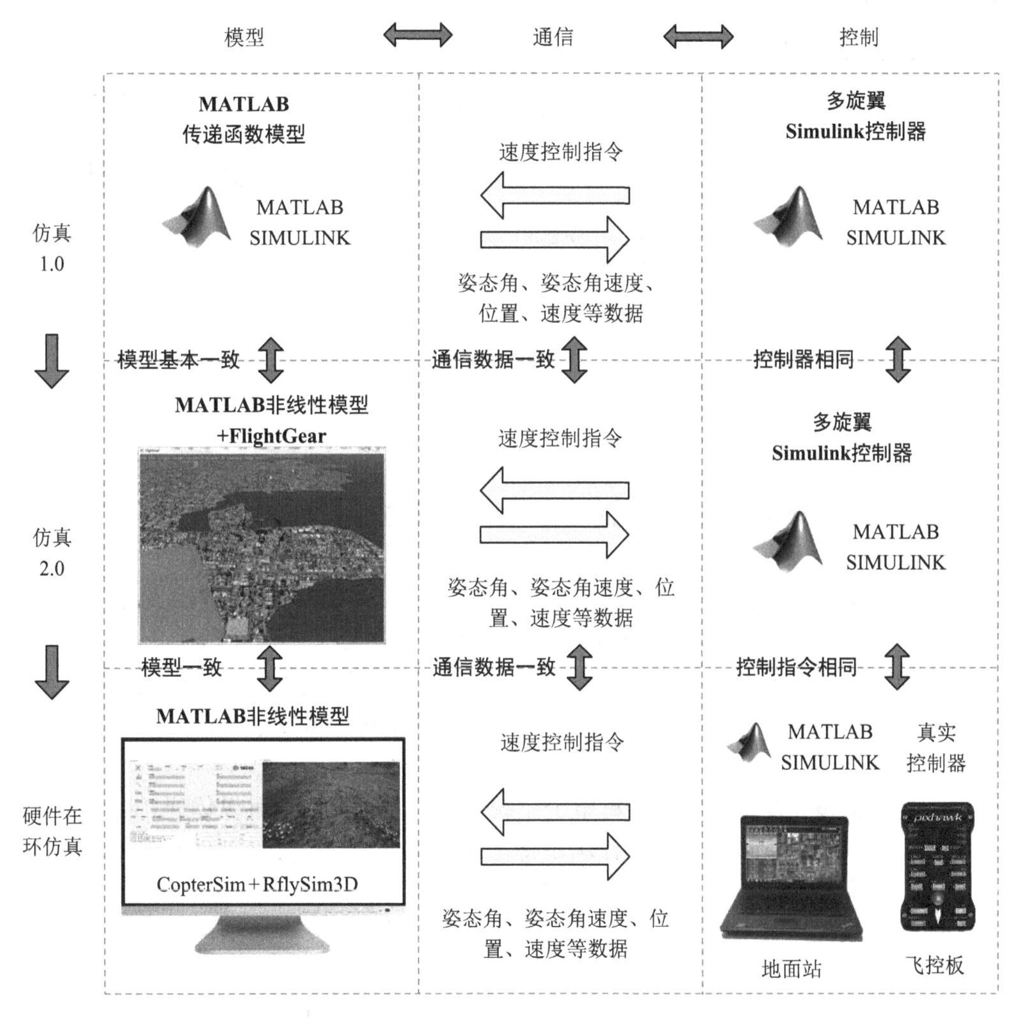

图 1.7　仿真阶段流程

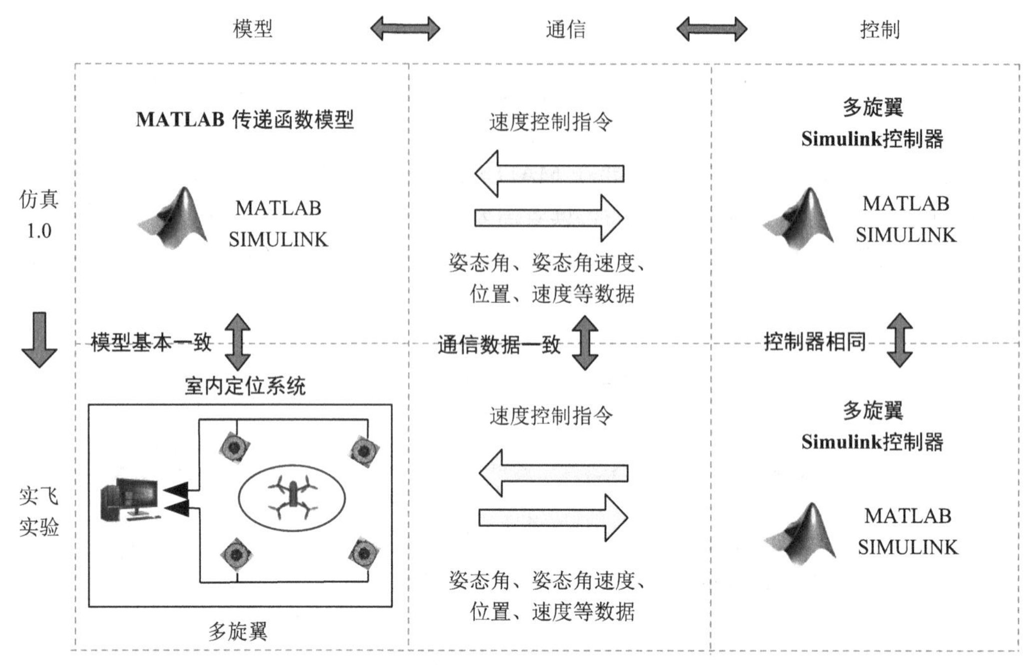

图 1.8　实飞阶段流程

1.4　工程教育认证标准覆盖介绍

多旋翼设计和控制属于复杂工程问题，它完全覆盖工程教育认证标准所有内容[10]，下面选择主要的几点进行说明。

（1）**工程知识**。多旋翼各类需求的建模以及滤波、控制和决策算法设计可以体现“能够将数学、自然科学、工程基础和专业知识用于解决复杂工程问题”。

（2）**问题分析**。多旋翼建模和算法设计以及调试可以体现“能够应用数学、自然科学和工程科学的基本原理，识别、表达、并通过文献研究分析复杂工程问题，以获得有效结论”。

（3）**设计/开发解决方案**。多旋翼整个系统设计以及测试飞行可以体现“将能够设计针对复杂工程问题的解决方案，设计满足特定需求的系统、单元（部件）或工艺流程”。因为多旋翼具有危险性，需要使用者遵守相关法律法规，进行合法测试和飞行，可以体现“并能够在设计环节中体现创新意识，考虑社会、健康、安全、法律、文化以及环境等因素”。

（4）**研究**。多旋翼建模和算法设计可以体现“能够基于科学原理并采用科学方法对复杂工程问题进行研究，包括设计实验、分析与解释数据，并通过信息综合得到合理有效的结论”。

（5）**使用现代工具**。在多旋翼系统开发过程中，需要很多工具，例如机体设计分析工具、流体分析软件、力学测试工具，操作系统，算法设计工具，还可能需要硬件在环仿真等快速原型开发工具，这可以体现“能够针对复杂工程问题，开发、选择与使用恰当的技术、资源、现代工程工具和信息技术工具，包括对复杂工程问题的预测与模拟，并能够理解其局限性”。

（6）**工程与社会**。需要设计者有一定的创新能力，挖掘多旋翼的应用场景。这能体现“能够基于工程相关背景知识进行合理分析，评价专业工程实践和复杂工程问题解决方案对社会、健康、安全、法律以及文化的影响，并理解应承担的责任”。

（7）**个人和团队**。多旋翼开发一般需要一个小型团队，这很好地满足了“能够在多学科背景下的团队中承担个体、团队成员以及负责人的角色”这一需求。

（8）**沟通**。对于多旋翼作品的展示，需要读者有相应的能力。这能够体现“就复杂工程问题与业界同行及社会公众进行有效沟通和交流，包括撰写报告和设计文稿、陈述发言、清晰表达或回应指令。同时具备一定的国际视野，能够在跨文化背景下进行沟通和交流”。

如有疑问，请到 https://rflysim.com/docs/#/5_Course/Content 查询更多信息。

第2章

Chapter 2

仿真和实验平台

本章首先总体介绍本书使用的硬件平台和软件平台，然后详细介绍仿真平台。其中，仿真平台包括仿真1.0和仿真2.0使用的MATLAB / Simulink整体模块、多旋翼非线性系统模型、硬件在环仿真整体模块以及实飞实验模块。通过本章各模型和模块的介绍，读者能够初步了解基于半自主飞控的多旋翼远程控制实验平台的基本构成，掌握各个软件与硬件的基本功能与使用方式，为后续的实验打下基础，提高学习效率。

2.1 总体介绍

2.1.1 硬件平台

由于控制算法最终会在真实的多旋翼上部署并进行飞行实验，一套可完成基本飞行任务的硬件平台是必不可少的。如图2.1所示，本书涉及的硬件平台主要由以下几部分组成。

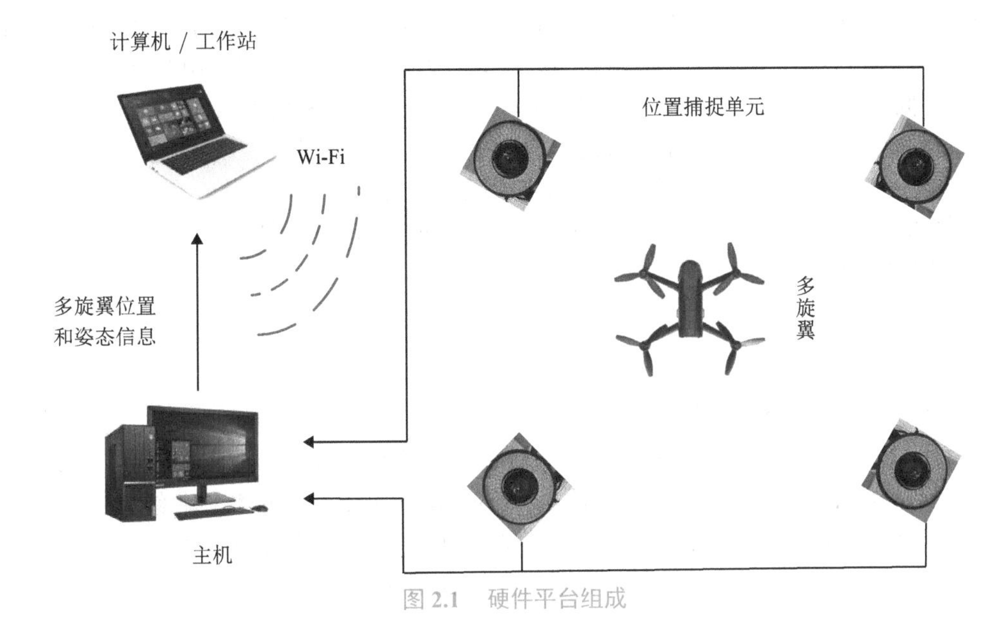

图2.1 硬件平台组成

（1）**室内定位系统：**包括主机和位置捕捉单元。在室内环境无法使用卫星定位时，室内定位系统解决了卫星信号到达地面时较弱、不能穿透建筑物等问题。主机用于运行与室内定位系统相关的软件，本书使用的是光学室内定位系统，除此之外还可以使用超宽带定位技术（UWB）等。位置捕捉单元能够实时捕获多旋翼的位置和姿态信息，并通过主机以广播的形式发送出去。

（2）**计算机：**一台装有操作系统的高性能个人计算机或者工作站，装有MATLAB/Simulink、CIFER、FlightGear、CopterSim和RflySim3D等软件。一方面，它可以用来完成各种仿真实验；另一方面，它也是实际飞行实验的地面控制站，用于接收主机广播出来的多旋翼的位置和姿态反馈，进而完成多旋翼通信与控制等任务。本书使用的工作站基本配置如下：

① 系统：Windows10，64位系统；

② 处理器：英特尔i7-7700；

③ 内存：16GB；

④ 显卡：GTX 1050；

⑤ 硬盘：500GB固态硬盘，剩余空间大于30GB；

⑥ 接口：至少有一个USB TypeA接口；

⑦ 显示器：分辨率 1920×1080。

需要注意的是，为了获取更高的开发效率，计算机的性能越强越好。

（3）**带半自主飞控的多旋翼**：该多旋翼带有特殊功能，可以通过一些接口设备来连接计算机（工作站），从而实现多旋翼速度、位置与角度等外部控制。该指令不需要对多旋翼进行遥控器校准或者模态设置，直接给定指定的速度或位置即可。

（4）**自驾仪**：也称为**飞行控制板**，或简称为**飞控**，它作为控制算法的运行平台，用于硬件在环仿真。自驾仪具有丰富的传感器和强大的计算性能，来获取飞行状态并计算输出给动力系统的控制指令，实现多旋翼的飞行控制。本书选用目前应用广泛的 Pixhawk① 系列开源自驾仪，这是一个独立的开源硬件项目，致力于为教育、爱好和开发者提供易用、高品质且低成本的自驾仪硬件。针对不同的飞行任务、性能和成本需求，Pixhawk 提供了一系列的自驾仪硬件产品，极大地推动了多旋翼行业的发展。

需要注意的是，本平台对所用的室内定位系统以及多旋翼产品并没有限制，只需保证控制端能够准确获取多旋翼状态信息以及多旋翼能够接收控制指令，即与后续章节介绍的实飞控制模型的接口相匹配。

2.1.2 软件平台

本实验平台依赖众多软件工具来实现控制器设计、软件在环仿真、硬件在环仿真等功能。FlightGear、MATLAB/Simulink 和 CIFER 工具箱共同组成了仿真 1.0 和仿真 2.0 平台，MATLAB/Simulink 和 RflySim② 软件——CopterSim 和 RflySim3D 一起组成了硬件在环仿真平台。RflySim 仿真软件包内有一键安装脚本，只需运行安装命令，即可完成所有软件的安装与配置。实验平台使用的软件工具介绍如下。

1）基于 Simulink 的控制器设计与仿真平台

如图 2.2所示，该平台包含一个高逼真的多旋翼非线性模型，可以用于多旋翼各种动态特性的仿真，并通过 FlightGear 图形化实时展示多旋翼飞行轨迹与姿态等状态信息。基于该平台，读者可以方便地设计多旋翼的控制算法，然后进行联合仿真。进一步，读者可以配合室内定位系统和通信工具，将控制指令发送给多旋翼进行实飞实验。

2）FlightGear 飞行模拟器③

FlightGear 是一款非常受欢迎并且功能齐全的开源飞行模拟器软件，可在 Linux、MacOS 和 Windows 中运行。它的硬件要求适中，包括支持 OpenGL 以实现平滑帧速的加速 3D 显卡；可以通过 UDP（User Datagram Protocol）接收 Simulink 发送的飞行数据，并且可以与 Simulink 一起进行联合仿真，观测仿真时多旋翼的飞行状态。

3）CIFER 工具箱

CIFER 全称为 Comprehensive Identification From Frequency Response[11]，由美国飞行器系统辨识领域的专家 Mark B.Tischler 主持开发，它被用在倾转旋翼验证机 XV-15 上

---

① http://pixhawk.org/，也可以用 Cube，https://www.cubepilot.org/#/home

② RflySim 是由北航可靠飞行控制组 (http://rfly.buaa.edu.cn) 发布的生态系统或者说工具链，采用基于模型设计的思想，可用于无人系统的控制和安全测试。详细情况请访问 https://rflysim.com/zh/

③ https://www.flightgear.org/

进行各种模态频域系统辨识研究，从而得到飞机准确的线性化数学模型。多旋翼是一个非线性且各通道间存在耦合的系统。在辨识领域用的较为广泛的单通道时域和频域辨识，都不能得到满意的用于实践的模型；而 CIFER 采用先进的线性调频 Z 变换（Chirp Z-Transform）、多输入处理以及组合窗技术，通过滤波算法能有效滤除各种误差和干扰的影响，克服单通道辨识中忽略通道之间耦合作用的缺陷，最终得到满意的能用于操作性能提升、飞机模拟仿真以及控制系统设计的多输入多输出线性模型。此外，该线性模型可以借助物理结构得到相应的飞行器物理参数。CIFER 工具箱已经较为广泛地应用到了针对真实飞行的系统辨识中，详细使用教程请参考附录 A。

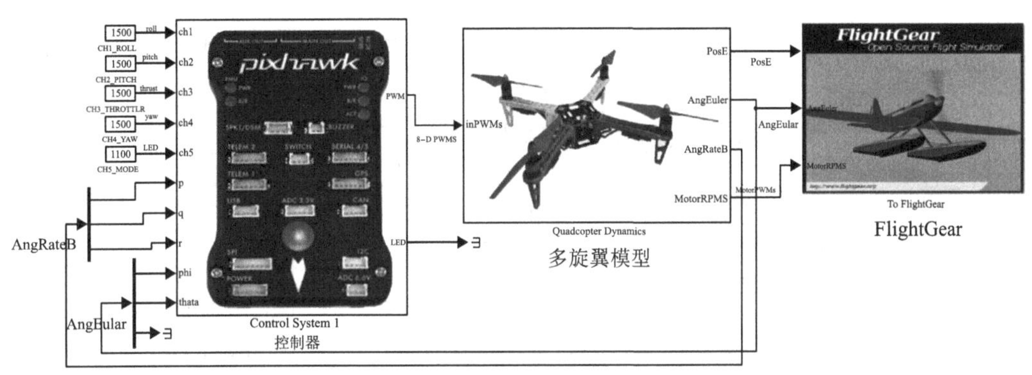

图 2.2 基于 Simulink 的控制器设计与仿真平台，Simulink 模型详见“e0\SoftwareSimExps\CopterSim3DEnvironment.slx”

4）CopterSim 实时运动仿真软件[①]

CopterSim 是由 RflySim 团队开发的针对 Pixhawk/PX4 自驾仪平台的一款硬件在环仿真软件，可以在软件中配置多旋翼的模型，通过 USB 串口与 Pixhawk 自驾仪连接来实现硬件在环仿真，达到室内模拟室外飞行测试的效果。

5）RflySim3D 三维可视化视景软件

RflySim3D 是由 RflySim 团队开发的多旋翼飞行状态三维实时显示软件，它通过 UDP 接收 CopterSim 的飞行数据来实时显示多旋翼的姿态与位置。CopterSim 仿真软件与 RflySim3D 显示软件两者共同构成了硬件在环仿真平台，两者的分布式独立运行机制为将来的多机集群仿真提供了兼容性。

2.2 仿真平台

针对设计所需要的仿真实验平台，本书提供了整体模型，如图 2.3所示。仿真 1.0、仿真 2.0 和硬件在环仿真三者的区别在于多旋翼模型模块不一样：仿真 1.0 的多旋翼模型模块内部主要包含通过“系统辨识”实验得到的传递函数模型，即设计模型；仿真 2.0 的多旋翼模型模块内部包含一个给定的非线性模型和 FlightGear 显示模块；硬件在环仿真的多旋翼模型模块内部包含了与 CopterSim 联合仿真的通信接口。读者可以在各模块

① https://rflysim.com/zh/3_Using/HILSimulator.html

的基础上进行适当修改，实现不同实验任务的设置。

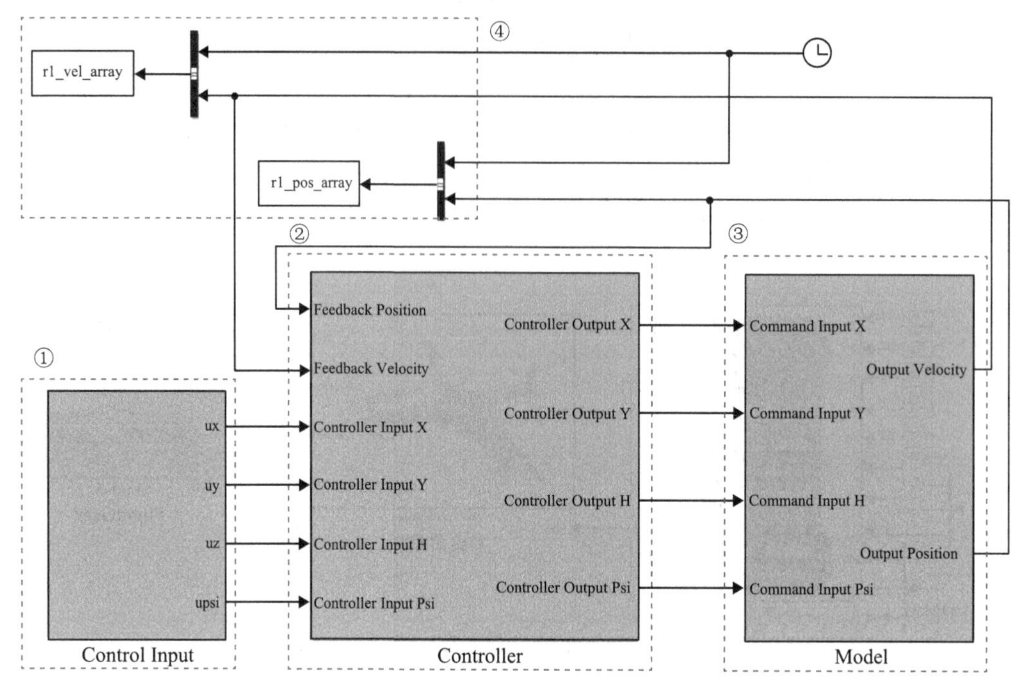

图 2.3　整体模型，Simulink 模型详见“e0\sim1.0\sample0.slx”

2.2.1　整体模块

打开“e0\sim1.0\sample0.slx”，如图 2.3所示，该模型包含四个大模块，分别为：虚线框①——“Control Input”，期望输入模块，用于输入期望的飞行器位置信息；虚线框②——“Controller”，控制器模块，用于设计控制器，实现飞行器的有效位置控制；虚线框③——“Model”，飞行器仿真模型模块，用于接收控制器输出的控制量，并输出飞行器的位置和速度信息；虚线框④——飞行器状态数据收集模块，该模块拥有两个变量——“r1_pos_array”与“r1_vel_array”，分别用于收集单次仿真全过程中的位置与速度反馈，并以矩阵的形式保存到 MATLAB 工作空间。矩阵的每一行信息均是以“时间，水平前向通道位置/速度，水平侧向通道位置/速度，高度通道位置/速度，偏航通道角度/偏航角速率”方式自左而右排列的一组值，矩阵的列按时间顺序自上而下排列。以变量“r1_pos_array”为例，其存储信息形式如表 2.1所示。

表 2.1　r1_pos_array 变量存储信息形式

时间	水平前向通道位置	水平侧向通道位置	高度通道位置	偏航通道角度

已知飞行器模型是一个四通道的模型，依次为水平前向通道（对应“Command Input X”）、水平侧向通道（对应“Command Input Y”）、高度通道（对应“Command Input H”）和偏航通道（对应“Command Input Psi”）。因此，对于每个模块而言，每种信息（如位

置信息、速度信息等）的输入和输出均需要有四个通道，并且按照上述的飞行器四通道模型中的顺序自上而下排列。下面具体讲解每个模块的内部构造。

2.2.2 模块详解

1）期望输入模块

打开图 2.3中的期望输入模块（对应“Control Input”），其内部构造如图 2.4所示。图 2.4中虚线框①与虚线框②分别为飞直线与飞圆轨迹的期望输入设置模块。两者结构相同，打开虚线框①后如图 2.5所示。图 2.5 中虚线框①为各通道设置的期望值模块；虚

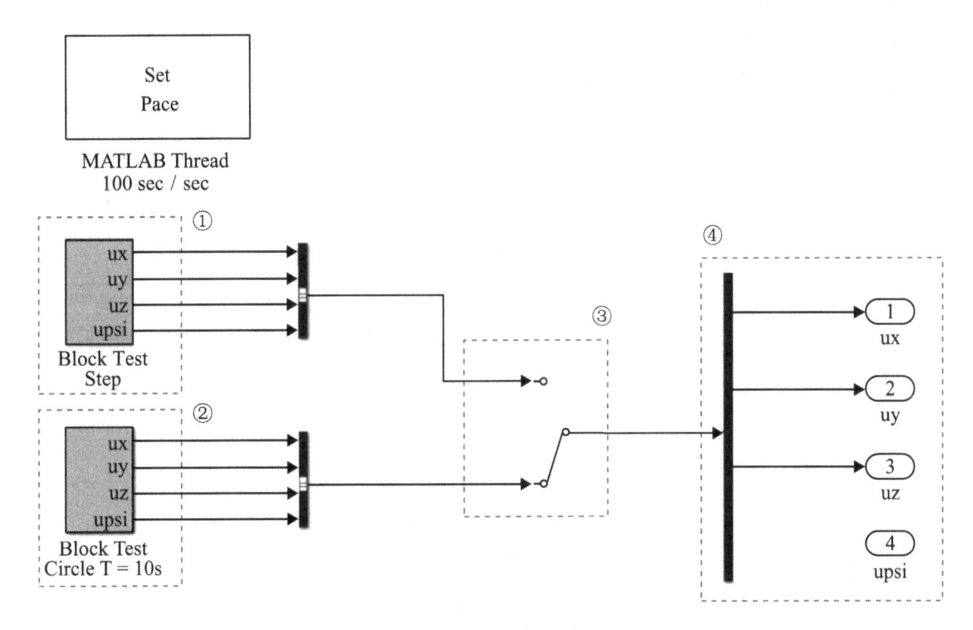

图 2.4 期望输入模块

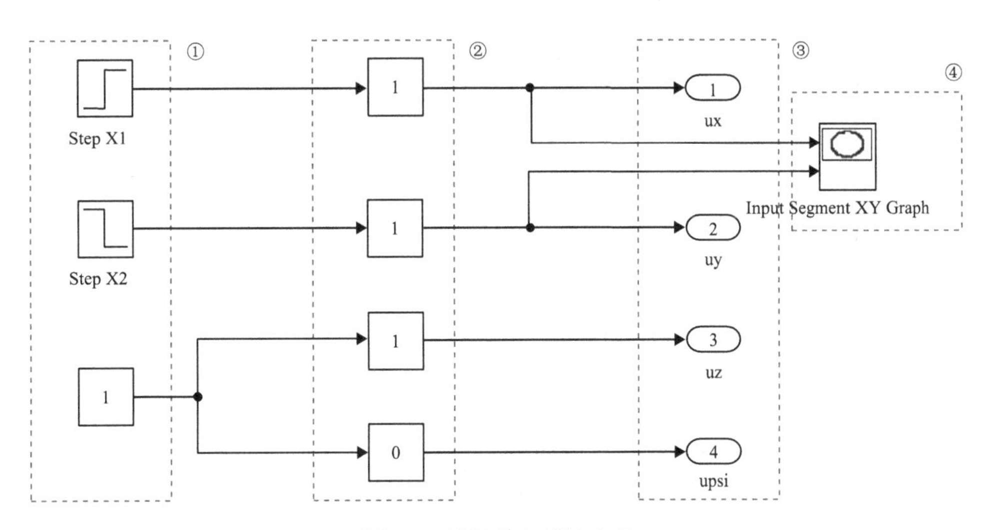

图 2.5 期望输入模块内部

线框②为增益模块，可以在仿真过程中实时调节期望输入值；虚线框③为输出端口模块，用于指代该模块之前的数据具体输出的端口位置；虚线框④为显示模块，可以显示 *XY* 坐标图，用于查看二维水平通道飞行轨迹。所有模块均可以通过双击左键设置具体的参数。完成该模块设置后就实现了仿真模型的期望位置的设置。

2）控制器模块

控制器模块（对应“Controller”）如图 2.3虚线框②所示，它的作用是设计控制器，从而使多旋翼按照指令飞行。图中“Feedback Position”和“Feedback Velocity”分别为仿真模型反馈回来的位置与速度，用于控制器中的闭环反馈。“Controller Input”端口是从上一个模块中获得的期望位置输入，而“Controller Output”端口则是各通道的控制器输出，该指令将会直接发送到多旋翼中，从而控制多旋翼飞行。双击该模块，得到如图 2.6所示的控制器模块内部结构，下面进行具体说明。

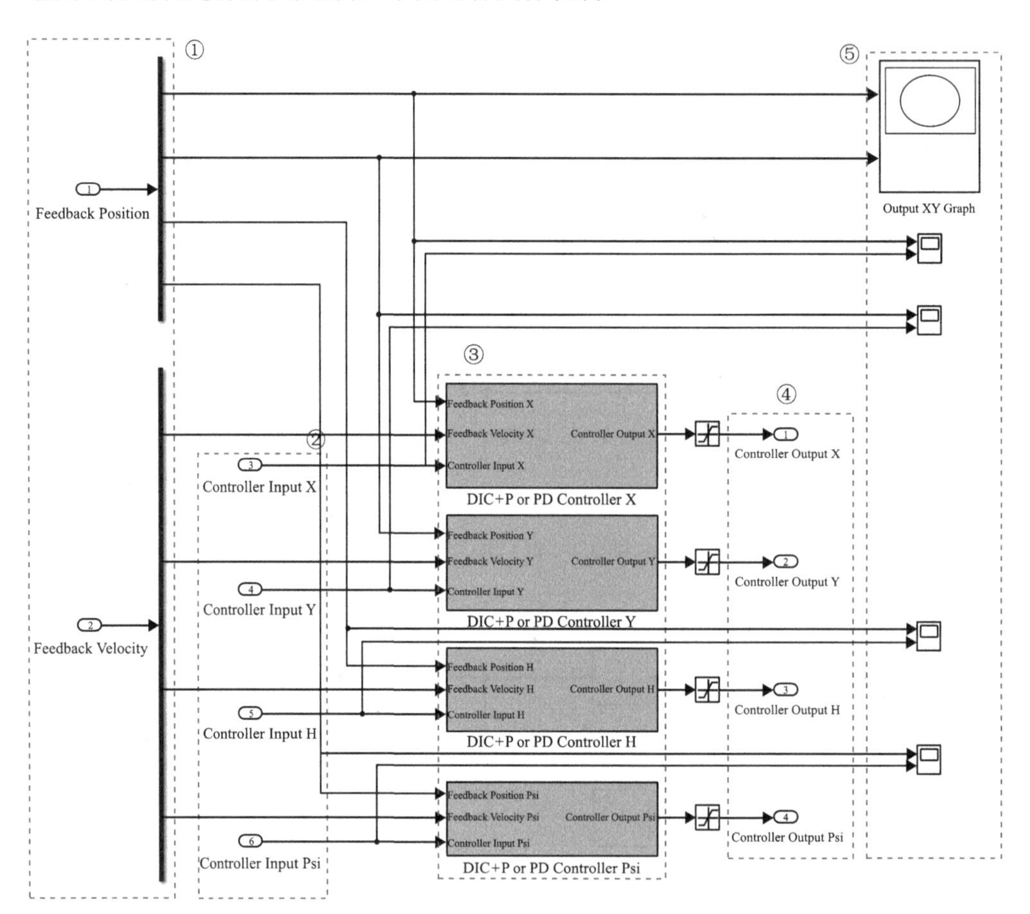

图 2.6 控制器模块内部

图 2.6中的虚线框①与虚线框②依次为之前说明的位置与速度反馈和期望输入模块中生成的期望输入值。虚线框④所代表的则是之前说明的各通道的控制器输出，该指令将会直接发送到多旋翼中，从而控制多旋翼飞行。虚线框⑤是一些显示模块，读者可以自行了解这些显示模块的功能及作用。图 2.6中的虚线框③代表的是控制器模块中的核

心模块——四通道的控制器设计。对于各个通道，控制器的设计结构几乎一致，因此，此处只以水平前向通道为例进行说明（如图 2.7所示）。

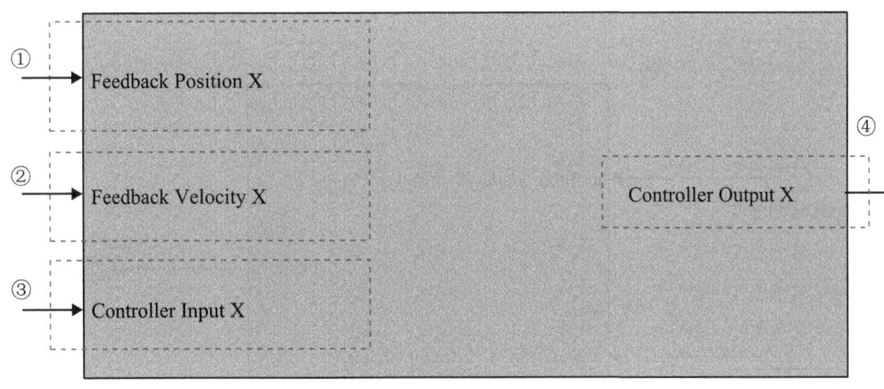

图 2.7 水平前向通道 PID 控制器

图 2.7中虚线框①和虚线框②分别是多旋翼水平前向通道的实时位置和速度反馈，虚线框③是期望位置输入，虚线框④是控制器输出的控制量。打开该控制器模块，具体内容如图 2.8所示。

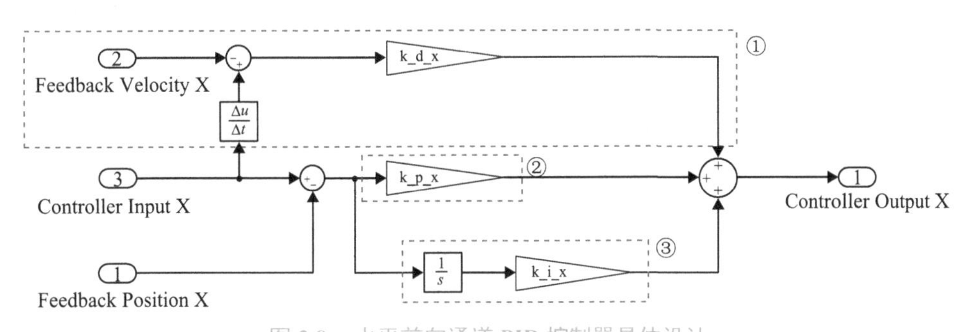

图 2.8 水平前向通道 PID 控制器具体设计

各通道的控制器实际上都是一个 PID 控制器，由比例、积分和微分三者的影响相加形成最终的控制量。图 2.8中的虚线框①、虚线框②和虚线框③分别为 PID 中的微分部分、比例部分和积分部分。三个部分的基本结构已经搭建好，对于 PID 控制器各部分的参数修改，即图 2.8中的“k_d_x”、“k_p_x”和“k_i_x”，需要在 MATLAB 中打开每个实验附带的“startSimulation.m”文件，给相应的参数变量赋值，然后重新运行“startSimulation.m”文件将工作空间中的值更新。

3）多旋翼模型模块

多旋翼模型模块如图 2.3虚线框③所示，打开该模块其内部构造如图 2.9所示。图 2.9中虚线框①代表四个通道控制器的控制量输入端口；虚线框②是多旋翼模型，针对仿真 1.0、仿真 2.0 和硬件在环仿真实验分别设计了如图 2.10（“e0\sim1.0\sample0.slx”）、图 2.11（“e0\sim2.0\sample0.slx”）和图 2.12（“e0\HIL\sample0.slx”）所示的模块。图 2.10展示的是通过系统辨识得到的多旋翼传递函数模型，图 2.11展示的是对各个分系统建模后获得的非线性模型，图 2.12展示的是 Simulink 和 CopterSim 通信接口，底层通过 MAVLink 协议实现。继续对图 2.9进行介绍，虚线框③表示多旋翼实时位置与速度反馈输出端口。

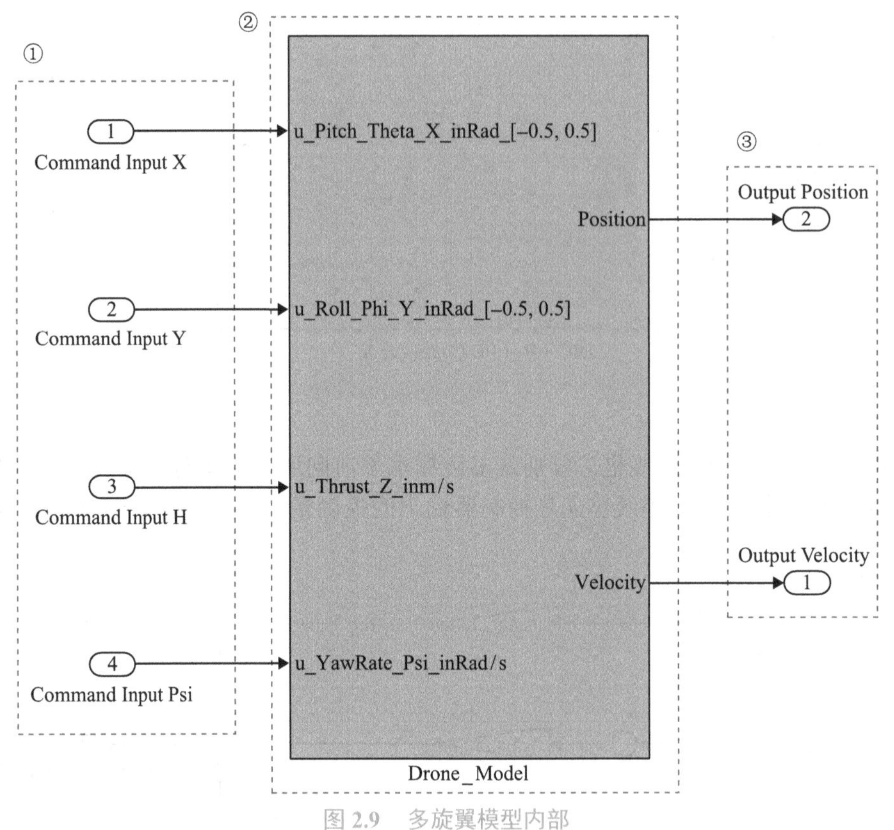

图 2.9 多旋翼模型内部

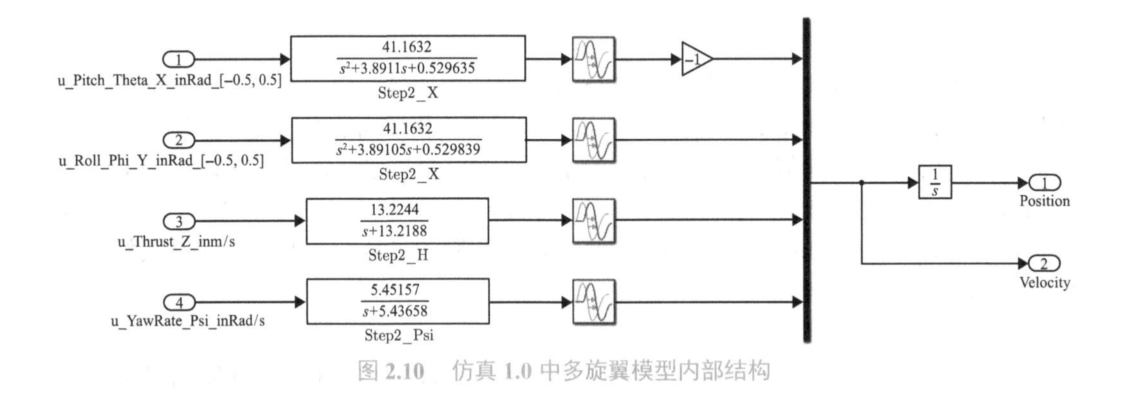

图 2.10 仿真 1.0 中多旋翼模型内部结构

在图 2.11中，虚线框①所示模块为多旋翼非线性系统模型，虚线框②则是与 FlightGear 进行通信的模块。对于多旋翼非线性系统模型的具体组成及原理，将在后面详细说明。

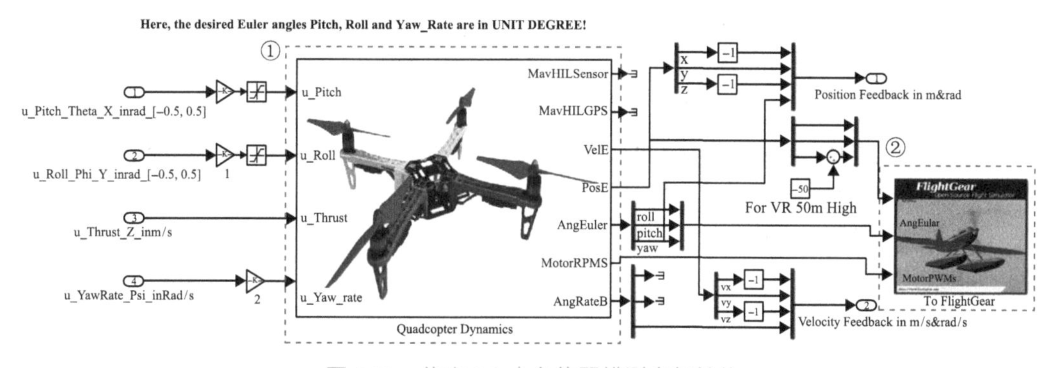

图 2.11 仿真 2.0 中多旋翼模型内部结构

硬件在环模块内部如图 2.12所示，该模块是 Simulink 模型和 RflySim 平台（CopterSim）之间的通信桥梁，接收 Simulink 模型中发出的控制指令并返回硬件在环仿真过程中多旋翼的位置、速度和欧拉角等数据。图中虚线框①用于将需要发送的数据打包成统一的数据结构作为虚线框②的输入。虚线框②是 Simulink 和 CopterSim 通信的核心模块，包含两个作用，一是将硬件在环仿真需要的数据发送给 CopterSim，二是从 CopterSim 中接收反馈信息。硬件在环仿真的 Simulink 文件保存在每一章的设计实验文件夹中，与软件仿真使用的文件区别在于用硬件在环模块替换了多旋翼模型模块。这是因为硬件在环仿真的多旋翼模型在 CopterSim 中。

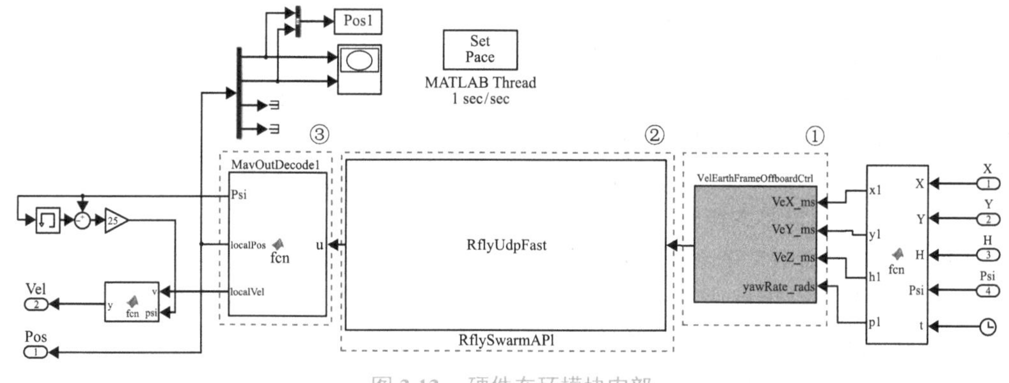

图 2.12 硬件在环模块内部

至此，仿真 1.0、仿真 2.0 和硬件在环仿真的模型基本结构已经解释完毕。需要注意的是，本书之前所叙述的是模型的通用模块介绍。对于每个具体实验，除去多旋翼模型模块中的非线性模型不可修改外，其他模块均可以自行调节与修改，从而实现所需的功能。

2.2.3 多旋翼非线性系统模型

本节详细介绍图 2.11中多旋翼非线性系统模型的组成及原理。为了提高多旋翼的控制器设计效率，本书提供了一套基于 Simulink/FlightGear 且较为完整和逼真的仿真环境，源代码见文件“e0\SoftwareSimExps\CopterSim3DEnvironment.slx”。下面介绍正确打开本书给定的“.slx”例程文件的步骤：

（1）通过桌面快捷方式或者开始菜单，打开 MATLAB 主程序；

（2）如图 2.13所示，单击 MATLAB 主界面的虚线框①“浏览文件夹”按钮，将当前路径定位到想要打开的“.slx”文件所在目录，如虚线框②所示；

（3）在图 2.13左下侧的“当前文件夹”窗口中，双击需要打开的“.slx”文件即可打开，如虚线框③所示。

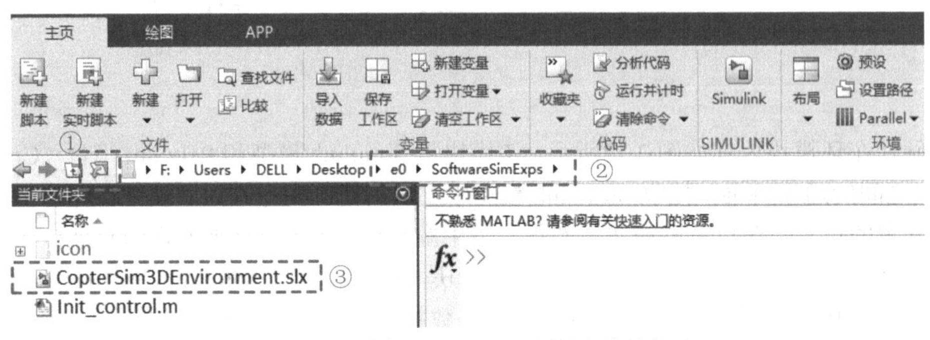

图 2.13　正确打开 **Simulink** 例程文件的方法

按上述步骤打开“CopterSim3DEnvironment.slx”文件后，可以看到如图 2.14所示的软件在环仿真平台例程。该仿真系统包含三个子系统模块：控制器、多旋翼模型和 FlightGear 接口，其中的一些关键特性总结如下。

（1）“控制器”子系统模块在输入/输出与反馈信号的形式上是与真实的自驾仪硬件保持一致的。例如，本例子的输入是模拟来自遥控器的俯仰角、滚转角、偏航角和高度控制指令；输出是给多旋翼模型的电机 PWM 信号。

（2）“控制器”本身使用传感器估计状态（姿态、角速度、位置、速度等状态信息）来实现多旋翼的稳定姿态控制。

（3）“多旋翼模型”子系统与真实的多旋翼的输入/输出接口保持一致，输入是 8 个电机（多旋翼模型会根据选定机型选择实际使用的电机数目）的 PWM 控制信号（数据范围是 1000~2000，对应了 0~1 的油门指令），输出是各种传感器的数据。

（4）“FlightGear 接口”子系统可以将飞行信息传输到 FlightGear 中，逼真地展现多旋翼当前的飞行轨迹与姿态信息。

2.2.3.1　控制器

双击图 2.14中的“控制器”子系统，可见到如图 2.15所示的内部结构图。本例程展示的是一个简单的俯仰和滚转姿态控制器，它会接收遥控器的控制输入，将多旋翼控制到指定的俯仰和滚转角度。如图 2.15所示，四旋翼的整个控制器模块的计算过程大体分为五个步骤，依次对应以下 5 个模块。

（1）“输入接口”模块①：接收遥控器信号和飞行器状态观测信号[1]。第 1~5 号输入

---

① 在实际自驾仪中，这些信号一般来自状态估计相关模块（如传感器原始数据、卡尔曼滤波器、互补滤波器等）；在控制器设计的软件在环仿真阶段，为了简便起见，可以先用多旋翼模型输出的状态真值替代。

端口对应了遥控器的五个通道的输入（“ch1”~“ch5”）；第6~8号输入端口对应了来自陀螺仪传感器的滚转、俯仰和偏航方向的角速度（“p”、“q”和“r”）；第9~10号端口对应了滚转角和俯仰角（“phi”和“theta”）。

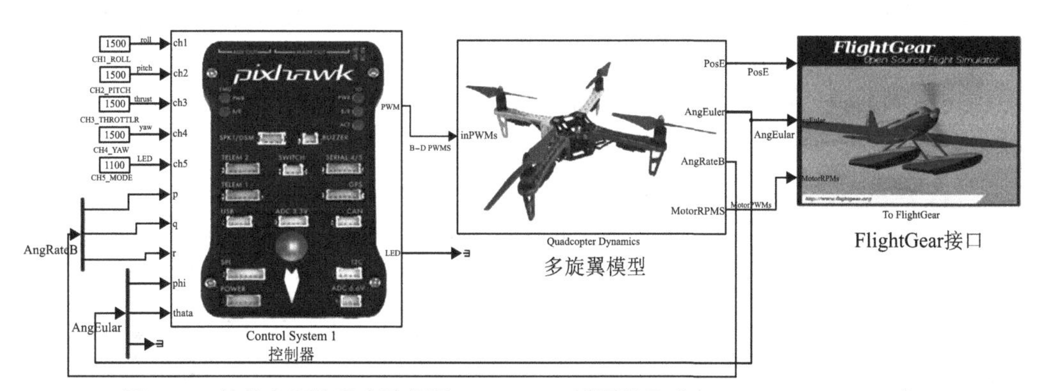

图 2.14 软件在环仿真实验例程，Simulink 模型详见“e0\sim1.0\sample0.slx”

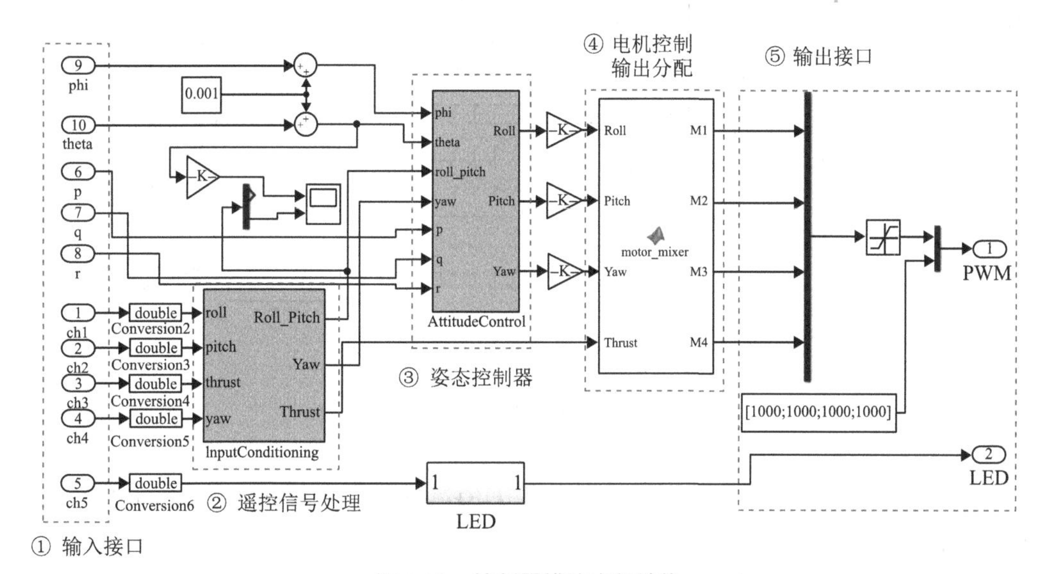

图 2.15 控制器模块内部结构

（2）“遥控信号处理”模块②：将遥控器的五个通道信号映射为期望的滚转和俯仰角度。

（3）“姿态控制器”模块③：计算期望输出力和力矩大小来控制多旋翼姿态到期望角度。

（4）“电机控制输出分配”模块④：将力和力矩的控制量映射为四个电机的油门控制量（一般是0~1）。

（5）“输出接口”模块⑤：将剩余的四维控制量补齐并映射出PWM调制信号（一般是1000~2000μs[①]），构成八维（根据自驾仪硬件上的PWM输出口数）的PWM控制

① 这里1000~2000对应的是高电平的持续时间（单位为μs），而遥控器单个PWM信号的周期一般为20ms（50Hz），所以用万用表测量的PWM信号占空比范围通常是0.05~0.1，而不是0~1。

信号作为输出。

2.2.3.2 多旋翼模型

双击图 2.14中的“多旋翼模型”模块，就可见到如图 2.16所示的内部结构图。该模块模拟真实的多旋翼系统，以电机的 PWM 控制量为输入，以多旋翼的状态和传感器信息为输出。传感器的信息可以作为控制器的输入，用于状态估计与控制器设计，从而形成闭环。

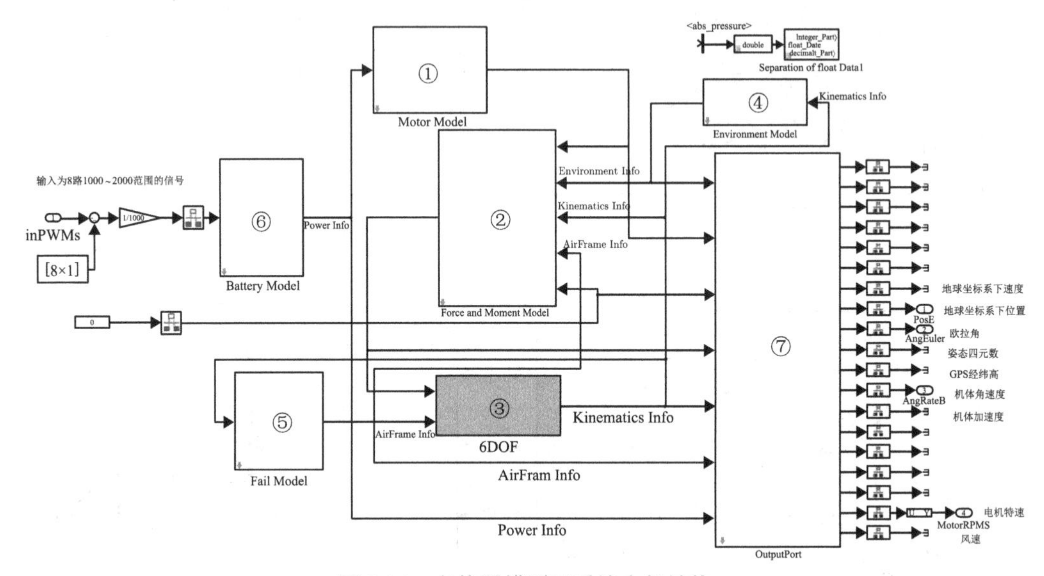

图 2.16 多旋翼模型子系统内部结构

整个“多旋翼模型”子系统又包含以下七个主要模块。

（1）电机模块①：模拟电机动态；

（2）力和力矩模块②：模拟螺旋桨拉力、机身气动力、自身重力以及地面支撑力等所有的外部力和力矩；

（3）刚体运动动态模块③：计算多旋翼的速度、位置、姿态等运动学状态；

（4）环境模块④：计算环境数据，如重力加速度、空气密度、风干扰和地磁场等；

（5）故障模块⑤：主要用于注入模型不确定（质量和转动惯量有关的）和故障数据；

（6）电池模块⑥：模拟电池的放电过程；

（7）输出接口模块⑦：将数据打包成需要的格式。

“多旋翼模型”有一个输入，也就是控制器模块的 PWM 输出信号。该模块的输出包括多旋翼基本三维状态向量信息，例如：速度“VelE”（单位：m/s，定义在地球坐标系下，x-y-z 对应北-东-地），位置“PosE”（单位：m，定义在地球坐标系下），角速度“AngRateB”（单位：rad/s，定义在机体坐标系下，x-y-z 对应机体前-右-下）和欧拉角“AngEular”（单位：rad，定义为机体轴与地球坐标系夹角，沿 z-y-x 次序）等。而且，模型还直接输出姿态四元数“AngQuatern”和电机转速“MotorPWMs”（单位：RPM）等。此外，该模型还提供两个重要的输出接口，分别为传感器数据结构体“MavLinkSensorData”和 GPS 数据结构体

"HILGPS"（C++代码，已编译成文件"e0\SoftwareSimExps\icon\OutputPort_sf.mexw64"），详细定义如表2.2和表2.3所示。

表2.2 传感器数据结构体 MavLinkSensorData

```
1  MavLinkSensorData {
2  uint64_t time_usec; %时间戳, 单位: ms
3  float xacc; %机体坐标系x方向加速度, 单位: m/s^2
4  float yacc; %机体坐标系y方向加速度, 单位: m/s^2
5  float zacc; %机体坐标系z方向加速度, 单位: m/s^2
6  float xgyro; %机体坐标系x方向角加速度, 单位: rad/s
7  float ygyro; %机体坐标系y方向角加速度, 单位: rad/s
8  float zgyro; %机体坐标系z方向角加速度, 单位: rad/s
9  float xmag; %机体坐标系x方向磁通量, 单位: Gauss=T/10000
10 float ymag; %机体坐标系y方向磁通量, 单位: Gauss=T/10000
11 float zmag; %机体坐标系z方向磁通量, 单位: Gauss=T/10000
12 float abs_pressure; %绝对气压值, 单位: millibar=100Pa
13 float diff_pressure; %相气压值, 单位: millibar=100Pa
14 float pressure_alt; %气压解算高度值, 单位: m
15 float temperature; %温度, 单位: 摄氏度
16 uint32_t fields_updated;
17 %传感器参数初始化标志位, bit 0 = xacc, bit 12: temperature,bit 31:全部重新初始化
18 }
```

表2.3 GPS数据结构体 HILGPS

```
1  HILGPS {
2  uint64_t time_usec; %时间戳, 单位: ms
3  int32_t lat; %纬度(WGS84地球模型), 单位: 度, 再乘 1E7
4  int32_t lon; %经度(WGS84地球模型), 单位: 度, 再乘 1E7
5  int32_t alt; %高度 (AMSL地球模型, 而不是 WGS84), 单位为m, 再乘1000 (向上为正)
6  uint16_t eph; %GPS水平方向定位精度, 单位: cm, 如果不知道, 可设为 65535
7  uint16_t epv; %GPS竖直方向定位精度, 单位: cm, 如果不知道, 可设为 65535
8  uint16_t vel; %GPS地速, 单位: cm/s, 如果不知道, 可设为 65535
9  int16_t vn; %GPS地速朝北方向分量, 单位: cm/s
10 int16_t ve; %GPS地速朝东方向分量, 单位: cm/s
11 int16_t vd; %GPS地速朝下方向分量, 单位: cm/s
12 uint16_t cog; %运动方向, 单位为度, 范围为0~359.99, 再乘100 degrees * 100, 如果不知道,
       可设为 65535
13 uint8_t fix_type; %定位类型 0-1: no fix, 2: 2D fix, 3: 3D fix.
14 uint8_t satellites_visible; %可见卫星数, 如果不知道, 可设为255
15 }
```

上述两个结构体的数据格式与各个传感器直接获取得到的原始数据相同，例如，磁传感器的三轴磁通量、GPS传感器的经纬度与卫星数据、加速度计的加速度原始数据。在开发真实自驾仪控制系统时，我们通常只能获取到上述传感器原始数据，进而通过状态估计等算法获取到各种状态量的估计数值。因此，在后面实验设计中，开发的实验需要读者从这两个接口提取传感器的原始数据，然后对这些传感器数据进行滤波与融合来估计飞行器实时状态，再用这些数据去控制多旋翼。

控制器和多旋翼模型的参数都存储在一个初始化脚本“e0\1.SoftwareSimExps\Init_control.m”中。该脚本在Simulink开始仿真时会自动执行，将所有参数导入工作空间，确保仿真正常运行。图2.17展示了Simulink自动运行脚本的设置位置，读者可以在“CopterSim3DEnvironment.slx”项目中，单击Simulink菜单栏的“File”→“Model Properties”→“Callbacks”→“InitFcn*”选项，写入需要自动运行的脚本名称。这里，“Init_control.m”初始化脚本中的部分代码如表2.4所示。

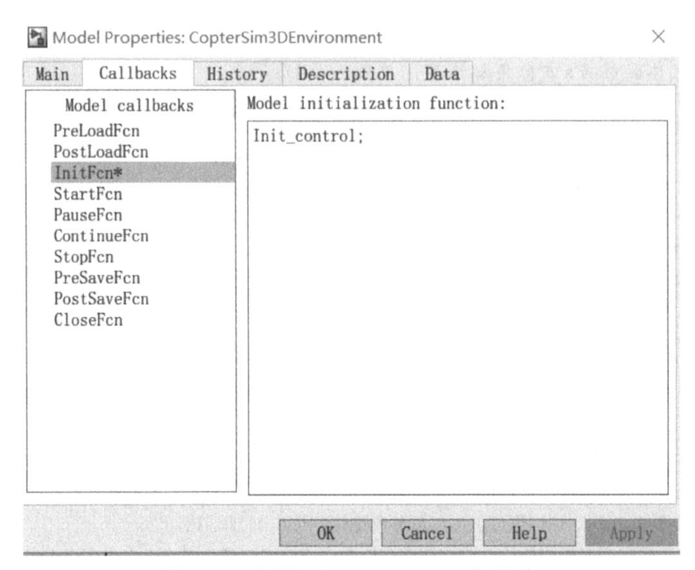

图2.17 调用“Init_control.m”脚本

表2.4 Init_control.m控制参数初始化脚本

```
1  path(path, './icon/'); %添加文件夹icon到MATLAB路径
2  Init; %运行模型参数初始化脚本
3
4  %PID参数
5  Kp_RP_ANGLE=6.5;
6  Kp_RP_AgngleRate=0.55;
7  Ki_RP_AgngleRate=0.01;
8  Kd_RP_AgngleRate=0.005;
9  Kp_YAW_AngleRate=3.2;
10 Ki_YAW_AngleRate=0.8;
11 Kd_YAW_AngleRate=0.05;
12
13 %最大控制角度，单位为度
14 MAX_CONTROL_ANGLE_RP=45;
15 MAX_CONTROL_ANGLE_Y=180;
16
17 %最大控制角速度，单位为度每秒
18 MAX_CONTROL_ANGLE_RATE_RP=180;
19 MAX_CONTROL_ANGLE_RATE_Y=90;
```

多旋翼模型需要用到的所有参数都存储在文件“e0\1.SoftwareSimExps\icon\Init.m”

中。在执行“Init_control.m”脚本时，这个文件会被自动调用，并将模型参数自动导入工作空间，保证仿真正常运行, 其中重要的模型仿真参数如表 2.5至表 2.9所示。修改一些模型参数，可以得到不同的多旋翼（见表 2.8）在不同环境下（见表 2.9）的飞行仿真结果。

表 2.5 Init.m 脚本中多旋翼初始状态参数

```
1  %飞行器初始状态
2  ModelInit_PosE=[0,0,0]; %初始位置-地球坐标系（单位：m）
3  ModelInit_VelB=[0,0,0]; %初始速度-机体坐标系（单位：m/s）
4  ModelInit_AngEuler=[0,0,0];%初始角度（单位：rad）
5  ModelInit_RateB=[0,0,0];%初始角速度（单位：rad/s）
6  ModelInit_RPM=0;%电机初始转速（单位：RPM-转每分）
```

表 2.6 Init.m 脚本中多旋翼电机参数

```
1  %电机参数
2  ModelParam_motorMinThr=0.05; %电机最小油门死区
3  ModelParam_motorCr=1148;     %电机转速-油门曲线斜率（单位：rad/s）
4  ModelParam_motorWb=-141.4;     %电机转速-油门曲线常数项(单位：rad/s）
5  ModelParam_motorT= 0.02;     %电机惯性时间常数（单位：s）
6  ModelParam_motorJm =0.0001287; %电机螺旋桨转动惯量（单位：kg.m^2）
```

表 2.7 Init.m 脚本中多旋翼螺旋桨参数

```
1  %螺旋桨参数
2  %螺旋桨力矩系数Cm（单位：N.m/(rad/s)^2）
3  %定义：力矩M（单位：N.m），螺旋桨转速w（单位：rad/s），M=Cm*w^2
4  ModelParam_rotorCm=2.783e-07;
5
6  %螺旋桨拉力系数Ct（单位：N/(rad/s)^2）
7  %定义：拉力T（单位：N），T=Ct*w^2
8  ModelParam_rotorCt=1.681e-05;
```

表 2.8 Init.m 脚本中多旋翼机架基本参数

```
1  %多旋翼参数
2  ModelParam_uavType = int8(3); %多旋翼构型，3表示X型四旋翼
3  ModelParam_uavMotNumbs = int8(4);%电机数量
4  %阻力系数Cd
5  %定义：阻力D (N),前飞速度V (m/s)，D=Cd*V^2
6  ModelParam_uavCd = 0.1365;%阻力系数（单位： N/(m/s)^2）
7  ModelParam_uavCCm = [0.0035 0.0039 0.0034]; %旋转阻尼系数
8  ModelParam_uavMass=1.515; %多旋翼质量（单位：kg）
9  ModelParam_uavDearo = 0.05;%气动中心与重心偏差
10 ModelParam_uavR=0.225; %多旋翼机架半径（单位：m）
11 ModelParam_uavJxx =0.0211;%x轴转动惯量（单位： kg.m^2）
12 ModelParam_uavJyy =0.0219;%y轴转动惯量（单位： kg.m^2）
13 ModelParam_uavJzz =0.0366;%z轴转动惯量（单位： kg.m^2）
```

表 2.9 Init.m 脚本中多旋翼飞行环境参数

```
1 %环境参数
2 ModelParam_envLongitude = 116.2593683; %初始点经度
3 ModelParam_envLatitude = 47.397742; %初始点纬度
4 ModelParam_envAltitude = -50;          %参考高度，负值为正
```

2.2.3.3 FlightGear 接口

在图 2.14中，FlightGear 接口模块有三个输入分别对应多旋翼位置“PosE”、多旋翼姿态欧拉角“AngEular”以及电机的 PWM 信号“MotorPWMs”。该模块会自动向本地的 FlightGear 相关接口发送多旋翼的飞行数据，打开 FlightGear 之后就能在三维场景中看到多旋翼的飞行状态。运行步骤如下。

（1）双击桌面上的 FlightGear-F450 快捷方式，打开 FlightGear 视景窗口。

（2）单击 Simulink 工具栏的“运行”按钮（见图 2.18靠右侧的三角形按钮）即可运行“CopterSim3DEnvironment.slx”仿真程序。

（a）Simulink“运行”按钮（MATLAB 2017b ~ 2019a）

（b）Simulink“运行”按钮（MATLAB 2019b及更高版本）

图 2.18 不同版本 MATLAB 的“运行”按钮

（3）此时可以在如图 2.19所示的 FlightGear 界面中，看到多旋翼从地面垂直起飞，5s 后开始以一定的俯仰角向前飞行。

图 2.19 FlightGear 界面

2.3 实飞实验平台

仿真 1.0 仅采用的是设计模型，即通过系统辨识得到的传递函数模型，而本书设计的实飞实验需要在真实的多旋翼上实现。本节以 Tello[①] 无人机和 OptiTrack 室内定位系统[②]为例，详细介绍实飞实验平台。

2.3.1 MATLAB 控制模型

打开文件夹“e0\Rfly”，在 MATLAB 中单击运行“start_tello.m”进行初始化，并打开“sample1.slx”，可以得到实飞实验所使用的 MATLAB 控制模型，如图 2.20所示。

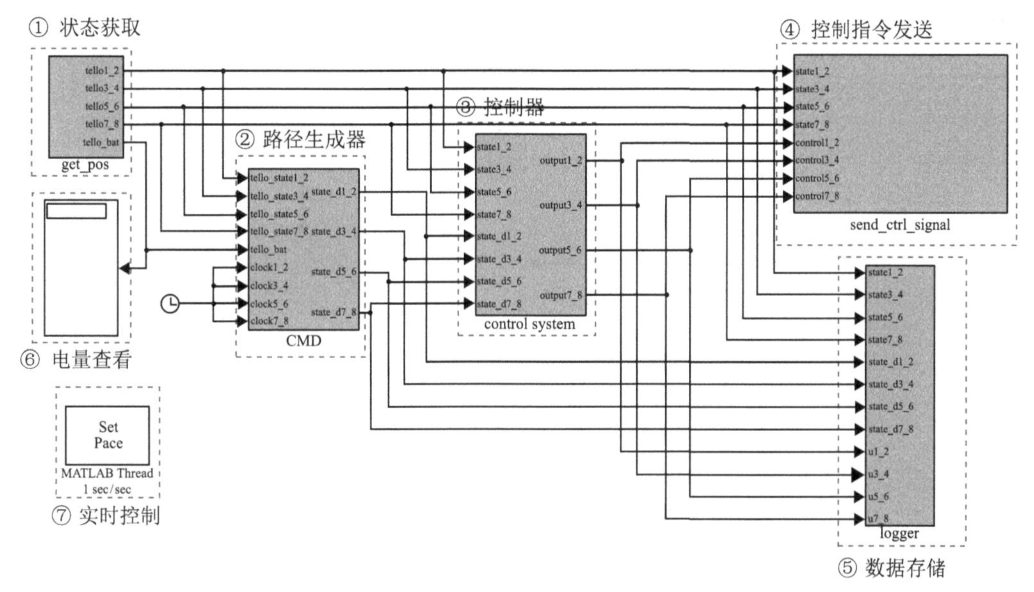

图 2.20 实飞实验 MATLAB 控制模型，Simulink 模型详见“e0\Rfly\sample1.slx”

MATLAB 控制模型由以下七个部分组成。

（1）“状态获取”模块①：通过此接口模块，多旋翼可以接收室内定位系统反馈的飞行器位置和姿态信息。

（2）“路径生成器”模块②：此模块产生给多旋翼的期望位置和偏航角，若需要执行其他的飞行任务，可以在此模块中修改期望的轨迹。

（3）“控制器”模块③：此控制器的输入是期望的位置，输出是期望的速度和偏航角速率。

（4）“控制指令发送”模块④：此接口模块将控制器的输出发送给多旋翼。

（5）“数据存储”模块⑤：将多旋翼飞行过程中的实际状态和期望状态保存到 MATLAB 工作空间中，可用于分析飞行状态。

（6）“电量查看”模块⑥：可以看到每个多旋翼的剩余电量百分比。

① https://www.ryzerobotics.com/cn/tello-edu

② https://www.optitrack.com/

（7）“实时控制”模块⑦：此 MATLAB 模型的运行速度快于实时时间，加入这个实时模块保持 MATLAB 运行速度与实际时间一致。

2.3.2 实飞接口模块

前文提到，本书所用平台对于多旋翼类型以及室内定位系统并无限制，只需匹配收发信息接口模块。如图 2.21所示，“主机-计算机-多旋翼”之间的信息传递都可以通过 UDP 协议实现。具体地，计算机中的 ROS[①]（Robot Operating System，机器人操作系统）接收到主机发来的信息后进行解析，然后通过 UDP 发送给工作站中的 Simulink；Simulink 利用该信息生成控制指令，最后通过 ROS 发送给多旋翼。此处的 UDP 发送和接收模块与图 2.20中虚线框① 和虚线框④ 模块对应。

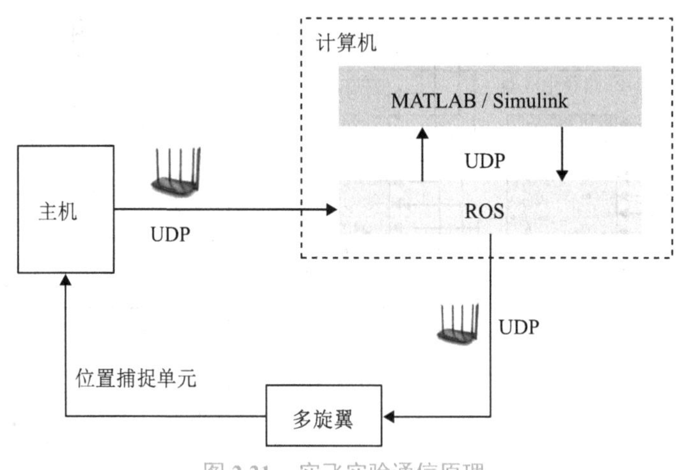

图 2.21　实飞实验通信原理

1）多旋翼状态获取模块

打开图 2.20虚线框① 所示模块，得到图 2.22。图中包含一个 UDP 接收模块（“UDP Receive”）和数据解压模块（“Byte Unpack”），用于接收远端反馈的多旋翼状态信息以及将其解压成所需信息便于分开处理。打开 UDP 接收模块，如图 2.23所示，需要手动设定本地 IP 端口（本次实验端口号从 26000 开始分配）、远程 IP 地址（Simulink 获取工作站接收的信息，所以 IP 是本机的，即“UDP_REC_IP = 127.0.0.1”）、接收缓冲区大小和数据长度。

2）控制指令发送模块

打开图 2.20虚线框④ 所示模块，得到图 2.24。图中包含八个控制指令发送模块，这八个模块类似，根据需要单独设置。打开其中的一个模块得到图 2.25，图中包含一个 UDP 发送模块（“UDP Send”）和数据打包模块（“Byte Pack”），用于打包数据流，之后发送给指定 IP 地址的多旋翼。UDP 发送模块如图 2.26所示，需要远端（指受控多旋翼）IP 端口和 IP 地址。

① https://www.ros.org

Message
UDP Receive
Length
Byte Unpack
tello1_states
x1
y1
z1
q[R1, R2, R3]
yaw-pitch-roll
Rotation Order: ZYX
yaw 1
vx1
vy1
vz1
tello1_states
logger
tello1_2
1
tello1_2
Message
UDP Receive
Length
Byte Unpack
tello2_states
x2
y2
z2
yaw2
vx2
vy2
vz2
tello2_states

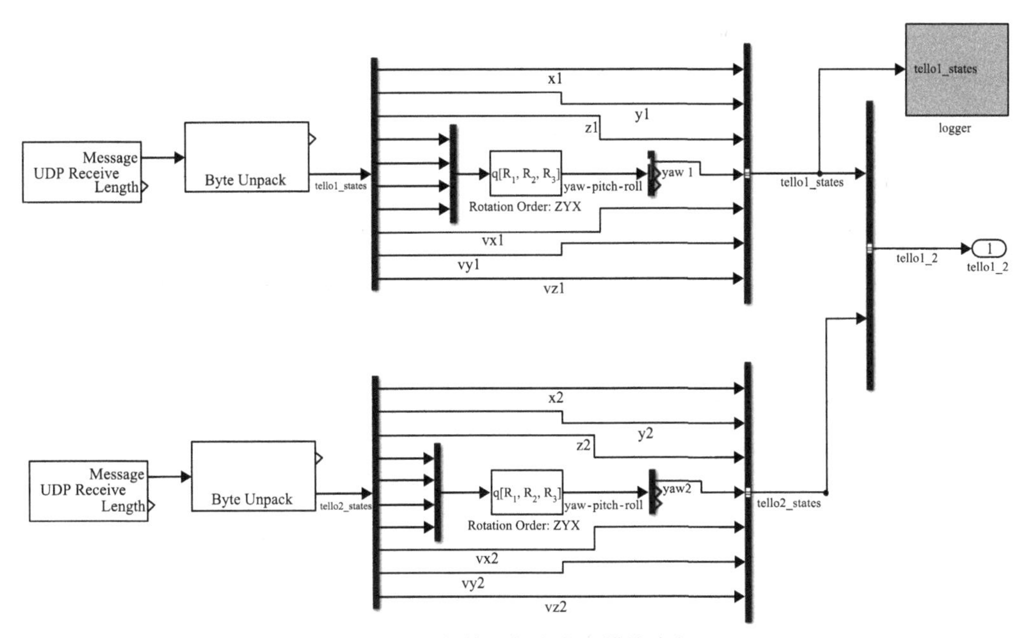

图 2.22 多旋翼状态获取模块内部

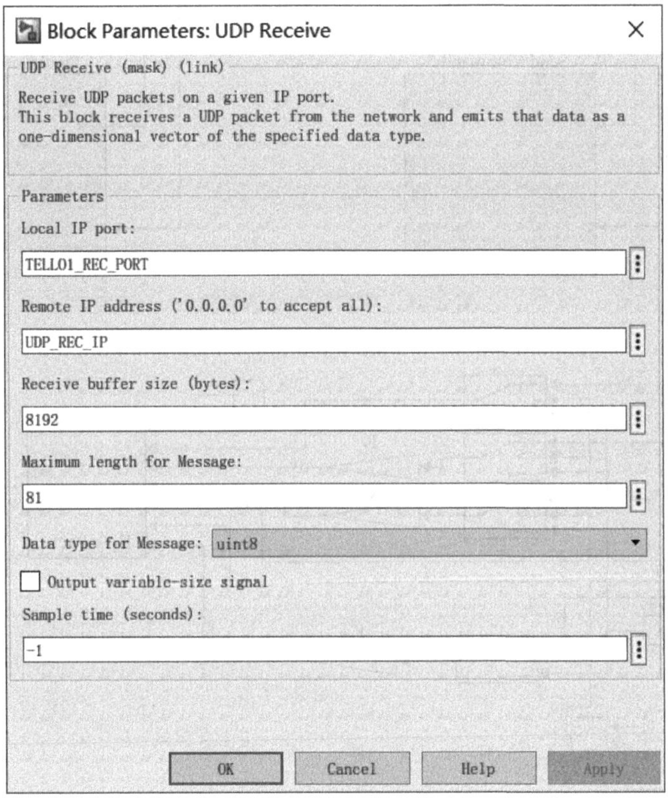

Block Parameters: UDP Receive
UDP Receive (mask) (link)
Receive UDP packets on a given IP port.
This block receives a UDP packet from the network and emits that data as a one-dimensional vector of the specified data type.
Parameters
Local IP port:
TELLO1_REC_PORT
Remote IP address ('0.0.0.0' to accept all):
UDP_REC_IP
Receive buffer size (bytes):
8192
Maximum length for Message:
81
Data type for Message: uint8
Output variable-size signal
Sample time (seconds):
-1
OK
Cancel
Help
Apply

图 2.23 UDP 接收模块设置

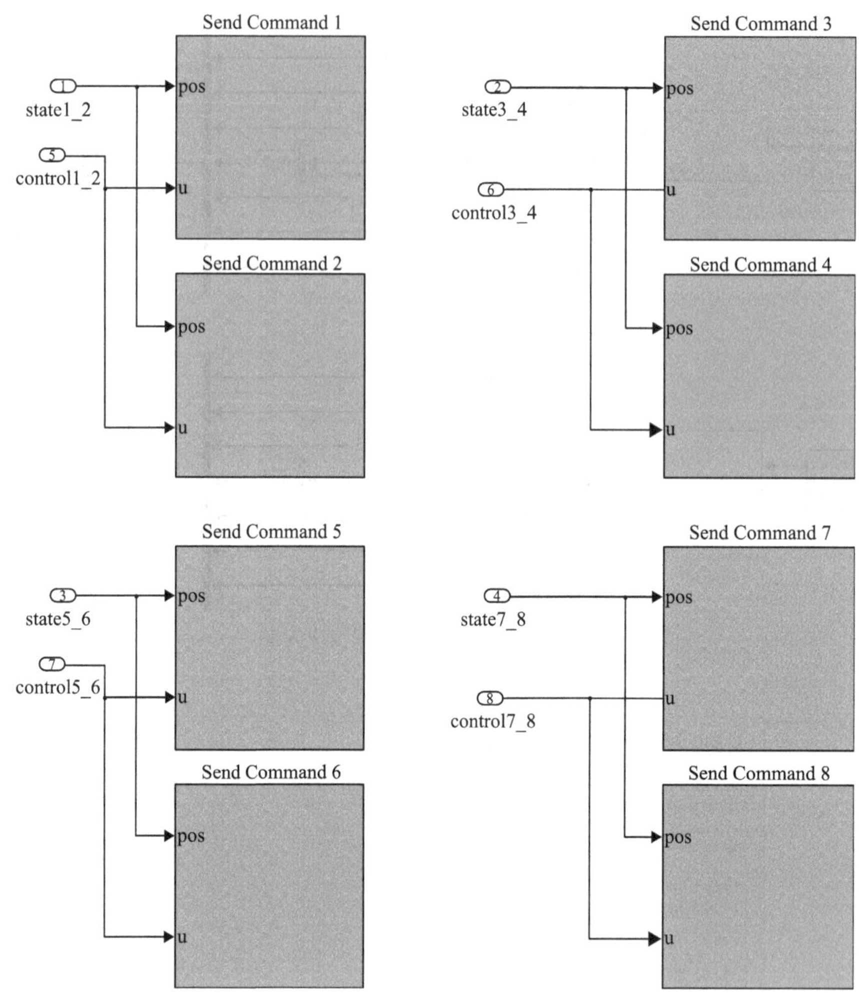

图 2.24　控制指令发送模块

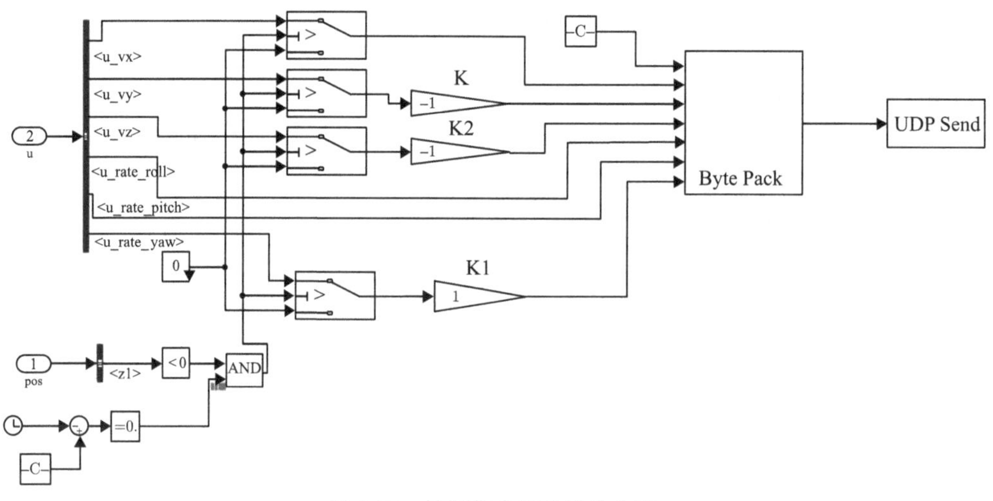

图 2.25　控制指令发送模块内部

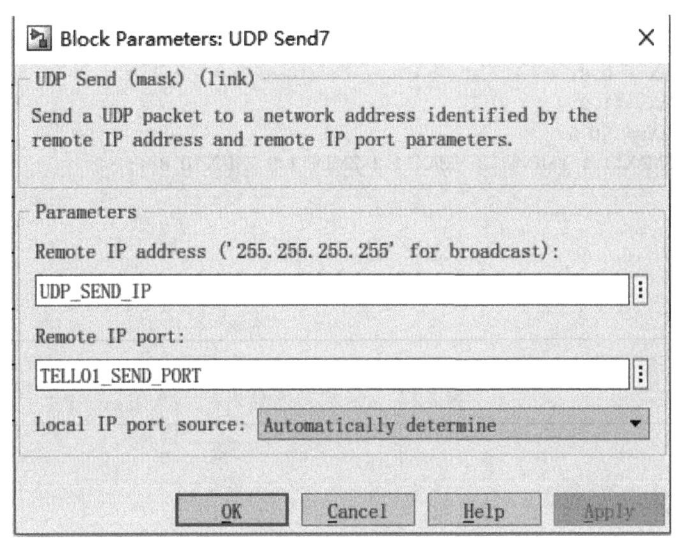

图 2.26 UDP 发送模块设置

2.3.3 初始化文件说明

初始化文件为“start_tello.m”，下面对各行指令逐一解释：表 2.10中的代码用于关闭所有图形窗口，清空工作空间，清空命令行。在表 2.11中，“fixed_step_size”定义 MATLAB 运行步长；“AUTOLAND”表示仿真结束时是否自动降落，如果需要自动降落就将此参数设置为“true”，否则就设置为“false”；“TELLO_PLOT”表示是否绘制飞行过程中的数据曲线，在分析飞行状态时使用；飞行过程的数据和曲线保存在“.\figure\fignum”文件夹下。多旋翼飞行场地参数如表 2.12所示；轨迹生成参数如表 2.13所示。在表 2.14中，“sim_start_time”表示开始飞行的时刻，在此时间之前多旋翼会飞行到初始位置；“sim_end_time Simulink”表示模型结束运行时间。表 2.15中的代码表示发送和接收数据的 IP 地址，这里使用的是本机 IP 地址。表 2.16表示多旋翼发送和接收数据的端口号。表 2.17代码用于启动 Simulink 模型。

表 2.10 清除指令

```
1 close all
2 clear
3 clc
4 clf
```

表 2.11 Simulink 仿真设定

```
1 fixed_step_size = 1/120;  % MATLAB运行步长
2 UAV_NUM = 0;
3 AUTOLAND = true;  % 仿真过程中是否自动降落
4 TELLO_PLOT = false;
5 fignum = 'eight_shaped';
```

表 2.12 多旋翼飞行场地参数

```
XMIN = -0.8; XMAX = 0.8;
YMIN = -1.2; YMAX = 1.2;
ZMIN = -1.6; ZMAX = -0.5;
axis([XMIN*1.2 XMAX*1.2 YMIN*1.2 YMAX*1.2 ZMIN*1.2 ZMAX*0.8]);

xlabel('X(m)');
ylabel('Y(m)');
zlabel('Z(m)');
box on;
```

表 2.13 轨迹生成参数

```
w1 = 0.4;
w2 = 0.2;
act_end = 4*pi/w1;

% 期望位置
a = XMAX;
b = YMAX;
k = (ZMAX - ZMIN)/(YMAX - YMIN);
bb = (ZMIN*YMAX - ZMAX*YMIN)/(YMAX - YMIN);
ZA = ZMAX - ZMIN;
tb = 2.7;
tb2 = tb;
tb3 = tb*2;
tb4 = tb*3;
tb5 = tb*4;
tb6 = tb*5;
tb7 = tb*6;
tb8 = tb*7;
```

表 2.14 多旋翼开始飞行与结束时刻

```
sim_start_time = 2; % 开始飞行的时刻
sim_end_time = 15*act_end + 4; % 模型结束运行的时间
```

表 2.15 多旋翼发送和接收数据的 IP 地址

```
UDP_REC_IP = '127.0.0.1'; UDP_SEND_IP = '127.0.0.1';
```

表 2.16 多旋翼发送和接收数据的端口号

```
TELLO1_NUM = uint8(1); TELLO1_SEND_PORT = 25000; TELLO1_REC_PORT = 26000; …
```

表 2.17 启动 Simulink 模型

```
tello8_eight_shaped_3D
```

2.3.4 系统启动流程

本节以 Tello 飞行器为例，配合 OptiTrack 室内定位系统，采用 2.3.1节的 MATLAB/Simulink 控制程序，对多旋翼实飞操作进行具体介绍。

在 Linux 操作系统（本书的环境为 Ubuntu16.04+ROS Kinetic）的终端（Ctrl+Alt+T 组合键开启）中输入以下指令进行操作。

（1）启动 OptiTrack

roslaunch mocap_optitrack multi_rigidbody8.launch

（2）启动 tello_driver

roslaunch tello_driver tello_node_all8.launch

（3）起飞 Tello

rosrun tello Tello_takeoff_all

（4）运行 MATLAB/Simulink 控制程序

完整的 MATLAB/Simulink 控制程序应包括“start_tello.m”初始化文件、“.slx”格式的 Simulink 文件、“tello8_plot.m”绘图文件和“satgd.m”饱和函数。运行“start_tello.m”文件会自动打开“.slx”文件，单击 Simulink 文件的运行按钮，此时 Simulink 生成的指令将会发给 Tello。

（5）停止 MATLAB/Simulink 控制程序

单击 Simulink 文件的停止按钮。

（6）降落 Tello

rosrun tello Tello_land_all

需要注意的是，可以将启动、起飞、降落指令在实验前分别输入不同的终端中，快速实现多旋翼的起飞降落，防止发生意外。实验完成之后，先结束 Simulink 的运行再输入降落指令，防止多旋翼不受控制或者无法降落到地面。

2.3.5 增加或减少飞行器的数量

减少飞行器的数量不需要修改模型，给定期望的轨迹即可。增加飞行器的数量需要将图 2.20中虚线框①~④ 中的模块复制对应的数量。在复制“1”和“4”中的模块时，需要修改发送和接收的 IP 地址。如要将飞行器的数量增加到 10，可以复制虚线框①中接收 7、8 号飞行器的模块，如图 2.27所示。进一步，修改“UDP Receive”模块中的“Local IP port”为“TELLO9_REC_PORT”和“TELLO10_REC_PORT”。这两个变量需要在“start_tello.m”中定义，可按照给出的前八个飞行器的定义规律将其定义为“TELLO9_REC_PORT=25008”和“TELLO10_REC_PORT=25009”。接收电池电量信息的的模块修改成如图 2.28所示，新增加的两个“UDP Receive”模块的“Local IP port”对应加 1 即可。同样发送模块需要修改“UDP Send”模块中的“Remote IP port”为“TELLO9_SEND_PORT”和“TELLO10_SEND_PORT”。具体可参考第 8 章 8.5.3.2 节。

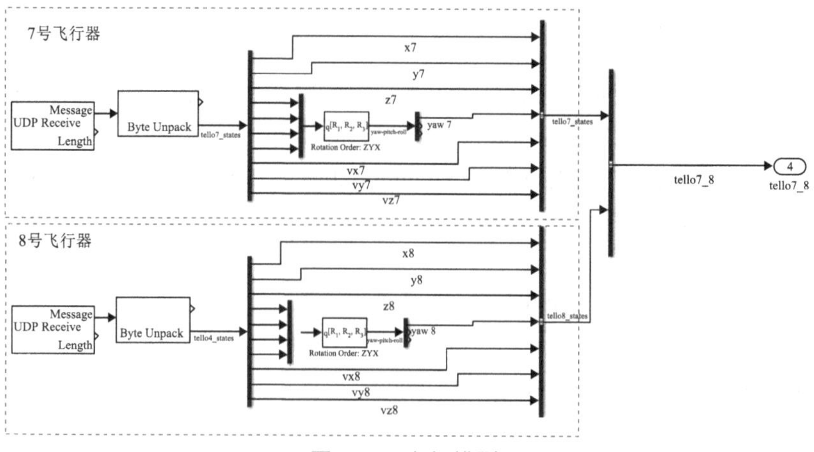

图 2.27　多机模型

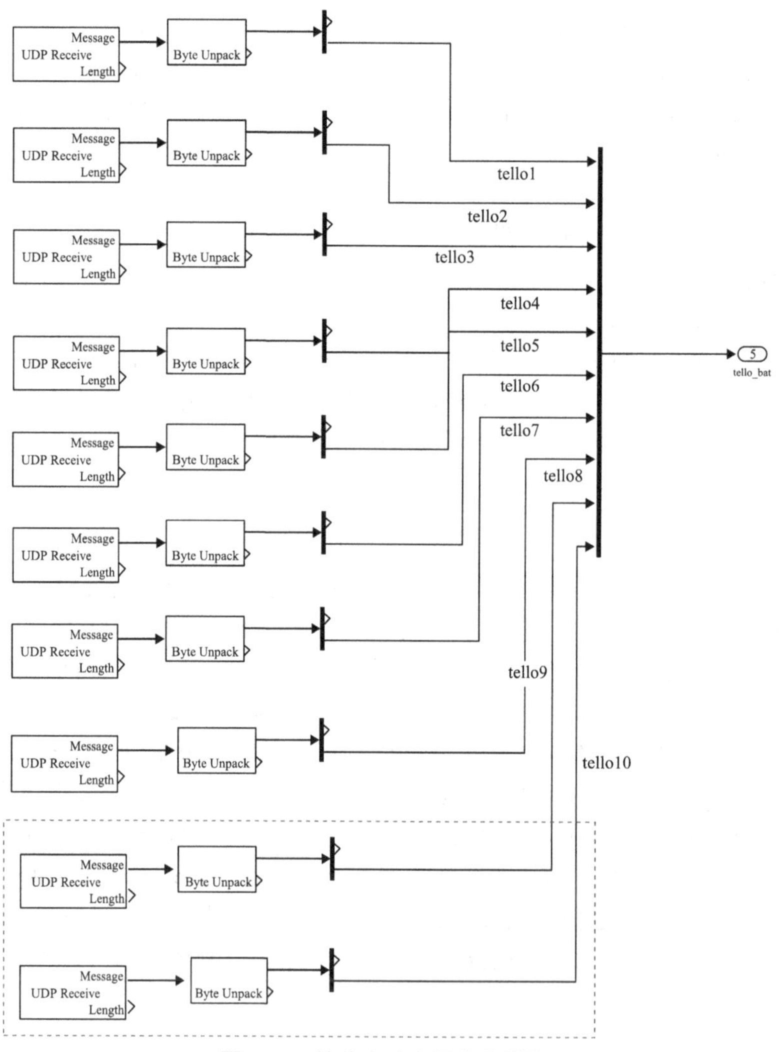

图 2.28　接收电池电量信息模块

2.4 平台优势

平台提供仿真阶段的目的是让更多人能够熟悉整个开发过程，减少实验时间以及过程中带来的风险和不确定因素。本实验平台在 MATLAB/Simulink 中提供了多旋翼控制器设计的相关接口，读者（初学者、学生或者工程师）可以利用自己所学知识快速进行控制器设计与验证。在控制器设计完成后，可以通过仿真 1.0 阶段测试，之后使用设计的控制代码直接控制真实的飞行器来验证和评估所设计的控制算法的性能。

如有疑问，请到 https://rflysim.com/docs/#/5_Course/Content 查询更多信息。

第3章

Chapter 3

实验流程

本章首先总体介绍实验的流程，然后以一个效果良好的定点控制实验为例，详细介绍平台的使用方法和实验的基本操作流程。

3.1 总体介绍

本书后续章节的实验覆盖了远程控制实践所需的理论与技术知识，每个实验分为由浅入深的四个分步实验，即基础实验、分析实验、设计实验和实飞实验。

（1）**基础实验**：打开例程，阅读并运行程序代码，然后观察、记录结果并分析数据。

（2）**分析实验**：指导读者修改例程，运行修改后的程序并收集和分析数据。

（3）**设计实验**：在完成上述两个实验的基础上，针对给定的任务，进行独立设计。

（4）**实飞实验**：在设计实验的基础上，针对给定的任务，进行独立的设计并运用于真实的多旋翼。

对于基础实验和分析实验，本书会提供完整的例程，以此保证所有的读者都可以顺利完成实验。通过以上两个分步实验，读者能较好地了解实验的理论和其应用方法。在设计实验中，读者只需在原有的架构上逐一替换成自己的设计模块，并进行硬件在环仿真测试。通过实飞实验，读者能将自主设计开发的算法用于真实的多旋翼飞行测试。整个过程由浅入深，便于一步一步达到最终的实验目标。

基础实验、分析实验和设计实验都包括仿真 1.0 和仿真 2.0，其中设计实验还包括硬件在环仿真。这里的仿真 1.0 采用的模型是简化的线性模型，通常是利用系统辨识得到的，可以用于模拟**模型开发**；而仿真 2.0 采用的模型是高逼真的非线性模型，用于模拟模型开发到真实飞行器上的迁移。实飞实验包括仿真 1.0 和实飞，这里的仿真 1.0 采用的模型也是简化的线性模型。不同的是，该模型是通过对所使用的真实多旋翼实飞数据进行系统辨识得到的模型，更加贴近于读者所使用的真实的多旋翼。

1）仿真阶段

仿真阶段如图 1.7所示，需要经历“**仿真 1.0→ 仿真 2.0→ 硬件在环仿真**”。仿真 1.0 采用的多旋翼模型是设计模型，而仿真 2.0 使用的是一个高保真的非线性模型。通过图 1.6中“系统辨识”实验，对仿真 2.0 使用的高保真非线性模型进行系统辨识，可以得到传递函数模型，也称为**设计模型**。每章的设计实验包含硬件在环仿真，它采用自驾仪和高逼真的非线性模型进行仿真，能够更加真实地模拟实飞实验。在硬件在环仿真中，真实的滤波器和底层控制器运行在硬件中，与高逼真的模型形成闭环，其中模型将传感器数据给到真实的自驾仪，而自驾仪发出真实的 PWM 信号给到模型。在每个实验设计完成后，需要在 MATLAB/Simulink 中实现，并在搭建好的设计模型仿真平台中进行仿真测试。之后，读者需要将通过仿真测试的控制器，应用到高保真的非线性模型上去。在仿真阶段，读者可以熟悉整个开发流程，深入分析系统的组成和原理。只有清楚了解系统原理及控制器设计方法，才能设计合理的方案。同时，本阶段要求读者掌握多种现代工具以及开发和仿真时需要的各种软件。

2）实飞阶段

实飞阶段如图 1.8所示，需要经历“**仿真 1.0⟶ 实飞实验**”。仿真 1.0 采用对真实多旋翼进行图 1.6中“系统辨识”实验得到的设计模型，而实飞实验是在真实多旋翼上进行的。在每个实验设计完成后，需要在 MATLAB/Simulink 中实现，并在搭建好的设计模型仿真平台中进行仿真测试。之后，读者需要将通过仿真测试的控制器，应用于真实的多旋翼。可以看出，实飞阶段其实是在重复仿真阶段，但实飞阶段存在着更多的不确定性。

在实施仿真或实飞前，需要清楚了解系统原理及控制器设计方法，熟练掌握 MATLAB/Simulink 软件、通信方式、定位系统以及多旋翼等知识。通过这两个阶段，读者可以熟悉整个开发流程，深入分析系统的组成和原理。下面通过一个例程来让读者熟悉整个操作流程。

3.2 定点控制实验流程

本节以设计一个效果良好的定点控制实验为例，介绍整个仿真实验和实飞实验的基本操作流程。

3.2.1 实验目标

新建一个 Simulink 文件，在其中设计多旋翼的定点控制器，设计要求如下。

1）输入数据

（1）给定定点指令，其中水平前向通道和水平侧向通道的定点指令范围为 [−1, 1]，高度通道定点指令范围为 [0, −2]，以及偏航角通道角度控制指令范围为 [−π, π]。

（2）速度反馈的三个分量用“ux”、“uy”和“uz”表示（单位：m/s），分别代表水平前向速度、水平侧向速度和垂直速度。

（3）欧拉角反馈量为“AngEuler”中的偏航角。

2）输出数据

对多旋翼模型的直接控制指令，也就是速度指令和偏航角速率指令。

3）期望效果

多旋翼保持在高度为 1m，偏航角为 0 的情况下，从任意定点到达 (1, 1, 1) 位置。

3.2.2 仿真实验流程

3.2.2.1 仿真 1.0

1）步骤一：控制器设计

这里我们给出一个设计好的例子，见文件“e0\sim1.0\sample1.slx”。打开该文件，如图 3.1所示。该模型中“Model”模块采用的是设计模型（线性模型）。请仔细观察和分析其中的子模块的实现方法，并进行功能完善。

2）步骤二：建立控制器子模块

打开图 3.1中的“Control Input”模块，设定相应的定点期望（见图 3.2）。设置完定点期望后，打开图 3.1中的“Controller”模块，查看各个通道的定点控制器形式和内容。如图 3.3所示是控制器的内部形式。具体原理可参见第 2 章 2.2.2节的控制器模块部分。

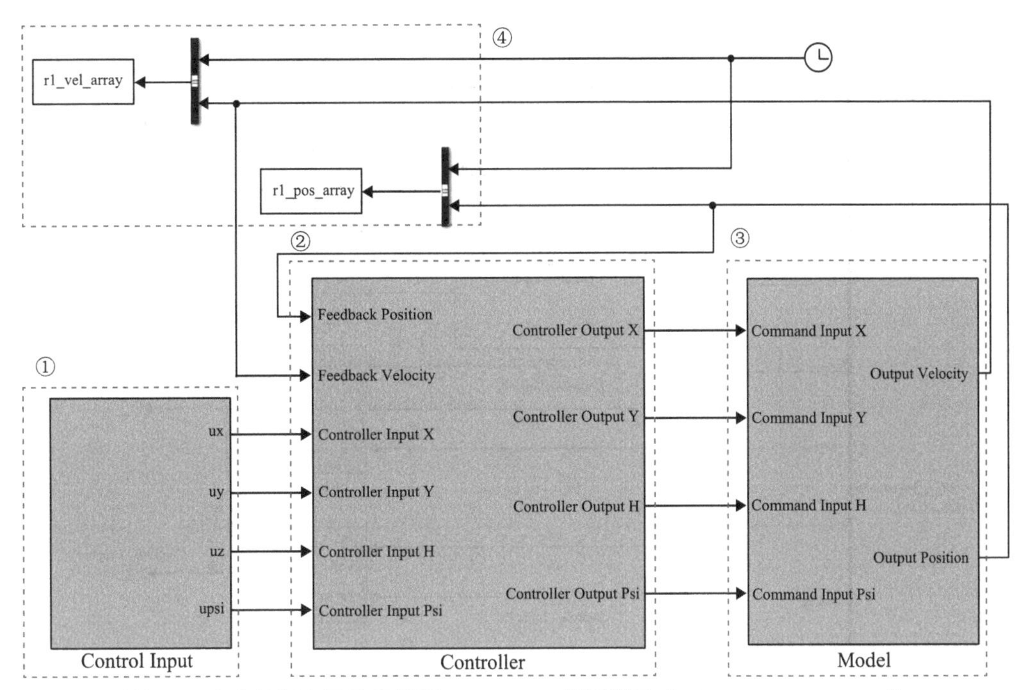

图 3.1 定点控制实验仿真模型，Simulink 模型详见“e0\sim1.0\sample1.slx”

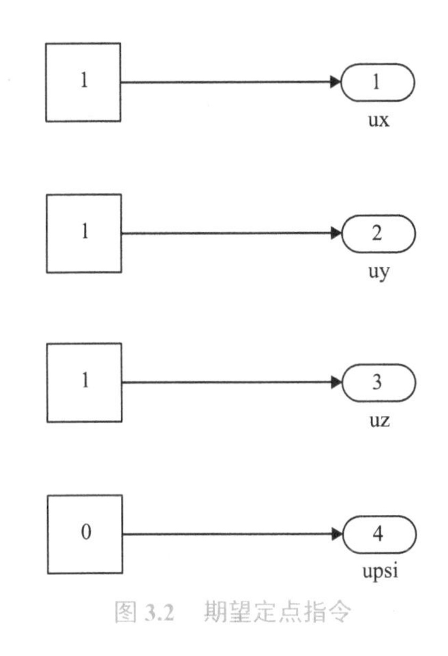

图 3.2 期望定点指令

3）步骤三：开始仿真

双击 MATLAB 文件“startSimulation.m”，并单击工作界面中的“运行”（Run）按钮，然后单击 Simulink 工具栏“开始仿真”按钮（见图 2.18）开始仿真。水平前向通道、水平侧向通道和高度通道的仿真结果可以通过运行文件“e0_plot.m”得到，如图 3.4所示，这三个变量从起点位置迅速到达 (1, 1, 1) 位置，达到了预期效果。

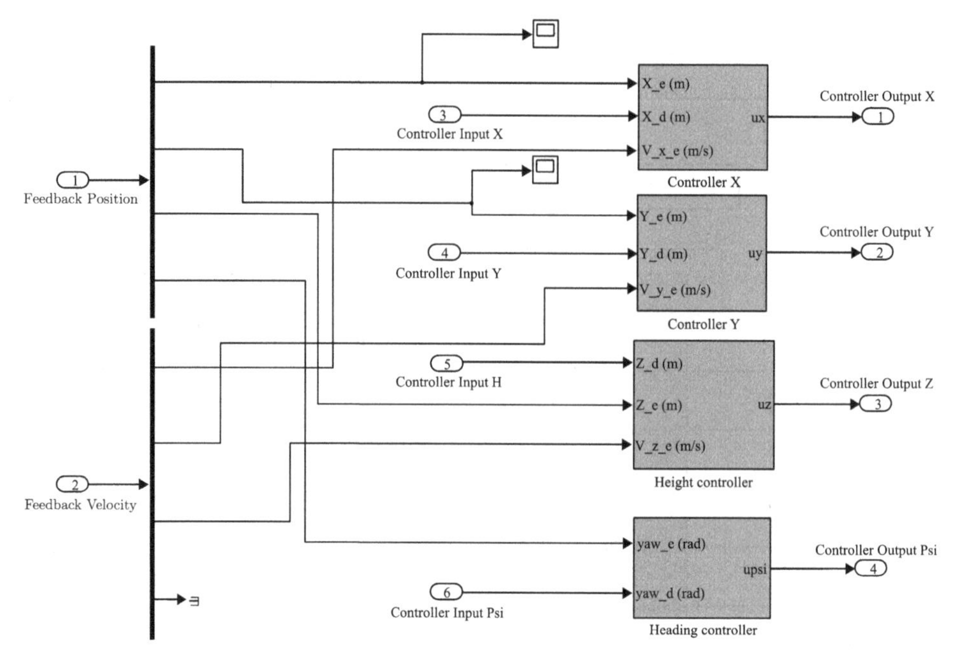

图 3.3 控制器内部

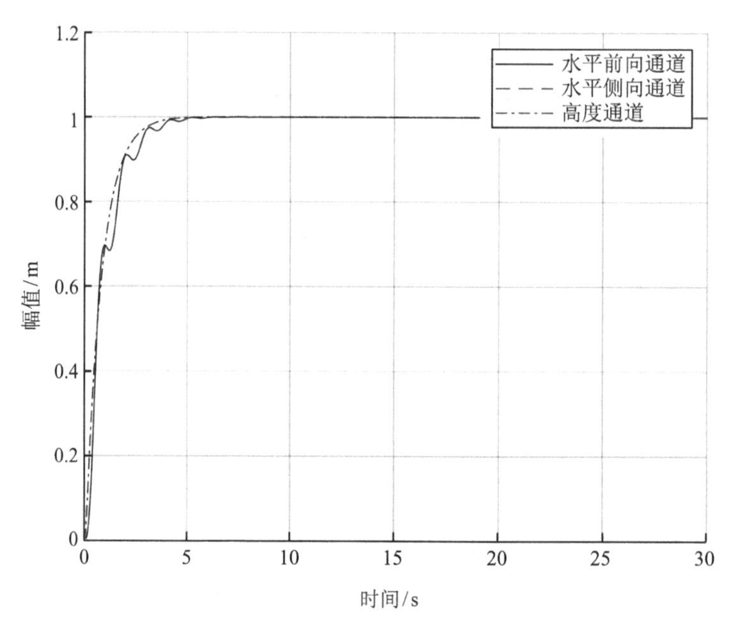

图 3.4 各通道位置响应曲线

3.2.2.2 仿真 2.0

基于设计模型，已经完成了仿真 1.0，下一步需要在非线性模型上进行验证，即仿真 2.0。

1）步骤一：控制器设计

此处控制器和仿真 1.0 相同。

2）步骤二：替换多旋翼模型

打开"e0\sim1.0\sample1.slx",将"Model"模块里的传递函数模型替换成非线性模型，然后按要求设置期望输入。这里我们给出一个设计好的例子，见文件"e0\sim2.0\sample1.slx"，其与"e0\sim1.0\sample1.slx"的区别在于此处的多旋翼模型为非线性模型。

3）步骤三：开始仿真

双击文件"FlightGear-Start.bat"打开 FlightGear，然后双击"startSimulation.m"文件并单击"运行"；接着在 Simulink 工具栏中单击"开始仿真"按钮。此时，可以在 FlightGear 视景中（见图 3.5）观察到：多旋翼爬升一段时间后到达指定定点。这说明控制器实现了预期要求。

图 3.5 FlightGear 视景

3.2.2.3 硬件在环仿真

硬件在环仿真需要准备装配有 RflySim 和 MATLAB R2017b 及以上版本的计算机，以及如图 3.6所示的 Pixhawk 自驾仪和 USB 数据线。本书使用的自驾仪是 Pixhawk4，固件版本为 1.10.1。

图 3.6 Pixhawk 自驾仪及 USB 数据线

1）步骤一：连接硬件

将 Pixhawk 自驾仪与计算机通过 USB 数据线连接。

2）步骤二：选择 HIL 脚本

（1）对于单机仿真，打开桌面“RflyTools”文件夹，直接打开图 3.7中的“HITLRun”脚本文件，将弹出如图 3.8所示的命令行。插入 Pixhawk 自驾仪后，图中将会显示串口号，如这里是“3”，只需把该串口号输入下方即可。

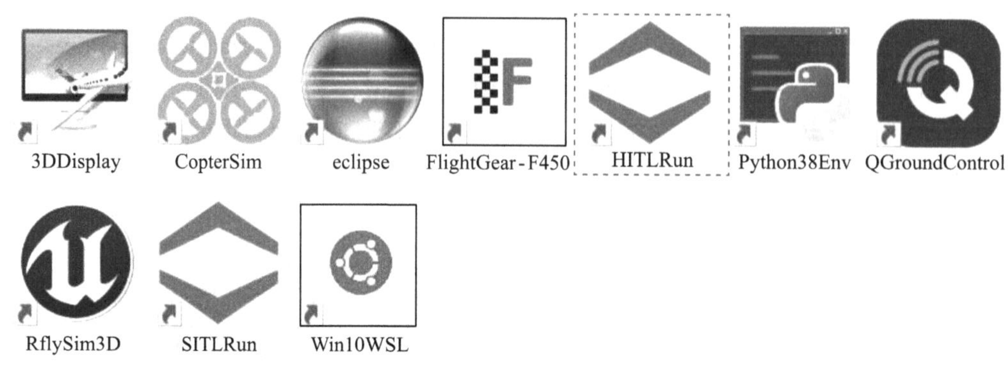

图 3.7 “RflyTools”文件夹

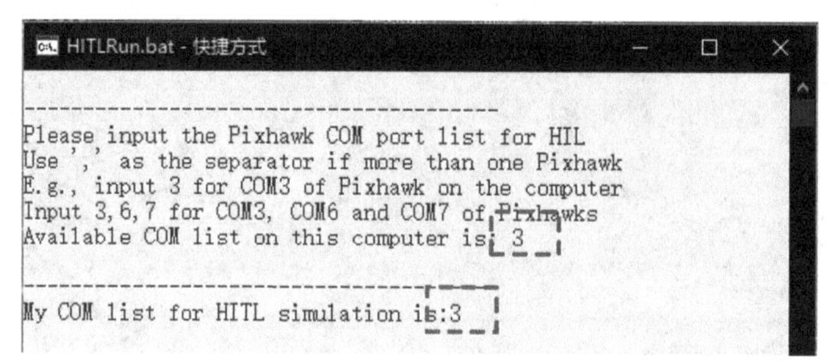

图 3.8 选择串口号

（2）对于多机仿真，需要将多个 Pixhawk 自驾仪连接计算机。同时按照路径“[安装盘]:\PX4PSP\RflySimAPIs\SimulinkSwarmAPI”找到名称为“HITLRunUdpFull.bat”的文件，双击后弹出的命令行与图 3.8类似。注意，此时命令行中提示的串口号个数应与连接的自驾仪个数一致，需要在下方输入所有给出的串口号，每个串口号用逗号分隔开。

3）步骤三：一键启动 HIL

在填写完串口号后，按下回车键，系统会自动打开所有与硬件在环仿真相关的 RflySim 软件，包括 RflySim3D、CopterSim 和 QGC 地面站，如图 3.9所示。

4）步骤四：运行 MATLAB 程序

打开 MATLAB R2017b 及以上版本以及打开要运行的 Simulink 模型，单击“运行”按钮便可以实现自驾仪硬件在环仿真，仿真结果通过 RflySim3D 软件实时显示。

5）步骤五：关闭 HIL

实验完成后，再次回到命令行，按任意键退出，系统将自动关闭所有打开的 RflySim 软件。

若需要更多资料，请访问https://rflysim.com 或https://doc.rflysim.com/ 中的“集群控制”开发部分。

图 3.9 硬件在环仿真界面显示

3.2.2.4 注意事项

（1）本书中的仿真模型均在 MATLAB R2017b 版本中运行，所以需要读者计算机中的版本为 R2017b 及以上。

（2）所有的仿真模型均需要设定固定的仿真步长。在 Simulink 界面的上方菜单栏中单击“Model Configuration Parameters”进入如图 3.10所示的界面，在其中单击“Solver”→“Slover options”→“Type”，在下拉菜单中选择“Fixed-Step”选项。单击其下方的“Additional Parameters”，在“Fixed-Step size”一栏中填入变量名“sampleTime”。这样就规定好了仿真模型的固定仿真步长，而变量“sampleTime”值设置在“startSimulation.m”文件中。

3.2.3 实飞实验流程

本节以设计一个效果良好的定点控制真机实验为例，介绍整个实飞实验的基本操作流程。

3.2.3.1 仿真 1.0

由于设计的控制器最终需要运用于真实的多旋翼上，因此，在实飞之前，进行基于真实的多旋翼模型的仿真实验非常必要。实飞实验的仿真 1.0 与仿真实验的仿真 1.0 区别就在于多旋翼模型，此处的模型是通过对真实的多旋翼通道辨识获得的，其他模块与仿真实验一样。

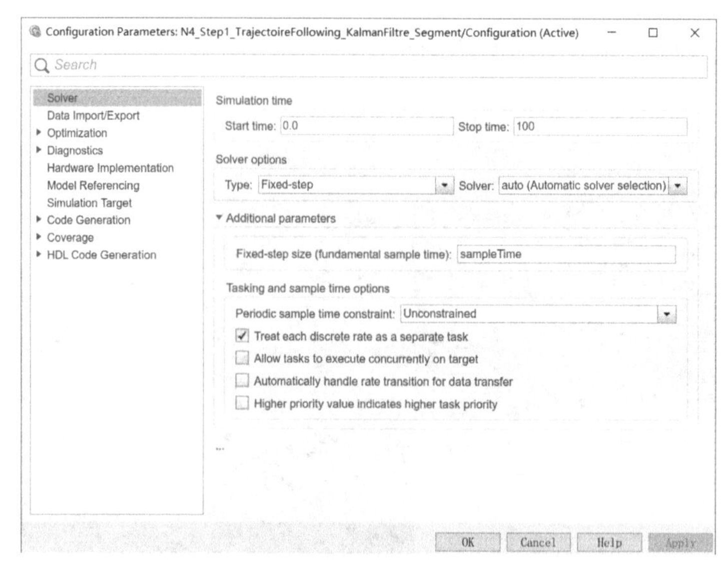

图 3.10　仿真步长设置示意图

1）步骤一：控制器设计

新建一个 Simulink 文件，在其中设计多旋翼的定点控制器，设计要求与仿真阶段的要求一致。这里我们给出一个设计好的例子，见文件“e0\sim1.0\sample2.slx”，打开该文件后的 Simulink 框图如图 3.11所示。请仔细阅读其中的子模块的实现方法，并进行功能的完善。

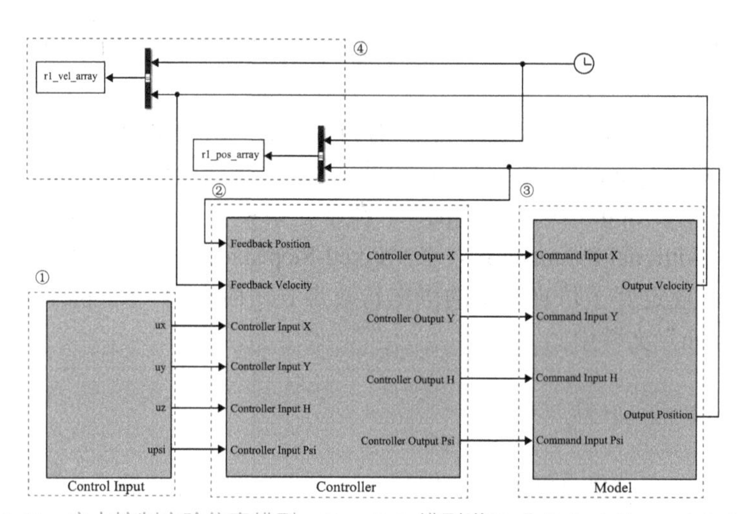

图 3.11　定点控制实验仿真模型，Simulink 模型详见“e0\sim1.0\sample2.slx”

2）步骤二：建立控制器子模块

打开图 3.11中的“Control Input”模块，设定相应的定点期望，如图 3.12所示。设置完定点期望后，打开图 3.11中的“Controller”模块，查看各个通道的定点控制器形式和内容。控制器的内部形式如图 3.13 所示，具体原理可参见第 2 章 2.2.2节的控制器模块部分。

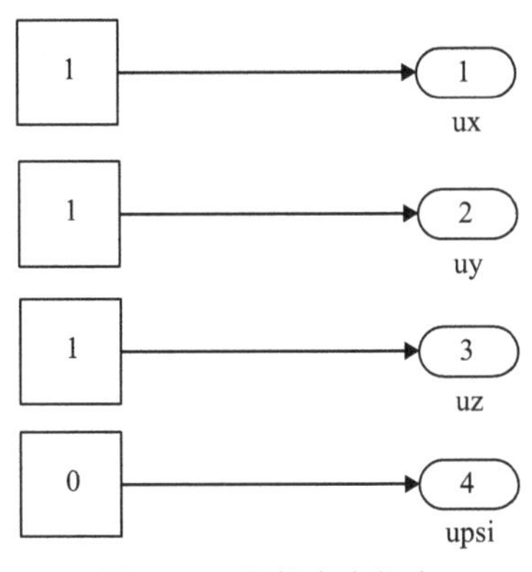

图 3.12 期望定点指令

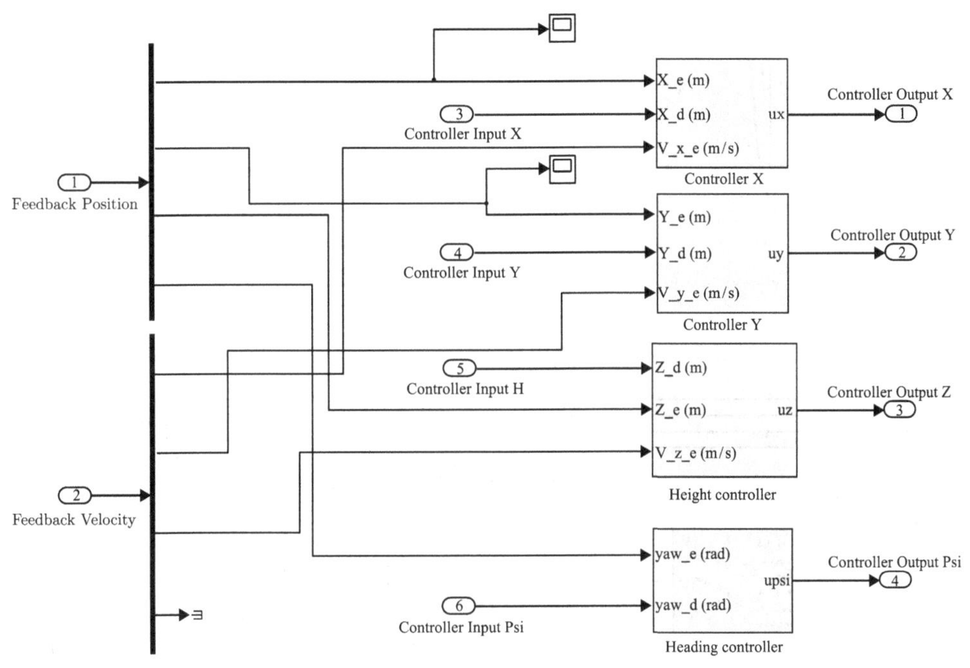

图 3.13 控制器内部

3）步骤三：开始仿真

双击 MATLAB 文件“startSimulation.m”并单击“运行”按钮，然后单击 Simulink 工具栏“开始仿真”按钮，如图 2.18所示，开始仿真。水平前向通道、水平侧向通道和高度通道的仿真结果如图 3.14所示，这三个变量从 $(0,0,0)$ 迅速到达 $(1,1,1)$ 位置，达到了预期效果。

3.2.3.2 实飞实验

此处将上一节通过仿真测试的控制器用于真实的多旋翼上验证。

1）步骤一：控制器设计

控制器与仿真 1.0 控制器相同，实飞实验相对复杂，可根据需要对控制参数进行微调。这里我们给出一个设计好的例子，见文件“e0\Rfly\sample1.slx”，打开该文件后的 Simulink 框图见图 3.15。

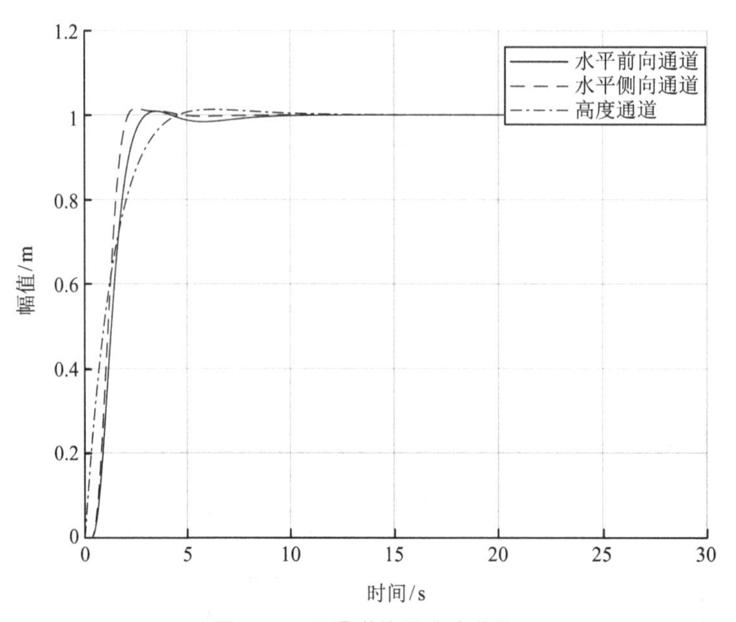

图 3.14　四通道位置响应曲线

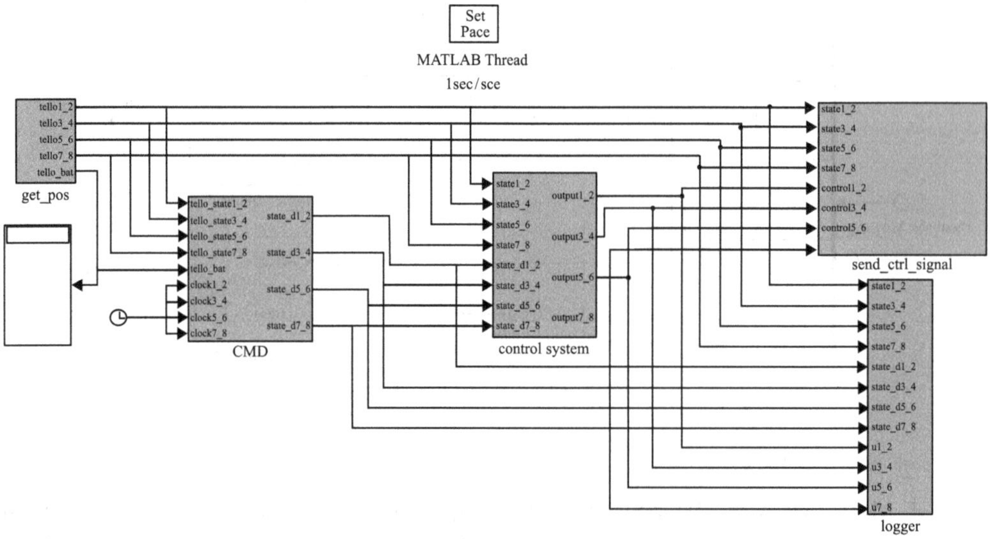

图 3.15　定点控制实验实飞模型，Simulink 模型详见“e0\Rfly\sample1.slx”

2）步骤二：建立控制器子模块

打开图 3.15的“CMD”模块（对应图 2.20“路径生成器”模块②），在该模块中打开“CMD1”子模块（见图 3.16），该模块用于设定相应的定点期望（见图 3.17）。设置完定点期望后，打开图 3.15中的“control system”模块内的“Baseline Controller Basic”子模块，查看各个通道的定点控制器形式和内容。图 3.18是“Baseline Controller Basic”子模块控制器的内部形式。

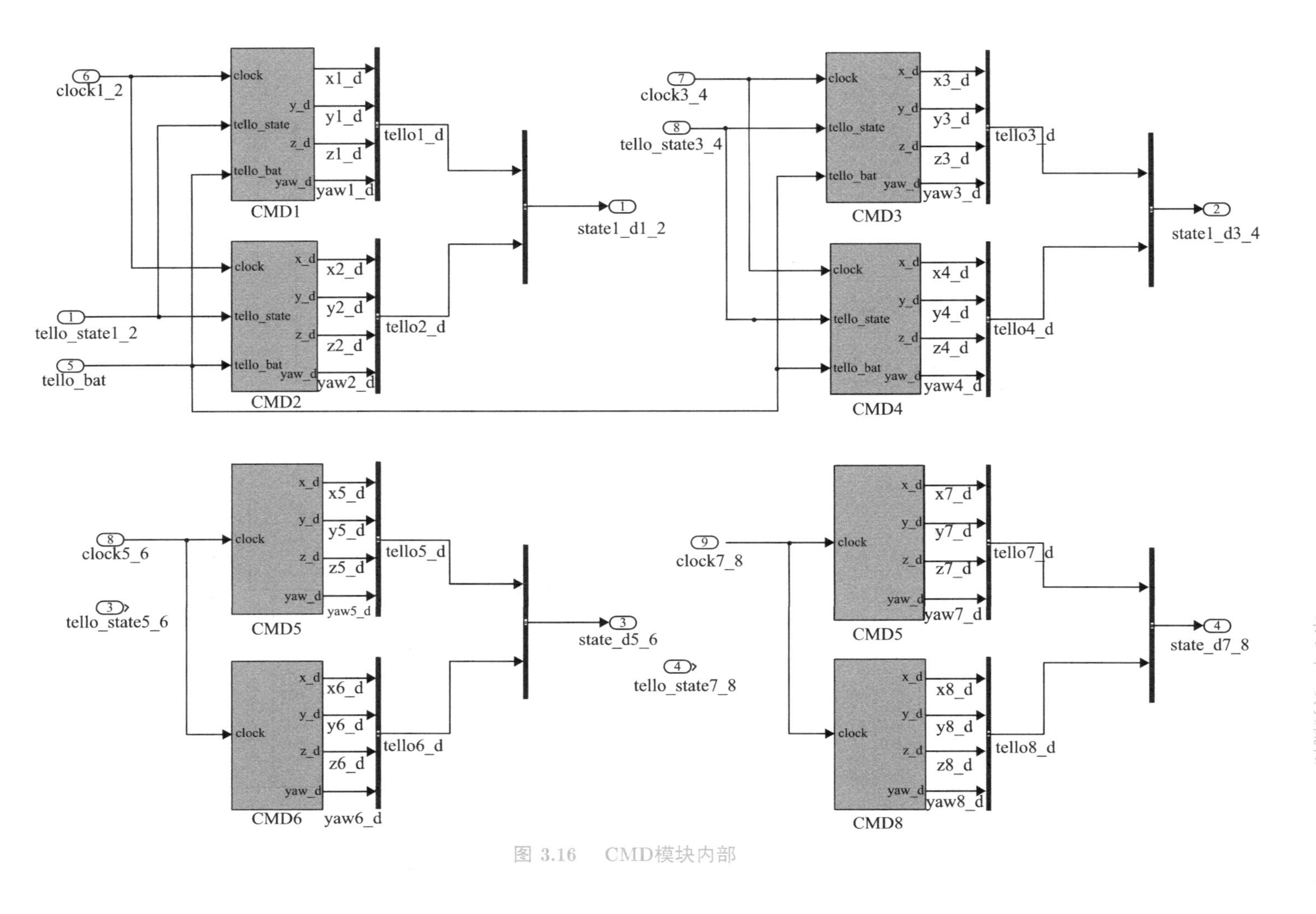

图 3.16 CMD模块内部

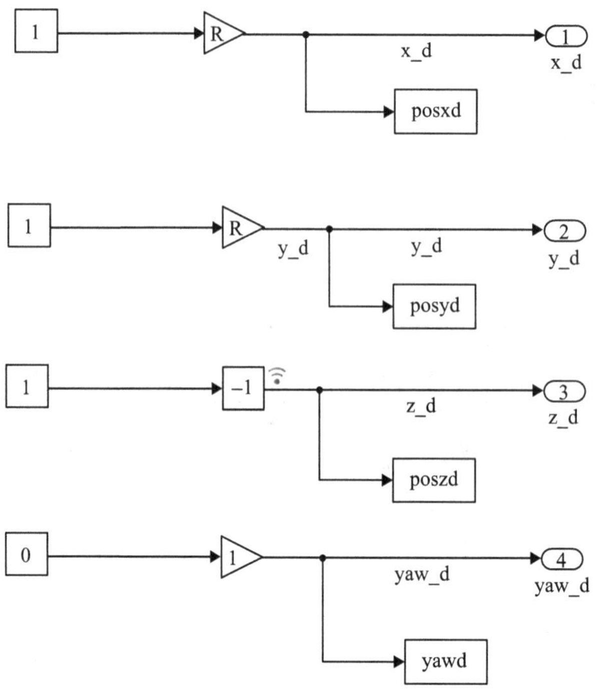

图 3.17 期望定点指令

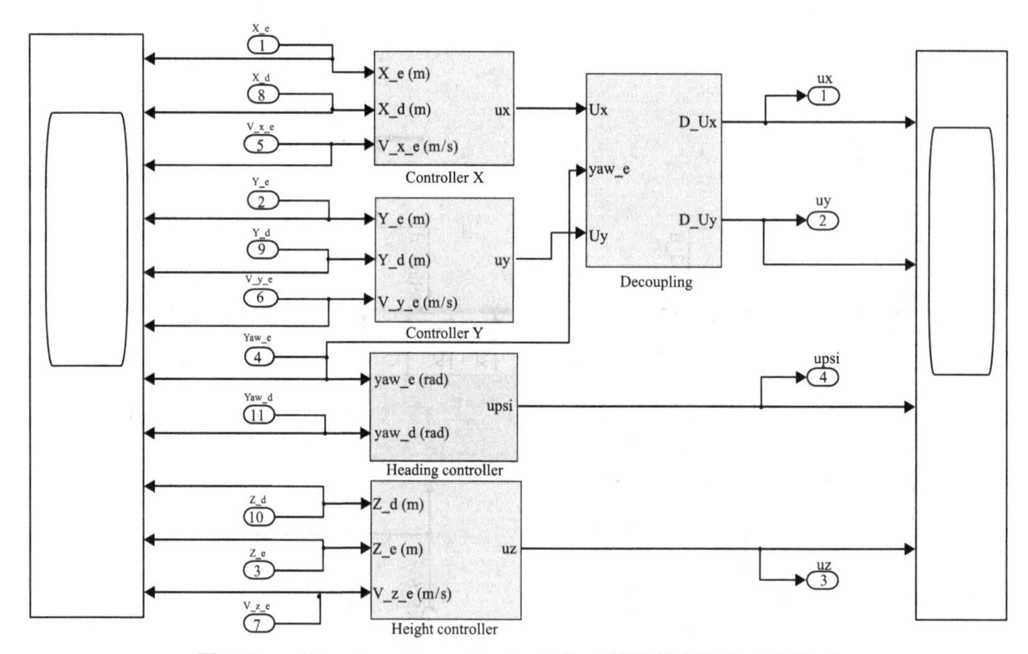

图 3.18 “Baseline Controller Basic”子模块控制器的内部形式

3）步骤三：实飞准备

实飞环境如图 3.19所示，按照以下步骤进行实验。

（1）首先启动实飞实验所需要的各个设备，分别为：

① 用于进行数据通信的路由器；

② 用于实时获得多旋翼运动状态的室内定位系统；

③ 用于作为 Simulink 模型控制载体的计算机；

④ 用于飞行实验的多旋翼。

（2）在启动设备之后需要将所有设备连接到路由器提供的局域网内，实现设备之间的通信。

（3）为了实现多旋翼运动状态的实时反馈，需要在室内定位系统中建立多旋翼的模型。

（4）在完成上述准备工作后，可以开始进行多旋翼的实飞实验。

① 首先查找多旋翼在当前局域网下分配的 IP 地址；

② 修改仿真平台中“launch”文件的相应多旋翼 IP 地址；

③ 打开系统“Terminal”，启动实飞实验。

（5）启动室内定位系统。在打开的系统“Terminal”中输入“roslaunch mocap_optitrack multi_rigidbody8.launch”并运行。

（6）连接多旋翼。在系统“Terminal”中输入“roslaunch tello_driver tello_node.launch”并运行。

（7）起飞多旋翼。在系统“Terminal”中输入“rosrun tello Tello_takeoff_all”并运行。

（8）运行 Simulink 仿真控制程序。首先打开 MATLAB/Simulink，运行“start_tello.m”启动文件（“e0\Rfly\start_tello.m”）加载相应数据，打开“sample1.slx”控制模型（“e0\Rfly\sample1.slx”）。

图 3.19 实飞实验环境

4）步骤四：开始实飞实验

一切准备就绪后，单击“sample1.slx”控制模型中 Simulink 工具栏“开始仿真”按钮（见图 2.18）开始仿真。此时可以在飞行场地内观察到，多旋翼爬升一段时间后向左飞行，说明控制器实现了预期要求。

5）步骤五：结束实验

单击 Simulink 中的“停止仿真”，然后在系统“Terminal”中输入“rosrun tello Tello_land_all”并运行，则多旋翼断电。

如有疑问，请到 https://rflysim.com/docs/#/5_Course/Content 查询更多信息。

第4章

Chapter 4

系统辨识实验

本章将详细介绍利用扫频信号辨识多旋翼系统的方法，并通过四个循序渐进的实验，即基础实验、分析实验、设计实验和实飞实验，加深读者对多旋翼系统辨识方法的理解。在基础实验中，读者将对比给定的多旋翼非线性模型和系统辨识得到的传递函数模型，理解频域系统辨识的原理以及验证频域系统辨识效果的准确性；在分析实验中，读者将对给定的多旋翼非线性模型进行辨识，获得其传递函数，了解系统辨识的大致流程；在设计实验中，读者通过对多旋翼非线性模型外加控制器的方式对其进行辨识，并与分析实验中获得的模型在频域响应方面进行对比；在实飞实验中，对于给定多旋翼，读者通过外加控制器的方式对其位置以及偏航通道模型进行辨识，验证系统辨识方法的有效性。

4.1　实验原理

为了让本章能够自包含，实验原理借鉴了《多旋翼飞行器设计与控制》[12] 第 12 章的部分内容，本章符号也采用与其相同的表示形式。

4.1.1　系统模型

带有半自主自驾仪的多旋翼控制结构如图 4.1所示。遥控指令能直接控制多旋翼的以下状态变量：垂直速度 v_{z_e}、姿态角速度 ω_{z_b}、多旋翼的姿态角 θ 和 ϕ（或者多旋翼机体坐标系下的速度 v_{x_b} 和 v_{y_b}）。进一步，可以通过这些变量控制多旋翼的位置 $(p_{x_e}, p_{y_e}, p_{z_e})$ 以及偏航角 ψ。

真实情况下的多旋翼模型为非线性模型，为了便于理解和控制器设计，可以利用线性化的方法对多旋翼的非线性模型进行简化处理。如图 4.1所示的系统可以分成三个通道：从油门摇杆量 u_T 到垂直位置 p_{z_e} 的高度通道、从遥控器输入 u_{ω_z} 到偏航角 ψ 的偏航通道，以及从 $\mathbf{u}_\mathrm{h}$ 到 $\mathbf{p}_\mathrm{h}$ 的水平位置通道，其中 $\mathbf{u}_\mathrm{h} = [u_\phi \quad u_\theta]^\mathrm{T}, \mathbf{p}_\mathrm{h} = [p_{x_e} \quad p_{y_e}]^\mathrm{T}$。在半自主自驾仪的控制下，这些通道的模型表示如下。

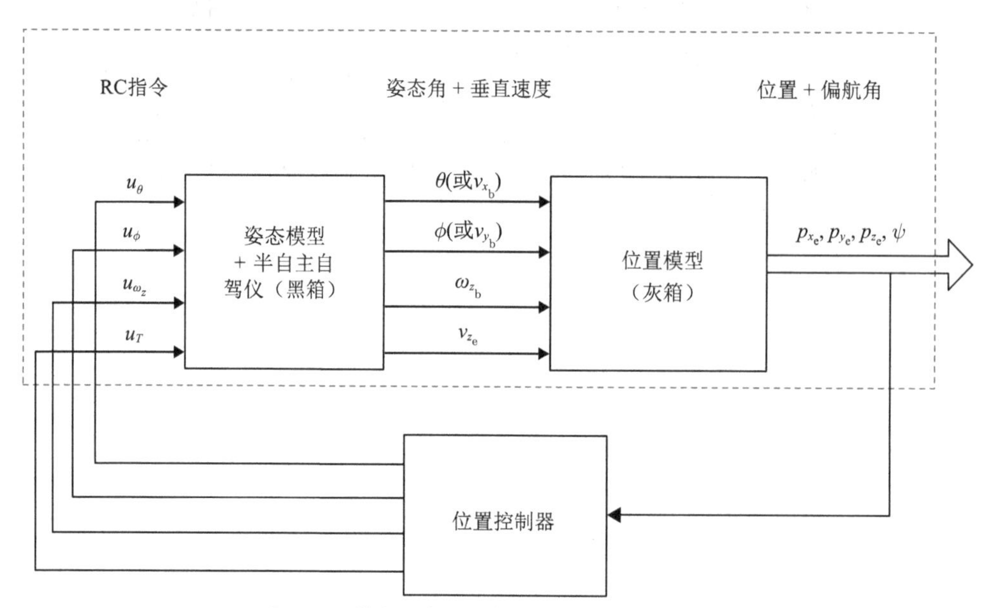

图 4.1　带有半自主自驾仪的多旋翼控制结构

假设 4.1　高度通道的模型为

$$\begin{aligned}\dot{p}_{z_e} &= v_{z_e} \\ \dot{v}_{z_e} &= -k_{v_z} v_{z_e} - k_{u_T} u_T\end{aligned} \tag{4.1}$$

其中，$k_{v_z}, k_{u_T}>0$ 是由所选定半自主自驾仪决定的参数，可以认为这些参数是未知的。

假设 4.2　经过半自主自驾仪的反馈，可以认为偏航通道具有以下模型：

$$\dot{\psi} = \omega_z$$
$$\dot{\omega}_z = -k_{\omega_z}\omega_z + k_{u_{\omega_z}} u_{\omega_z} \tag{4.2}$$

其中，$k_{\omega_z}, k_{u_{\omega_z}} > 0$ 是由所选定半自主自驾仪决定的参数，可以认为这些参数是未知的。

假设 4.3 半自主自驾仪平台会通过自身的角度传感器对姿态角 θ 和 ϕ 进行反馈，假设 u_ϕ和u_θ 到 ϕ和θ 的通道是稳定的，模型可以描述如下

$$\begin{aligned}
\dot{\mathbf{p}}_{\mathrm{h}} &= \mathbf{R}_\psi \mathbf{v}_{\mathrm{h_b}} \\
\dot{\mathbf{v}}_{\mathrm{h_b}} &= -\mathbf{K}_{\mathbf{v}_{\mathrm{h_b}}} \mathbf{v}_{\mathrm{h_b}} - g\begin{bmatrix} 0 & 1 \\ -1 & 0 \end{bmatrix} \mathbf{\Theta}_{\mathrm{h}} \\
\dot{\mathbf{\Theta}}_{\mathrm{h}} &= \boldsymbol{\omega}_{\mathrm{h_b}} \\
\dot{\boldsymbol{\omega}}_{\mathrm{h_b}} &= -\mathbf{K}_{\mathbf{\Theta}_{\mathrm{h}}} \mathbf{\Theta}_{\mathrm{h}} - \mathbf{K}_{\boldsymbol{\omega}_{\mathrm{h_b}}} \boldsymbol{\omega}_{\mathrm{h_b}} + \mathbf{K}_{\mathbf{u}_{\mathrm{h}}} \mathbf{u}_{\mathrm{h}}
\end{aligned} \tag{4.3}$$

其中，$\mathbf{v}_{\mathrm{h_b}} = [v_{x_{\mathrm{b}}} \quad v_{y_{\mathrm{b}}}]^{\mathrm{T}}$，$\mathbf{\Theta}_{\mathrm{h}} = [\theta \quad \phi]^{\mathrm{T}}$，$\boldsymbol{\omega}_{\mathrm{h_b}} = [\omega_{x_{\mathrm{b}}} \quad \omega_{y_{\mathrm{b}}}]^{\mathrm{T}}$。$\mathbf{K}_{\mathbf{v}_{\mathrm{h_b}}}$，$\mathbf{K}_{\mathbf{\Theta}_{\mathrm{h}}}$，$\mathbf{K}_{\boldsymbol{\omega}_{\mathrm{h_b}}}$，$\mathbf{K}_{\mathbf{u}_{\mathrm{h}}} \in \mathbb{R}^{2\times 2}$ 是由所选半自主自驾仪决定的参数，可以认为这些参数是未知的。注意，如果半自主自驾仪没有考虑水平方向的速度反馈，则该通道仅含有空气阻尼，这也就是说，此时 $\mathbf{K}_{\mathbf{v}_{\mathrm{h_b}}} \approx \mathbf{0}_{2\times 2}$，否则 $\mathbf{K}_{\mathbf{v}_{\mathrm{h_b}}}$ 应该为一个合理的阻尼系数。$\mathbf{R}_\psi$ 为机体坐标系到地球坐标系下的旋转矩阵，定义为 $\mathbf{R}_\psi = \begin{bmatrix} \cos\psi & -\sin\psi \\ \sin\psi & \cos\psi \end{bmatrix}$。

4.1.2 系统辨识

4.1.1节建立了多旋翼各通道的线性模型，这些模型会在辨识传递函数模型时用到。因为辨识是为了获取传递函数的参数，所以各通道的线性模型为系统辨识提供了先验知识。这里用传递函数来描述各通道从输入到输出的动态过程，这些传递函数的形式可以根据线性模型得到。本节将对多旋翼的高度通道模型、偏航通道模型和水平位置通道模型分别进行系统辨识。在具体工作之前，先介绍系统辨识及其常用工具。

1）系统辨识步骤

系统辨识步骤如图 4.2所示，主要包含以下六部分：先验知识、实验设计、数据采集、模型选择、模型计算和模型检验。

（1）先验知识：包括系统特性、数据采集方法以及待辨识系统其他方面的已有知识。这些知识对选择备选模型、设计实验、决定计算方法和检验准则等都有重要作用。由于辨识目的不同，即使是对同一系统进行辨识，其应用的先验知识也可能有很大差别。

（2）实验设计：目的是在已知条件下，获得能反映系统性能的输入/输出数据。在输入/输出数据的采集过程中，有时需要针对辨识过程进行特殊的实验设计。在实验中，可能需要用户确定测量哪些信号以及什么时候测量这些信号。如图 4.3所示，目前有两类实验设计方案：开环实验和闭环实验。一些系统是不稳定的，它们需要在反馈控制器的控制下工作，因此这些系统的输入信号由控制器决定，见图 4.3（b）；而在开环实验中，见图 4.3（a），输入信号可以任意选择，因此开环实验比闭环实验能获得更多的系统信

息，系统模态更容易被激励出来。显然，如果系统可以在脱离控制器的情况下工作，那么开环实验是更好的选择。

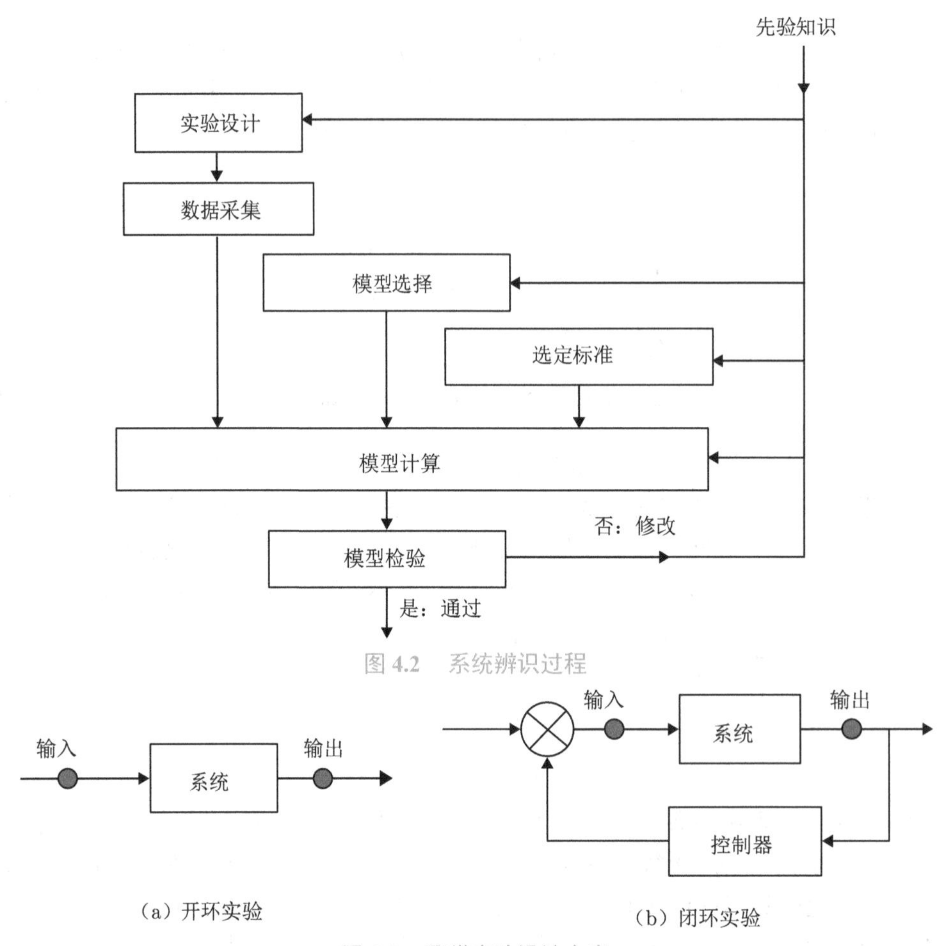

图 4.2　系统辨识过程

图 4.3　两类实验设计方案

（3）数据采集：通过合理的实验来获得输入/输出数据。

（4）模型选择：选择一系列的备选模型，通过后续验证，从中确定最合适的模型。数学建模可以得到一个未知参数化模型，然后通过参数辨识方法计算出模型中的未知参数。

（5）模型计算：采用合适的优化方法来计算备选模型的未知参数。

（6）模型检验：建立一个标准来检验备选模型与计算出的参数是否满足设计要求。通常，该标准的确定依赖于观测的数据、先验知识以及待辨识模型的用途。如果模型及其参数可以通过校验，则可以将其作为最终辨识出来的模型，否则需要重复上述步骤，直至模型通过验证。

2）系统辨识工具箱

（1）MATLAB 系统辨识工具箱：该工具箱包括了 MATLAB 函数、Simulink 函数块以及一个可利用测得的输入/输出数据构造动态系统的应用程序。利用该工具箱，用户可以用系统的时域或频域输入/输出数据来辨识其连续或离散的传递函数、过程模型、状态空间模型等，得到利用物理规律很难进行建模的系统动态模型。该工具箱还提供了很多辨识方法，如极大似然法、预测误差最小化方法以及子空间辨识方法等。如果考虑非线性系统辨识，还可以使用 Hammerstein-Wiener 模型、带有小波网络的非线性 ARX 模型以及其他非线性模型。该工具箱同时提供“灰箱”系统辨识，即使用自定义的模型进行参数估计。辨识出来的模型可用于建模及系统响应预测。

（2）CIFER 工具箱[11]：该工具箱基于综合频域响应方法进行系统辨识，适用于解决复杂的系统辨识问题，可以用于辨识不稳定模态，尤其是与飞机建模和控制器设计相关的系统辨识问题。CIFER 的基本原理是通过提取一组高质量完备的非参数多输入多输出频域响应数据，在不需要先验假设的前提下，直接由这些响应数据提取得到系统的耦合特性。CIFER 以先进的线性调频 Z 变换以及组合优化窗技术作为理论基础，相比于标准的快速傅里叶变换而言，其频域响应质量有显著的提高。在完整频域响应数据集已知的前提下，可以用多种复杂的非线性搜索算法来提取状态空间模型。因此，该工具箱在多种真实飞机的系统辨识中得到广泛应用，具体使用参见附录 A。

4.1.3 系统辨识中用到的模型

1）概要

本节先介绍高度通道的辨识，然后介绍偏航通道。只有在这两个通道稳定后，水平位置通道的实验才能获得较好的输入/输出数据。因此，水平位置通道将在最后介绍。注意，如果想得到效果较好的系统辨识结果，待辨识的通道需要尽可能稳定。因此，在实验设计阶段，分析待辨识的通道是否稳定显得尤为重要。

如果待辨识的通道是稳定的，可以直接辨识；如果不稳定，可以先引入一个 P 或 PD 控制器来确保该通道稳定，然后参考图 4.4为该通道设计实验。例如，对于式 (4.1) 中的高度通道，如果油门摇杆量 u_T 到垂直速度 v_{z_e} 通道是稳定的，则在辨识前不需要设计控制器。然而，如果考虑从油门摇杆量 u_T 到垂直位置 p_{z_e} 构成的通道，那么需要在系统辨识前设计一个控制器。因为从垂直速度 v_{z_e} 到垂直位置 p_{z_e} 存在积分环节，所以从油门摇杆量 u_T 到垂直位置 p_{z_e} 构成的通道是不稳定的，辨识前需要附加一个 P 控制器。这里要说明的是，并不需要反复调节控制器参数使系统性能变好，只需达到稳定系统的效果即可。至于具体选择什么样的控制器，可以通过先验知识确定出来。最终，把带有控制器的闭环系统整体作为新的辨识对象。

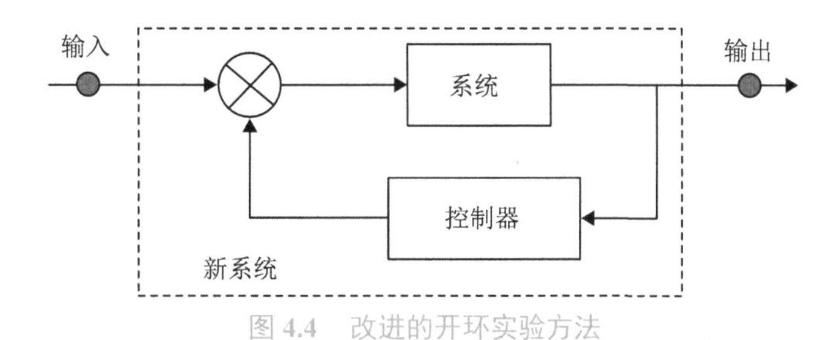

图 4.4 改进的开环实验方法

2）高度通道

半自主自驾仪的高度通道一般以控制高度方向的速度为主，即遥控指令 u_T 控制的是 v_{z_e}。当 $u_T = 0$ 时，可以使多旋翼保持当前高度。根据先验知识可知，带有半自主飞控的高度通道可以由式 (4.1) 表达。那么，根据式 (4.1)，相应的传递函数模型记为

$$p_{z_e}(s) = G_{p_z u_T}(s)\, u_T(s) \tag{4.4}$$

其中，$G_{p_z u_T}(s)$ 包含有一个一阶积分环节，是一个临界稳定的传递函数。该通道不适合进行直接辨识，因此需要一个 P 控制器，形式如下

$$u_T = k_{p_z} p_{z_e} + u_{p_z} \tag{4.5}$$

其中，$k_{p_z}>0$，而 u_{p_z} 定义为新的输入。注意，式 (4.1) 的输入系数是负的，即 $-k_{u_T}$，所以控制器的形式才如式 (4.4) 所示。在该控制器的作用下，式 (4.1) 表示为

$$\begin{aligned} \dot{p}_{z_e} &= v_{z_e} \\ \dot{v}_{z_e} &= -k_{u_T} k_{p_z} p_{z_e} - k_{v_z} v_{z_e} - k_{u_T} u_{p_z} \end{aligned} \tag{4.6}$$

其相应的传递函数可表示为

$$p_{z_e}(s) = G_{p_z u_{p_z}}(s)\, u_{p_z}(s) \tag{4.7}$$

这里，从 u_{p_z} 到 p_z 的通道是一个待辨识的参数化模型。当记录该模型的数据时，高度数据 p_z（即该通道的输出）是由高度传感器测量得到的，如气压计或超声波测距仪。同时，新的输入 u_{p_z}（即该通道的输入）也要记录下来。这时，具体的模型参数就可以通过系统辨识工具箱得到了，具体的操作过程将在接下来的部分进行介绍。此外，u_T 到 v_{z_e} 的通道是稳定的，如果垂直速度 v_{z_e} 是可以直接测量的，那么不需要额外设计控制器就可以直接辨识。在这种情况下，该通道的传递函数为

$$v_{z_e}(s) = G_{v_{z_e} u_T}(s)\, u_T(s) \tag{4.8}$$

进而有

$$p_{z_e}(s) = \frac{1}{s} G_{v_{z_e} u_T}(s)\, u_T(s) \tag{4.9}$$

3）偏航通道

在可以得到半自主自驾仪反馈的偏航角速率时，偏航通道可以由式 (4.2) 表达，相应的传递函数为

$$\psi(s) = G_{\psi u_{\omega_z}}(s)\, u_{\omega_z}(s) \tag{4.10}$$

其中，$G_{\psi u_{\omega_z}}(s)$ 含有一阶积分环节，是不稳定的。因此，该通道需要用 P 控制器进行稳定。控制器形式为

$$u_{\omega_z} = -k_\psi \psi + u_\psi \tag{4.11}$$

其中，$k_\psi > 0$，u_ψ 为新的输入，那么式 (4.2) 变为

$$\begin{aligned}\dot{\psi} &= \omega_z \\ \dot{\omega}_z &= -k_{\omega_z}\omega_z - k_{u_{\omega_z}}k_{\psi}\psi + k_{u_{\omega_z}}u_{\psi}\end{aligned} \tag{4.12}$$

相应的传递函数可以表达为

$$\psi(s) = G_{\psi u_{\psi}}(s)\,u_{\psi}(s) \tag{4.13}$$

辨识过程中需要同时记录偏航角 ψ 以及新输入 u_{ψ}。磁力计和运动捕捉系统可以用来测量偏航角 ψ。同时，模型参数可以通过系统辨识工具获得，具体实施过程将在接下来的章节中进行介绍。从 u_{ω_z} 到 ω_z 的通道是稳定的，所以如果能直接测量到 ω_z，对此通道可以直接辨识，不需要额外设计控制器。在这种情况下，该通道相应的传递函数为

$$\omega_z(s) = G_{\omega_z u_{\omega_z}}(s)\,u_{\omega_z}(s) \tag{4.14}$$

进而有

$$\psi(s) = \frac{1}{s}G_{\omega_z u_{\omega_z}}(s)\,u_{\omega_z}(s) \tag{4.15}$$

4）水平位置通道

半自主自驾仪会通过自身的角度传感器对姿态角 θ 和 ϕ 进行反馈，使水平指令 u_{θ} 和 u_{ϕ} 到 θ 和 ϕ 的通道分别是稳定的。该通道可以由式 (4.3) 来表达，这是先验知识。

水平位置通道的辨识是在对高度通道和偏航通道实现控制后进行的，因此在控制器的作用下，偏航通道满足 $\psi \approx \psi_{\mathrm{d}}$。为了得到更好的辨识结果，通常将偏航角控制到合理的期望偏航角 ψ_{d} 上（最好假定 $\psi_{\mathrm{d}} = 0$），因此可将 ψ_{d} 看成一个常数。这时，$\mathbf{R}_{\psi}$ 为一个常数矩阵。可得到如下传递函数形式：

$$\begin{aligned}\mathbf{p}_{\mathrm{h}}(s) &= \mathrm{diag}\left(\frac{1}{s},\frac{1}{s}\right)\mathbf{R}_{\psi}\mathbf{G}_{\mathbf{v}_{\mathrm{h_b}}\mathbf{u}_{\mathrm{h}}}(s)\mathbf{u}_{\mathrm{h}}(s) \\ &= \mathbf{R}_{\psi}\mathrm{diag}\left(\frac{1}{s},\frac{1}{s}\right)\mathbf{G}_{\mathbf{v}_{\mathrm{h_b}}\mathbf{u}_{\mathrm{h}}}(s)\mathbf{u}_{\mathrm{h}}(s)\end{aligned} \tag{4.16}$$

其中，$\mathbf{G}_{\mathbf{v}_{\mathrm{h_b}}\mathbf{u}_{\mathrm{h}}}(s)$ 是一个待辨识的参数模型。由于 $\mathbf{R}_{\psi}$ 引入了耦合，水平位置通道较其他两个通道的控制难度更大。因此，下面将为水平位置通道设计速度控制器。

如果半自主自驾仪考虑了速度反馈，并且 $\mathbf{K}_{\mathbf{v}_{\mathrm{h_b}}}$ 设置合理，那么传递函数 $\mathbf{G}_{\mathbf{v}_{\mathrm{h_b}}\mathbf{u}_{\mathrm{h}}}(s)$ 是稳定的，可以直接进行系统辨识。如果没有引入速度反馈，有 $\mathbf{K}_{\mathbf{v}_{\mathrm{h_b}}} \approx \mathbf{0}_{2\times 2}$，那么 $\mathbf{G}_{\mathbf{v}_{\mathrm{h_b}}\mathbf{u}_{\mathrm{h}}}(s)$ 含有一个积分环节，是不稳定的。因此，在进行系统辨识之前，需要设计一个控制器来稳定这个系统。控制器形式如下：

$$\mathbf{u}_{\mathrm{h}} = -\mathbf{K}'_{\mathbf{v}_{\mathrm{h_b}}}\mathbf{v}_{\mathrm{h_b}} + \mathbf{u}_{\mathbf{v}_{\mathrm{h}}} \tag{4.17}$$

其中，$\mathbf{u}_{\mathbf{v}_{\mathrm{h}}} = [u_{v_x} \quad u_{v_y}]^{\mathrm{T}}$ 是一个新输入，$\mathbf{K}'_{\mathbf{v}_{\mathrm{h_b}}} \in \mathbb{R}^{2\times 2}$，将控制器代入式 (4.3) 可得

$$\begin{aligned}\dot{\mathbf{v}}_{\mathrm{h_b}} &= -\mathbf{K}_{\mathbf{v}_{\mathrm{h_b}}}\mathbf{v}_{\mathrm{h_b}} - g\begin{bmatrix}0 & 1\\ -1 & 0\end{bmatrix}\mathbf{\Theta}_{\mathrm{h}} \\ \dot{\mathbf{\Theta}}_{\mathrm{h}} &= \boldsymbol{\omega}_{\mathrm{h_b}} \\ \dot{\boldsymbol{\omega}}_{\mathrm{h_b}} &= -\mathbf{K}_{\mathbf{u}_{\mathrm{h}}}\mathbf{K}'_{\mathbf{v}_{\mathrm{h_b}}}\mathbf{v}_{\mathrm{h_b}} - \mathbf{K}_{\mathbf{\Theta}_{\mathrm{h}}}\mathbf{\Theta}_{\mathrm{h}} - \mathbf{K}_{\boldsymbol{\omega}_{\mathrm{h_b}}}\boldsymbol{\omega}_{\mathrm{h_b}} + \mathbf{K}_{\mathbf{u}_{\mathrm{h}}}\mathbf{u}_{\mathbf{v}_{\mathrm{h}}}\end{aligned} \tag{4.18}$$

对应的传递函数为

$$\mathbf{v}_{\mathrm{h_b}}(s)=\mathbf{G}_{\mathbf{v}_{\mathrm{h_b}}\mathbf{u}_{v_\mathrm{h}}}(s)\mathbf{u}_{v_\mathrm{h}}(s) \tag{4.19}$$

水平位置可以由全球定位系统（Global Positioning System，GPS）接收机或室内定位系统（如室内运动捕捉系统）进行测量。速度信息可由 GPS 接收机直接得到，或通过对 GPS 接收机给出的位置信息进行滤波得到 $\mathbf{v}_\mathrm{h}$。进一步由 $\mathbf{v}_{\mathrm{h_b}}=\mathbf{R}_\psi^\mathrm{T}\mathbf{v}_\mathrm{h}$ 可以得到 $\mathbf{v}_{\mathrm{h_b}}$。同时，新输入 $\mathbf{u}_{v_\mathrm{h}}$ 也需要记录下来。模型参数可以利用系统辨识工具箱得到，具体实施过程可参考接下来的章节。实际上，期望的水平速度 $\mathbf{v}_{\mathrm{h_b d}}$ 可以由期望的水平位置 $\mathbf{p}_{\mathrm{h_e d}}$ 间接得到，因此它是控制器设计的间接目标。

4.2 基础实验

4.2.1 实验目标

1）准备

（1）软件：MATLAB R2017b 及以上版本；基于 Simulink 的控制器设计与仿真平台和实验指导包“e1.1”；CIFER 软件及使用文档，详见第 2 章 2.1.2节和附录 A。

（2）硬件：计算机，详见第 2 章 2.1.1节。

2）目标

将已给出的传递函数模型与非线性模型进行对比；在外加控制器的情况下，用相同扫频信号对两种模型进行激励，对比仿真结果。具体有以下三个部分：

（1）理解与熟悉建模过程；

（2）理解与熟悉获得的多旋翼传递函数模型；

（3）对系统辨识的传递函数模型和多旋翼非线性模型输入相同的扫频信号，对比其输出结果。

4.2.2 实验步骤

4.2.2.1 仿真 1.0

（1）步骤一：首先阅读本书第 2 章的内容，对于 Simulink 模型有一个初步的了解。

（2）步骤二：打开“e1\e1.1\startSimulation.m”文件，单击 MATLAB 中的“运行”按钮，如图 2.18所示，运行该文件。

（3）步骤三：打开“e1\e1.1\e1_1_ModelUnderstanding.slx”文件后，可以看到一个整体模型，如图 4.5所示，共有四个组成部分。

a）虚线框①为第 2 章 2.2 节所提到的各通道位置期望输入模块。

b）虚线框②中是传递函数模型，该模型是对虚线框③里面多旋翼非线性模型辨识的结果，里面添加“比例-微分”控制器，详细获得过程请参考 4.4 节。这里，传递函数如式 (4.20)~ 式 (4.23) 所示。

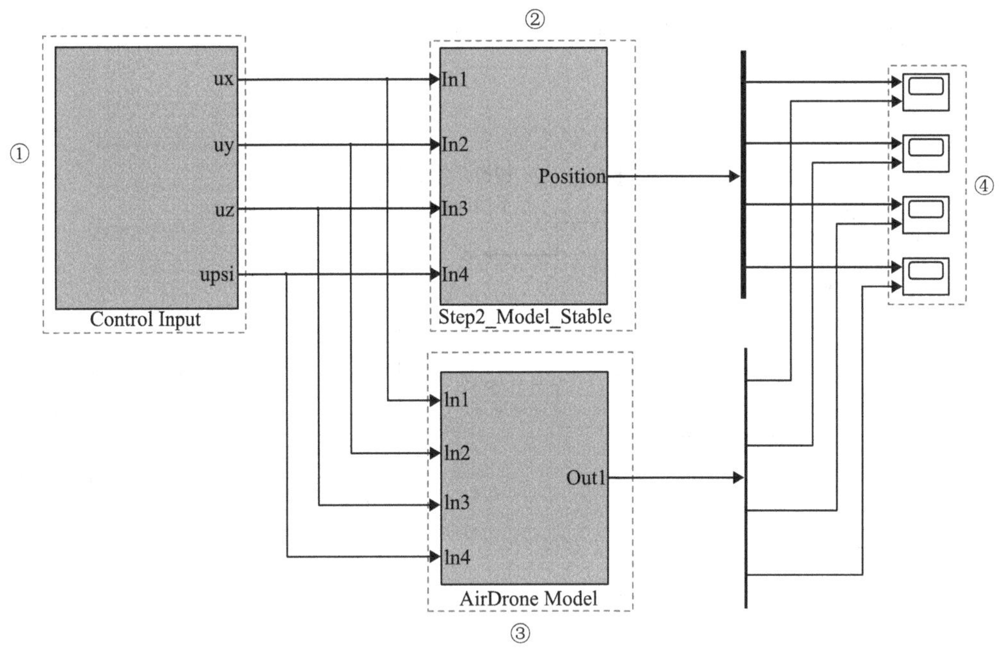

图 4.5 模块整体示意图，Simulink 模型详见“e1_1_ModelUnderstanding.slx”

水平前向通道：

$$G_{p_{x_e}u_{v_x}} = \frac{6.48651}{s^3 + 3.72616s^2 + 12.6598s + 6.55711}e^{-0.0429s} \tag{4.20}$$

水平侧向通道：

$$G_{p_{y_e}u_{v_y}} = \frac{6.48638}{s^3 + 3.72607s^2 + 12.66s + 6.55534}e^{-0.0429s} \tag{4.21}$$

高度通道：

$$G_{p_{z_e}u_T} = \frac{12.275}{s^2 + 13.0573s + 12.3932}e^{-0.0271s} \tag{4.22}$$

偏航通道：

$$G_{\psi u_{\omega_z}} = \frac{5.28369}{s^2 + 5.07814s + 5.37552}e^{-0.0281s} \tag{4.23}$$

c）虚线框③中的多旋翼模型则是多旋翼的非线性模型。

d）虚线框④为显示模块，可以显示虚线框②与虚线框③两种模型中相同通道反馈的实时多旋翼位置信息的对比。

了解该模型文件之后，打开期望输入模块（虚线框①），如图 4.6所示。在该模块中，如果需要修改相应的各通道期望扫频输入，则需要打开上图 4.6中左边的虚线框①所示模块。从上到下四个模块依次为四个通道的扫频输入，以最上边的水平前向通道“X Swept”模块为例，打开后如图 4.7所示。这里需要注意的是，进行扫频时不可以同时进行多通道扫频，需要单个通道依次扫频。这时，需要相应调节图 4.6中虚线框②所示的转换开关，并且除需要扫频的通道外，其他通道均设置为稳定值，即多旋翼在该通道的

"平衡点"附近。单击 Simulink 中"Run"按钮运行该模型，并通过多旋翼非线性模型观察仿真结果。

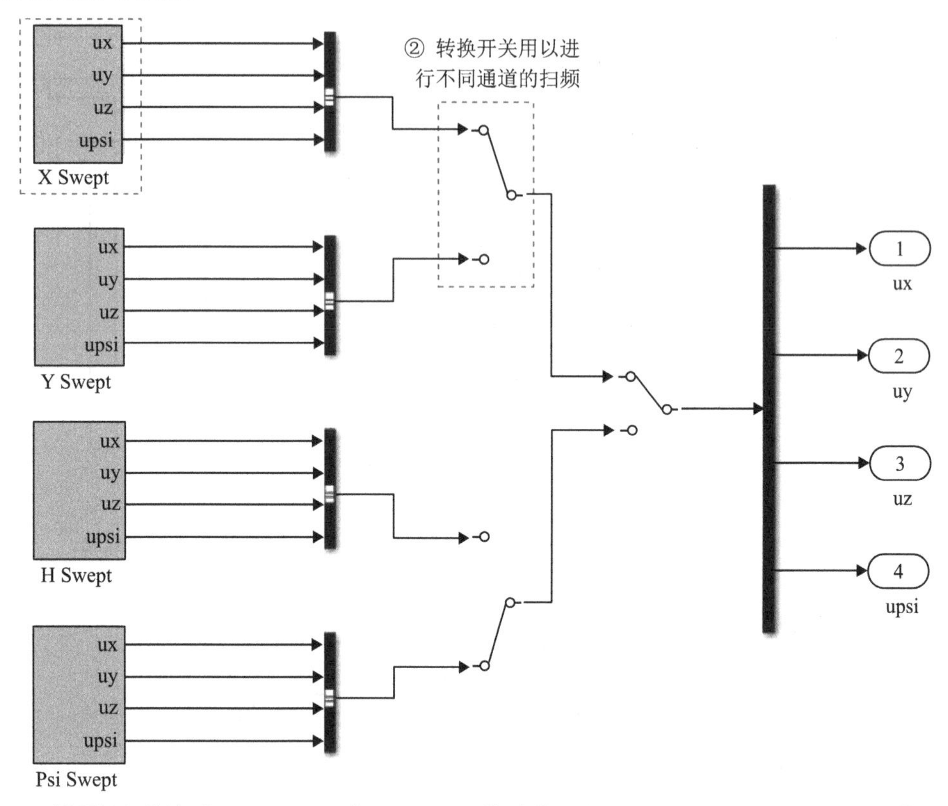

图 4.6　期望输入模块"Control Input"，Simulink 模型详见"e1_1_ModelUnderstanding.slx"

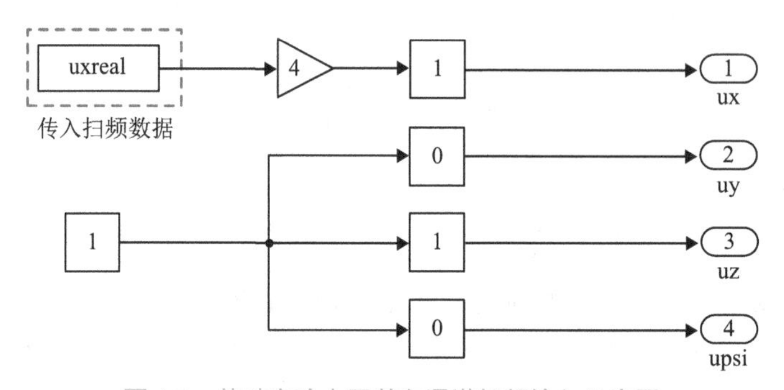

图 4.7　基础实验水平前向通道扫频输入示意图

4.2.2.2　仿真 2.0

在对各个通道进行扫频信号激励之后，这里以水平通道为例，其结果如图 4.8所示。其通道扫频响应的峰值均为 1，激励时间长度为 100s。由此可以看出，利用传递函数获得的输出与多旋翼非线性模型获得的输出几乎是一致的。当给定的扫频信号的扫频频率范围在 0.1~1Hz，即低频时，两者的输出近似程度更高；而在高频时，扫频输出的幅值出现了差异，但是仍然可以吻合。因此，该传递函数模型可以较为完整地反映系统的真实性能。对于其他通道，读者可以自己实验操作验证。

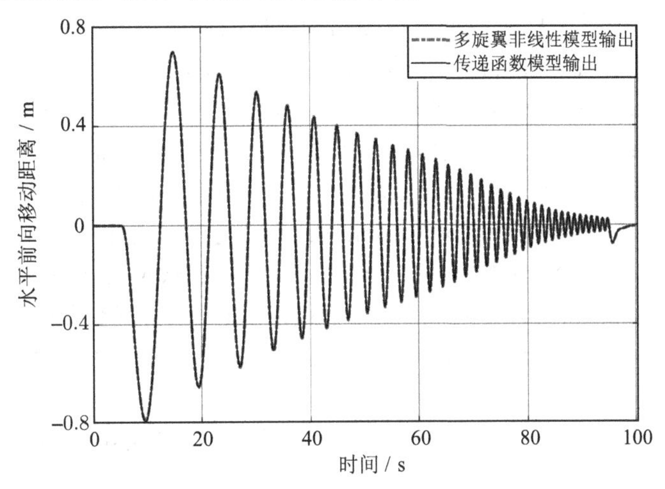

图 4.8 基础实验水平前向通道对比图

4.3 分析实验

4.3.1 实验目标

1）准备

（1）软件：MATLAB R2017b 及以上版本；基于 Simulink 的控制器设计与仿真平台和实验指导包“e1.2”；CIFER 软件及使用文档，详见第 2 章 2.1.2节和附录 A。

（2）硬件：计算机，详见第 2 章 2.1.1节。

2）目标

对给定的多旋翼非线性模型进行辨识，在假设存在延时的情况下获得四个通道的传递函数模型。注意四个通道建立的均是由输入到机体速度的传递函数，这里将水平通道的两个方向分解为水平前向通道和水平侧向通道，因此是四通道。

（1）了解利用 CIFER 软件进行系统辨识对系统进行建模的大致流程。

（2）要求各通道辨识结果的代价函数 $J \leqslant 50$，详情参考“CIFER 软件使用指南”（见附录 A）。

（3）对于通过系统辨识获得的速度模型传递函数，加入积分环节，使之成为完整的多旋翼机体模型传递函数，即输入到机体位置的传递函数模型。

4.3.2 实验步骤

4.3.2.1 仿真 1.0

1）步骤一：了解辨识相关流程

首先阅读第 2 章的内容，对于 Simulink 模型有一个初步的了解。阅读“CIFER 软件使用指南”（见附录 A），学习如何进行系统辨识。

2）步骤二：扫频相关文档介绍

打开文件夹“e1”，该文件夹内容如下：（1）文件夹“e1\Data_SystemIdentification”存放有所需要的系统辨识扫频数据，按照扫频数据的初始频率不同分为了三个文件夹，每个文件夹中前缀为“F434loaddata”的mat数据文件加载后，作为辨识过程的期望输入（例如：“F434loaddata_psi_0.08_1.18.mat”代表扫频信号频率范围是0.08~1.18Hz；前缀为“F434test”的mat数据文件加载后用于仿真实验中，CIFER软件的扫频数据输入（例如:“F434test_psi_0.08_1.18.mat”代表扫频信号频率范围是0.08~1.18Hz得到的时间历程文件数据[①]）;（2）“e1_2_SystemIdentification_Vel.slx”为模型文件，由非线性系统、控制器以及信号输入构成，用于对模型进行扫频操作；3）“e1_2_SystemIdentification_Vel_Verification.slx”是模型验证文件，用于对比多旋翼非线性模型和传递函数在相同输入情况下的输出；4）“startSimulation.m”是初始化文件，对Simulink里面的相关参数进行初始化操作。

3）步骤三：初始化参数

打开“startSimulation.m”初始化文件，在其中可以找到如表4.1所示的一段代码。与前

表4.1 “startSimulation.m”中扫频数据加载代码

```
1   %% 加载仿真文件数据
2   load('0.08/F434test_psi_0.08_1.18.mat')
3   load('0.08/F434test_x_0.08_1.18.mat')
4   load('0.08/F434test_y_0.08_1.18.mat')
5   load('0.08/F434test_z_0.08_1.18.mat')
6
7   % load('0.09/F434test_psi_0.09_1.21.mat')
8   % load('0.09/F434test_x_0.09_1.21.mat')
9   % load('0.09/F434test_y_0.09_1.21.mat')
10  % load('0.09/F434test_z_0.09_1.21.mat')
11
12  % load('1.11/F434test_psi_0.11_1.25.mat')
13  % load('1.11/F434test_x_0.11_1.25.mat')
14  % load('1.11/F434test_y_0.11_1.25.mat')
15  % load('1.11/F434test_z_0.11_1.25.mat')
16
17  %% 保存时间历程文件.mat
18  load('0.08/F434loaddata_psi_0.08_1.18.mat')
19  load('0.08/F434loaddata_x_0.08_1.18.mat')
20  load('0.08/F434loaddata_y_0.08_1.18.mat')
21  load('0.08/F434loaddata_z_0.08_1.18.mat')
22
23  % load('0.09/F434loaddata_psi_0.09_1.21.mat')
24  % load('0.09/F434loaddata_x_0.09_1.21.mat')
25  % load('0.09/F434loaddata_y_0.09_1.21.mat')
26  % load('0.09/F434loaddata_z_0.09_1.21.mat')
27
28  % load('1.11/F434loaddata_psi_0.11_1.25.mat')
29  % load('1.11/F434loaddata_x_0.11_1.25.mat')
30  % load('1.11/F434loaddata_y_0.11_1.25.mat')
31  % load('1.11/F434loaddata_z_0.11_1.25.mat')
```

① “时间历程”数据指代包括“时间”和“输入”（或者“输出”）一一对应的数据文件。

面所叙述的一致，该段代码中有"加载仿真文件数据.mat"和"保存时间历程文件.mat"两个部分，分别用于仿真时扫频输入和保存时间历程文件（详情请参考附录A）所需要的数据，在使用不同频率范围的扫频数据之前，需要同时将对应的代码去除注释[①]标记并运行。

4）步骤四：进行扫频实验

在完成步骤三之后，运行"startSimulation.m"初始化文件，初始化实验参数。

5）步骤五：修改相应扫频通道

打开模型文件"e1_2_SystemIdentification_Vel.slx"，并在"Control Input"模块中修改相应的扫频输入通道，详细步骤请参考4.2.2.1节。

6）步骤六：各个通道分别扫频

模型文件"e1_2_SystemIdentification_Vel.slx"是主要的实验模型，该模型可以按通道对多旋翼非线性模型进行扫频，同时获得实时的多旋翼非线性模型速度以及位置信息。因此，在需要辨识某个通道时，需要根据**步骤五**选择相应的扫频通道，将其中的"Switch"开关拨到相应位置，进行扫频即可。详细步骤请参考4.2.2.1节。

7）步骤七：保存数据

在每个通道仿真完毕后，需要保存数据。保存数据需要打开"e1_2_GetFinalData.m"文件，其代码如表4.2和表4.3所示。表4.2表示在MATLAB工作区保存相关数据，

表4.2 "e1_2_GetFinalData.m"中加载数据部分

```
1  %% 加载数据区域
2  
3  % 保存期望位置数据
4  ux=4*uxreal_array(:,1);
5  %  uy=4*uyreal_array(:,1);
6  %  uh=4*(uhreal_array(:,1)-1)+1;
7  %  upsi=4*upsireal_array(:,1);
8  
9  % 保存反馈位置数据
10 outputx=r1_pos_array(:,2);
11 %  outputy=r1_pos_array(:,3);
12 %  outputh=r1_pos_array(:,4);
13 %  outputps=r1_pos_array(:,5);
14 
15 % 保存期望速度数据
16 ux=uxreal_array(:,1);
17 %  uy=uyreal_array(:,1);
18 %  uh=1-uhreal_array(:,1);
19 %  upsi=upsireal_array(:,1);
20 
21 % 保存速度反馈数据
22 outputvx=r1_vel_array(:,2);
23 %  outputvy=r1_vel_array(:,3);
24 %  outputvh=r1_vel_array(:,4);
25 %  outputvp=r1_vel_array(:,5);
```

① 每一行代码前面如有"%"，表示该行代码被注释将不会参与程序编译。如表4.1所示，代码表示的是使用扫频范围为0.08~1.18Hz的扫频数据，第7行至第10行代码被注释。

表 4.3 表示保存数据并生成用于 CIFER 软件进行辨识的时间历程文件。读者需要注释不必要的代码，保存符合本次实验通道和频率的数据文件，注意这里的频率范围需要保持和**步骤二**的注释相对应。在本例中，表 4.2 中第 10 行、第 16 行和第 22 行分别表示在 MATLAB 工作区保存水平前向的位置反馈、水平前向通道期望速度和水平前向通道速度反馈；表 4.3 中第 5 行和第 22 行分别表示生成频率范围为 0.08~1.18Hz 的期望输入“ux” – 位置输出“outputx”时间历程文件和频率范围为 0.08~1.18Hz 的期望输入“ux” – 速度输出“outputvx”时间历程文件。

表 4.3 “e1_2_GetFinalData.m”中保存相关数据部分

```
1  %% 保存在.mat文件的数据
2  
3  % CIFER软件要求变量名最多8个字符（不带下画线）。
4  
5   save data_x_0.08_1.18.mat time ux outputx;
6  % save data_y_0.08_1.18.mat time uy outputy;
7  % save data_z_0.08_1.18.mat time uh outputh;
8  % save data_psi_0.08_1.18.mat time upsi outputps;
9  
10 % save data_x_0.09_1.21.mat time ux outputx;
11 % save data_y_0.09_1.21.mat time uy outputy;
12 % save data_z_0.09_1.21.mat time uh outputh;
13 % save data_psi_0.09_1.21.mat time upsi outputps;
14 
15 % save data_x_0.11_1.25.mat time ux outputx;
16 % save data_y_0.11_1.25.mat time uy outputy;
17 % save data_z_0.11_1.25.mat time uh outputh;
18 % save data_psi_0.11_1.25.mat time upsi outputps;
19 
20 % CIFER软件要求变量名最多8个字符（不带下画线）。
21 
22  save data_vx_0.08_1.18.mat time ux outputvx;
23 %  save data_vy_0.08_1.18.mat time uy outputvy;
24 %  save data_vz_0.08_1.18.mat time uh outputvh;
25 %  save data_vpsi_0.08_1.18.mat time upsi outputvp;
26 
27 % save data_vx_0.09_1.21.mat time ux outputvx;
28 % save data_vy_0.09_1.21.mat time uy outputvy;
29 % save data_vz_0.09_1.21.mat time uh outputvh;
30 % save data_vpsi_0.09_1.21.mat time upsi outputvp;
31 
32 % save data_vx_0.11_1.25.mat time ux outputvx;
33 % save data_vy_0.11_1.25.mat time uy outputvy;
34 % save data_vz_0.11_1.25.mat time uh outputvh;
35 % save data_vpsi_0.11_1.25.mat time upsi outputvp;
```

8）步骤八：进行系统辨识，获得相应结果

保存三组不同初始频率下的各通道扫频输入/输出数据，将其复制到 CIFER 软件的目录下，进行系统辨识，获得相应的结果。利用 CIFER 软件进行辨识的具体步骤请参考附录 A。

9）步骤九：进行非线性模型对比验证

在获得了四个通道各自的传递函数模型之后，运行“e1\e1.2\ e1_2_SystemIdentification _Vel_Verification.slx”模型文件验证所获得的传递函数模型的效果。

4.3.2.2 仿真 2.0

打开附带的“e1\e1.2\e1_2_SystemIdentification_Vel_Verification.slx”模型文件，其内部如图 4.9所示。在图 4.9中，虚线框①部分代表系统辨识的传递函数模型，②部分的作用是载入之前通过扫频所获得的各通道扫频输出数据，虚线框③部分的作用是将传递函数所获得的扫频输出保存至工作空间，从而进行定量的拟合度计算。

需要注意到，如果要正确运行这里的验证模型，需要进行一些数据的载入与转换，运行“e1\e1.2\e1_2_SystemIdentification_vel_Verification_Corr2.m”文件；接下来运行“e1_2_SystemIdentification_Vel_Verification.slx”模型验证文件；之后，可以在示波器中查看相应的对比结果，也能够利用“corr2”函数获得定量的拟合度数据。

最后，需要对获得的传递函数模型进行验证。验证思路是对传递函数模型以及多旋翼非线性模型输入相同信号，比较二者所获得的输出结果是否一致。如果二者结果一致，同时 CIFER 软件辨识获得的代价函数指标也较小，可以认为辨识成功。对于输出结果的比较，可以使用 MATLAB 内置的“corr2”函数，该函数可以对两个列向量进行比较，实际使用时可以将两个输出结果传入工作空间，再将二者利用该函数进行比较。比较结果越接近于 100%，则表明进行比较的二者越相似。

在通过模型仿真获得时间历程数据后，利用 CIFER 软件进行辨识，得到各通道的传递函数。由于水平通道较为复杂，因此将对水平通道结果进行分析，高度通道和偏航通道读者可以自行分析。

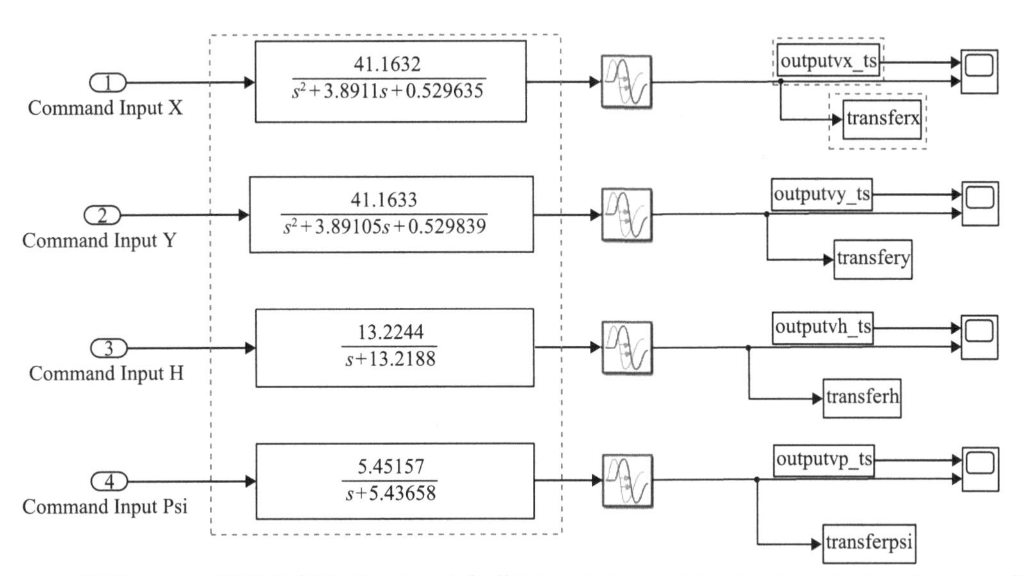

图 4.9 扫频输入验证模型示意图，Simulink 文件详见“e1_2_SystemIdentification_Vel_Verification.slx”

（1）水平前向通道模型

$$G_{v_{x_b}u_{v_x}}=\frac{41.1632}{s^2+3.8911s+0.529635}\mathrm{e}^{-0.0289s}\quad J=0.267 \tag{4.24}$$

其中，代价函数指标 $J=0.267$。相应地，仿真时的扫频输入/输出对比如图 4.10所示。

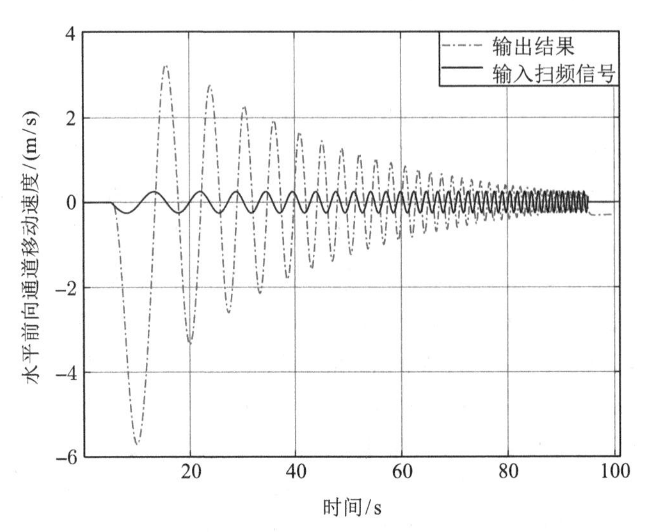

图 4.10 分析实验水平前向通道输入/输出对比图

在对简化的辨识结果进行验证之后，获得的两个输出（传递函数辨识结果输出与多旋翼非线性模型输出）的扫频信号验证对比结果如图 4.11所示。由图 4.11可知，二者接近重合。而数据也证明了这一点，利用“corr2”函数获得的相似度为 98.61%，二者相似度很高，验证通过。

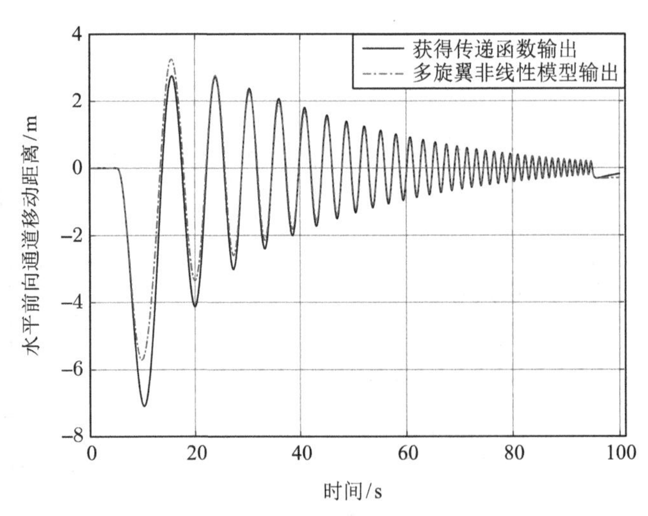

图 4.11 分析实验水平前向通道验证对比图

（2）水平侧向通道模型

$$G_{y_bu_{v_y}}=\frac{41.1633}{s^2+3.89105s+0.529839}\mathrm{e}^{-0.0289s}\quad J=0.267 \tag{4.25}$$

其中，代价函数指标 $J = 0.267$。相应地，模型中仿真时的扫频输入/输出对比如图 4.12所示。

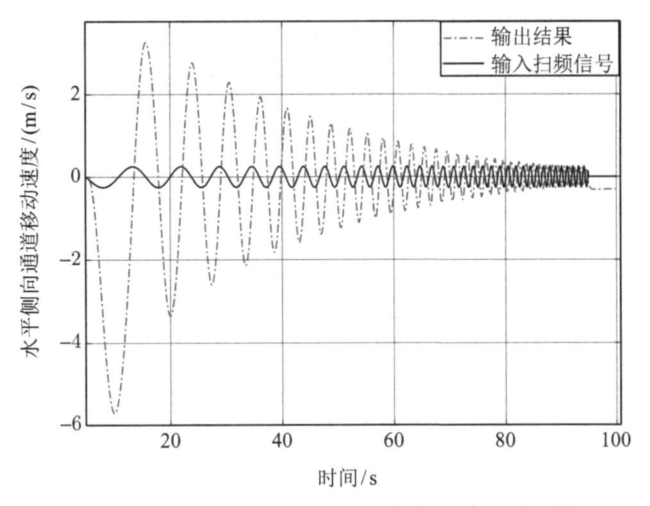

图 4.12 分析实验水平侧向通道输入/输出对比图

在对简化的辨识结果进行验证之后，获得的两个输出（传递函数辨识结果输出与多旋翼非线性模型输出）的扫频信号验证对比结果如图 4.13所示。由图 4.13可知，两者接近重合。而数据也证明了这一点，利用 MATLAB 自带的“corr2”函数获得的相似度为 98.61%，两者相似度很高，验证通过。

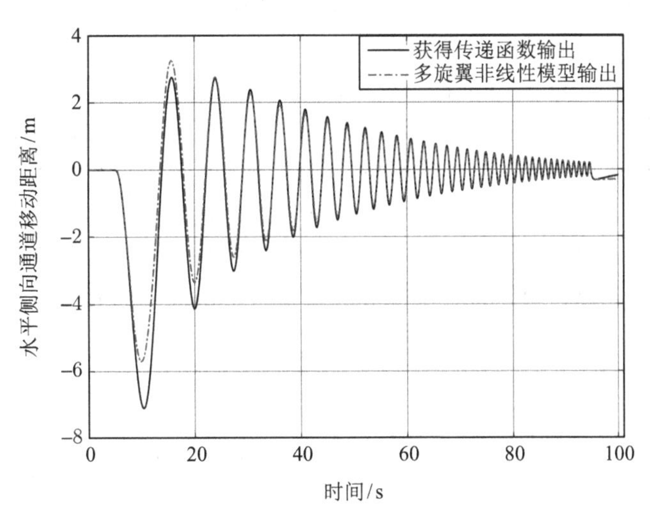

图 4.13 分析实验水平侧向通道验证对比图

对于本实验中的水平通道模型来说，需要获得一个由遥控器输入到地球坐标系下位置输出的模型，而之前所获得的仅是一个由遥控器输入到机体速度输出的模型。因此，为了要获得完整系统模型的传递函数，需要加入由速度到位置的积分环节。在加入积分环节和偏航相关旋转矩阵 $\mathbf{R}_{\psi}$ 之后，水平通道通道传递函数可表示如下：

$$\begin{bmatrix} G_{p_{xe}u_{v_x}} \\ G_{p_{ye}u_{v_y}} \end{bmatrix} = \mathbf{R}_\psi \begin{bmatrix} \dfrac{41.1632}{s^3 + 3.8911s^2 + 0.529635s}\mathrm{e}^{-0.0289s} \\ \dfrac{41.1633}{s^3 + 3.89105s^2 + 0.529839s}\mathrm{e}^{-0.0289s} \end{bmatrix} \tag{4.26}$$

从式 (4.24) 和式 (4.25) 可以看出，水平通道获得的传递函数模型代价函数值均较小，都小于 0.3；经过验证获得的传递函数与多旋翼非线性模型的匹配度也非常高，均大于 98.00%。因此可以认为辨识是成功的。

4.4 设计实验

4.4.1 实验目标

1）准备

（1）软件：MATLAB R2017b 及以上版本；基于 Simulink 的控制器设计与仿真平台和实验指导包“e1.3”；CIFER 软件及使用文档；CopterSim 和 RflySim3D，详见第 2 章 2.1.2节和附录 A。

（2）硬件：计算机；自驾仪，详见第 2 章 2.1.1节。

2）目标

对于给定的多旋翼非线性模型，通过对模型外加控制器的方式对其进行辨识，在假设存在延时的情况下获得四个通道的模型传递函数。注意四个通道建立的均是输入到地球坐标系下位置/角度的传递函数，这里将水平通道可以分为水平前向通道和水平侧向通道，因此是四通道，具体要求如下。

（1）了解利用 CIFER 软件进行系统辨识的大致流程。

（2）在各通道辨识后，获得的传递函数判定标准是代价函数满足 $J \leqslant 50$。

（3）这里需要注意的是，为了获得位置通道的传递函数，需要设计控制器，获得的四通道非线性化传递函数模型。各通道期望输入为位置与偏航角，输出也是如此。

（4）在获得辨识的传递函数模型之后，将分析实验中获得的速度模型加入与设计实验中相同的位置控制器，对比设计实验和分析实验所得模型的 Bode 图。

4.4.2 实验步骤

水平通道的两通道模型是解耦的（解耦条件是偏航角 $\psi = 0$，参考实验原理中的内容）。这一点在对模型进行线性化时可以看出，水平通道模型的位置与速度分别为 $\mathbf{p}_{\mathrm{h_b}} = \mathbf{R}_\psi^{\mathrm{T}}\mathbf{p}_{\mathrm{h}}$，$\mathbf{v}_{\mathrm{h_b}} = \mathbf{R}_\psi^{\mathrm{T}}\mathbf{v}_{\mathrm{h}}$，而 $\mathbf{p}_{\mathrm{h}} = [p_{x_\mathrm{e}} \quad p_{y_\mathrm{e}}]^{\mathrm{T}}$，$\mathbf{v}_{\mathrm{h}} = [v_{x_\mathrm{e}} \quad v_{y_\mathrm{e}}]^{\mathrm{T}}$ 为多旋翼在地球坐标系下的位置和速度。因此，水平两通道解耦的条件即为 $\mathbf{R}_\psi^{\mathrm{T}} = \mathbf{I}$，即 $\psi = 0$。需要注意的是，水平前向通道和水平侧向通道的输出量是两个方向的位置，而输入量则为加入控制器之后新的控制变量。

输入到机体位置/角度的传递函数是不稳定的，因此我们采取如图 4.4所示的外加 PD 控制器的方式进行辨识（这里我们以水平前向通道为例，水平侧向通道与此类似），设计的控制器如图 4.14所示。在获得各通道传递函数模型后，通过 Bode 图的方式将分析实验和设计实验获得的传递函数在频域中进行对比。在本实验中，水平侧向通道和水平前向通道控制器形式一致，均为 PD 控制器，分别如式 (4.27) 和式 (4.28) 所示。

$$G_{\mathrm{ex}}(s)=\frac{\frac{1}{g}k_{\mathrm{p}}G_{p_x u_x}}{1+\frac{1}{g}sk_{\mathrm{d}}G_{p_x u_x}+\frac{1}{g}k_{\mathrm{d}}k_{\mathrm{p}}G_{p_x u_x}} \tag{4.27}$$

$$G_{\mathrm{ey}}(s)=\frac{\frac{1}{g}k_{\mathrm{p}}G_{p_y u_y}}{1+\frac{1}{g}sk_{\mathrm{d}}G_{p_y u_y}+\frac{1}{g}k_{\mathrm{d}}k_{\mathrm{p}}G_{p_y u_y}} \tag{4.28}$$

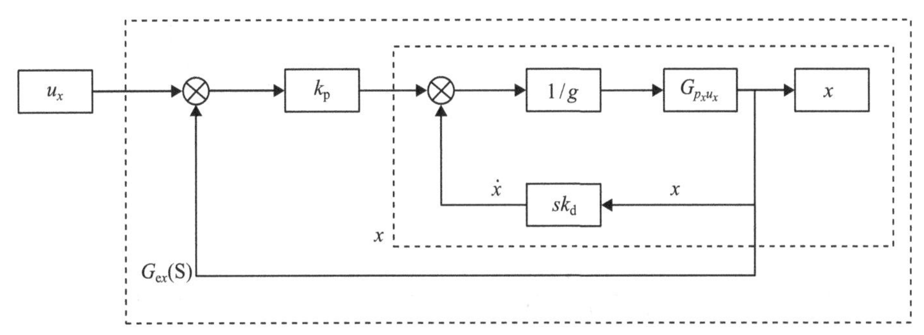

图 4.14 水平前向通道 PD 控制器

4.4.2.1 仿真 1.0

这里的具体步骤和分析实验的具体步骤类似，请参考 4.3.2.1 节。不同的是在“e1_3_SystemIdentification.slx”模型文件中，四通道为合理的位置控制器，如图 4.15 所示。在通过对多旋翼非线性模型输入扫频信号获得输入/输出的时间历程数据后，利用 CIFER 软件获得对应通道的传递函数模型，以水平通道结果为例，由式 (4.16) 可知，其传递函数模型如下。

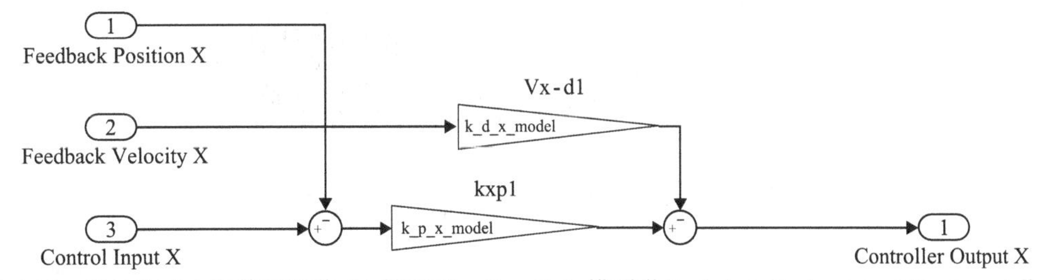

图 4.15 设计实验水平前向通道 PD 控制器，Simulink 模型详见“e1_3_SystemIdentification.slx”中“Controller/P or PD Controller X”模块

1）水平前向通道

$$G_{p_{x\mathrm{e}} u_{v_x}}=\frac{6.48651}{s^3+3.72616s^2+12.6598s+6.55711}\mathrm{e}^{-0.0429s} \quad J=0.099 \tag{4.29}$$

相应地，在水平前向通道模型中，仿真时的扫频输入/输出对比如图 4.16所示。可以发现，水平前向通道的输出可以较好地跟随扫频输入，特别是在低频阶段。

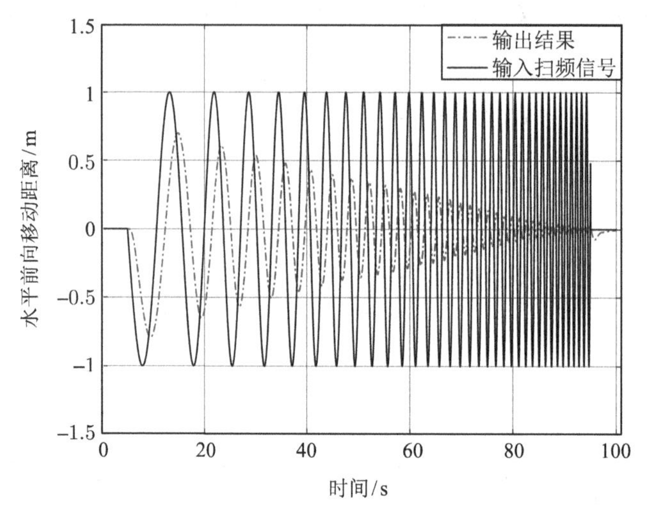

图 4.16 设计实验水平前向通道扫频输入/输出对比图

2）水平侧向通道

$$G_{p_{x_e}u_{v_y}}=\frac{6.48638}{s^3+3.72607s^2+12.66s+6.55534}e^{-0.0429s}\quad J=0.099 \tag{4.30}$$

相应地，在水平侧向通道模型中，仿真时的扫频输入/输出对比如图 4.17所示。从图中可以看出，水平侧向通道的输出可以较好地跟随扫频输入，特别是在低频阶段。

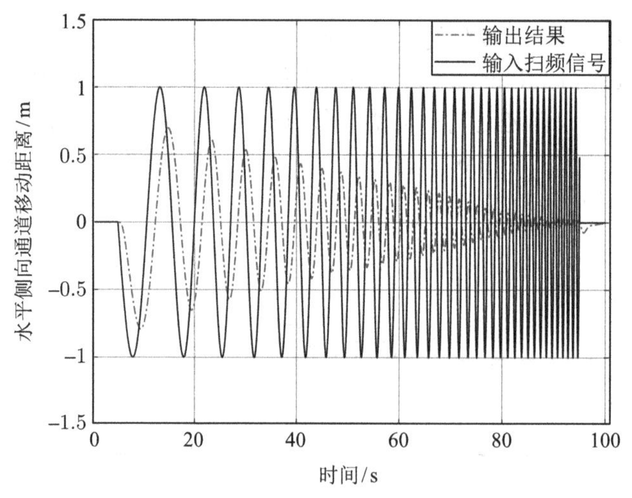

图 4.17 设计实验水平侧向通道扫频输入/输出对比图

4.4.2.2 仿真 2.0

由 4.3.2.1 节结果及分析可以得到机体速度环的模型。在将 4.4.2.1 节控制器式 (4.27) 和式 (4.28) 放入分析实验的模型之后，利用 Simulink 将其与本实验获得的稳定位置闭环系统模型进行频域响应对比。此处使用了 MATLAB 中的“Bode”函数对传递函数的幅频以及相频曲线进行可视化显示，进行比较后的结果如图 4.18和图 4.19所示。从图中可以看出，对于水平通道，本实验中所获得的多旋翼模型与分析实验中的传递函数模型在稳定闭环中的幅频和相频曲线几乎一致，表明模型的准确性比较高。其他通道的频率响应读者可以自行对比。

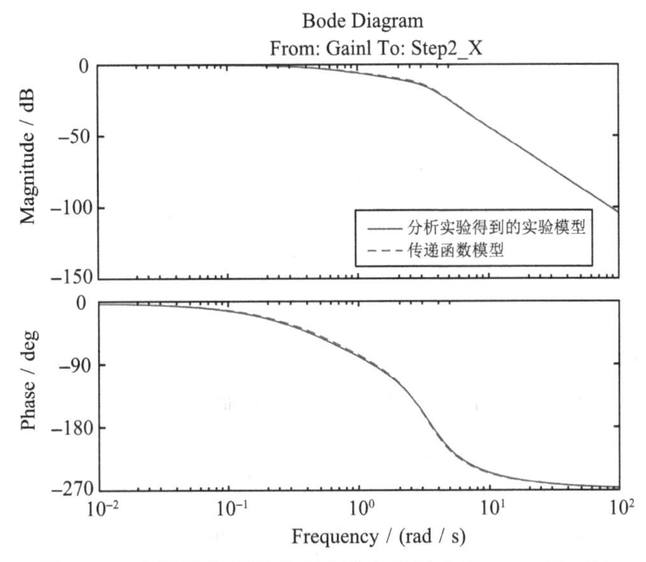

图 4.18 水平前向通道分析实验与设计实验 Bode 图对比

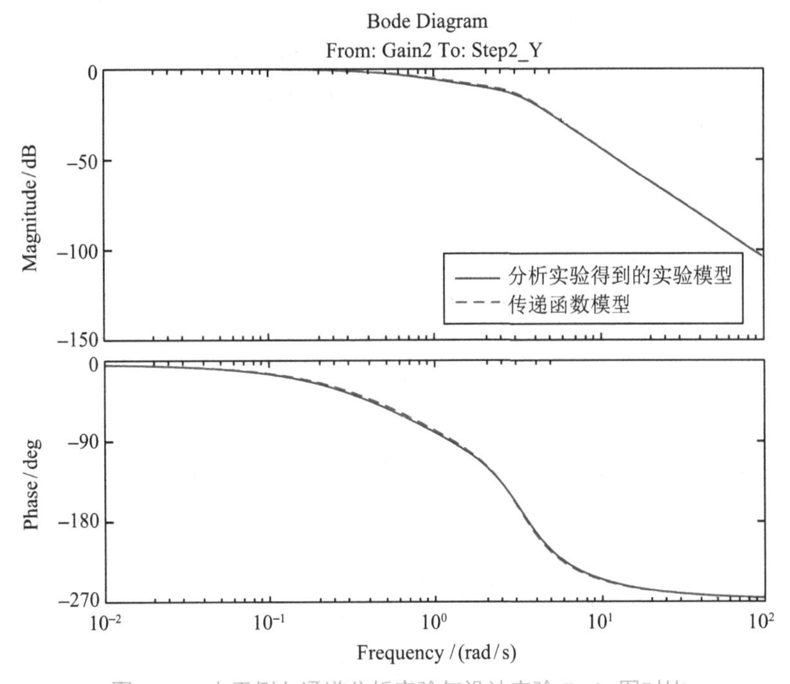

图 4.19 水平侧向通道分析实验与设计实验 Bode 图对比

4.4.2.3 硬件在环仿真

硬件在环仿真内容和目的与设计实验相同，只是从软件仿真变为了硬件在环仿真，其所需设备如图 4.20 所示。首先对硬件在环仿真 Simulink 模型进行简单介绍，打开文件“e1_3_SystemIdentification_Vel_HITL.slx”文件，如图 4.21所示。

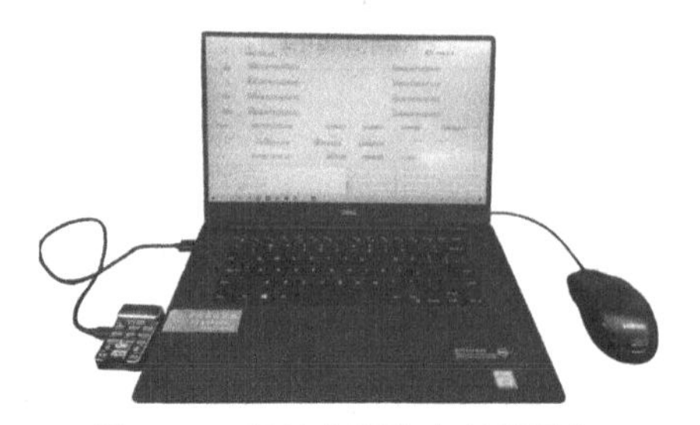

图 4.20 硬件在环仿真所需设备

图 4.21中虚线框部分是硬件在环仿真的接口模块，用于与 RflySim 进行信息交互，控制器将扫频信号传入硬件接口中，硬件接口返回响应信号并将记录下来的数据保存到工作区中。模型的其他部分与之前的 Simulink 模块相同。按照硬件在环仿真实验流程打开 RflySim，连接自驾仪，并且按照之前步骤在“startSimulation.m”中对不必要的代码进行注释。接着，先后运行“startSimulation.m”文件进行参数初始化以及对“e1_3_SystemIdentification_Vel_HITL.slx”文件进行系统辨识。在程序运行完成之后，运行“e1_3_GetFinalData.m”文件，保存刚才采集到的数据。将采集到的数据保存到 CIFER 软件指定的文件夹中，按照之前所述的辨识流程分别对每个通道进行辨识。根据辨识之后输出的传递函数结果修改“e1_3_SystemIdentification_Vel_Verification_HTIL.slx”文件中相应的传递函数模块。单击“运行”按钮便可以对比辨识结果和硬件在环仿真结果的差别，从而验证辨识结果的准确性。下面以高度通道进行举例说明。

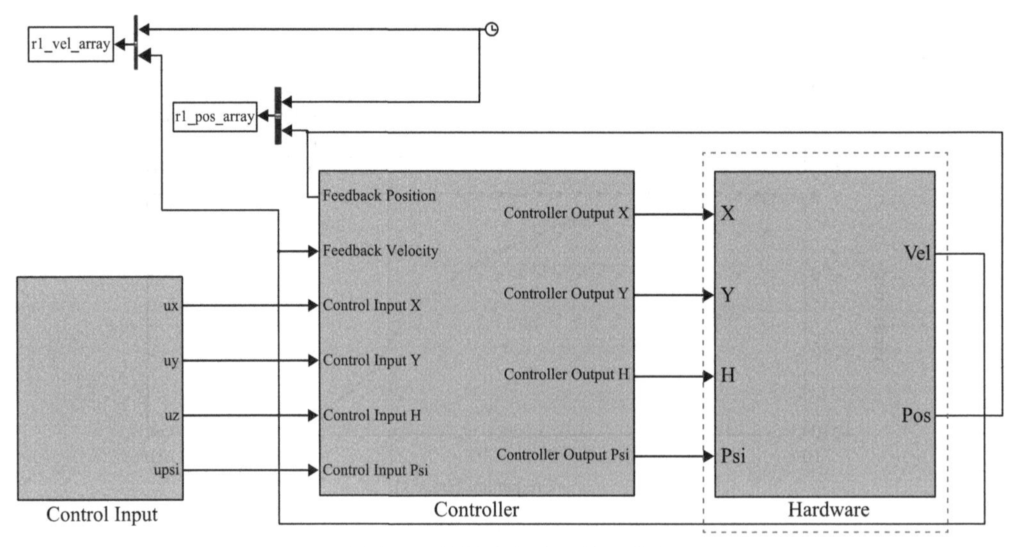

图 4.21 硬件在环仿真接口模块

图 4.22为高度通道的辨识结果，可以观察到高度通道的信号在开始阶段误差有些大。这是因为在硬件在环仿真当中，需要先给四旋翼一个向上飞的速度指令，使得多旋翼起飞；在起飞之后，才能正常进行高度通道的扫频。因此，在图 4.22 中刚开始的阶段有一个持续 10s 的起飞速度指令。虚线则表示多旋翼高度方向上的速度由静止到跟随速度指令的连续变化的响应情况。因此，曲线拟合情况表明了高度通道辨识结果的正确性。实验效果如图 4.23所示。

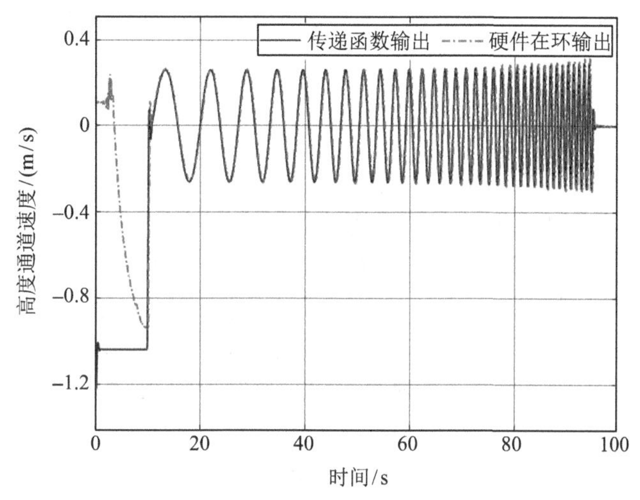

图 4.22 高度通道辨识结果

图 4.23 高度通道硬件在环仿真效果图

4.5 实飞实验

4.5.1 实验目标

1）准备

（1）软件：MATLAB R2017b 及以上版本；基于 Simulink 的控制器设计与仿真平台和实验指导包“e1.4”；CIFER 软件及使用文档，详见第 2 章 2.1.2节和附录 A。

（2）硬件：计算机；室内定位系统；带半自主飞控的多旋翼，详见第 2 章 2.1.1节。

2）目标

通过对多旋翼外加控制器的方式，对其进行位置以及偏航通道模型的系统辨识，获得四个带延时的通道传递函数，具体目标如下。

（1）了解利用 CIFER 软件进行系统辨识的大致流程。

（2）在各通道辨识后，获得的传递函数判定标准代价函数满足 $J \leqslant 100$。

这里需要注意的是，为了获得位置通道的传递函数，需要设计控制器，获得四通道线性化传递函数模型。各通道期望输入为位置与偏航角，输出也是如此。

4.5.2 实验步骤

实飞实验所使用的多旋翼平台内置速度环控制器。即使如此，基于速度环的多旋翼室内飞行实验依然非常危险。因此，依据实验目标，需要对多旋翼位置环进行系统辨识实验。从速度环到位置环，需要加入相应的控制器，如图 4.14所示。对于系统辨识实验，这里加入控制器的目标并不是对多旋翼进行精准控制，而是为了使其稳定，从而能够安全地进行室内的飞行实验。因此，这里多旋翼各个通道控制器可以采用简单的 PD 控制器使其保持稳定即可。

1）步骤一：阅读相关硬件使用说明文档

首先阅读多旋翼使用文档（详细内容请参考 3.2 节）的内容，熟悉并了解如何操作给定多旋翼。阅读“CIFER 软件使用指南”（见附录 A），学习如何进行多旋翼的系统辨识。

2）步骤二：了解相关程序代码

打开本章所附带的文件夹“e1\e1.4”，该文件夹内容如下：①“start_tello.m”文件，用于初始化以及启动相应的 Simulink 程序；②“e1.4_cifer_model.slx”文件，用于与给定多旋翼进行交互所使用的 Simulink 模型；③“generate_cifer_datapack.m”文件，用于保存扫频实验生成的实验数据，用于模型的系统辨识。

3）步骤三：初始化参数

打开“e1\e1.4\ start_tello.m”初始化文件。在其中可以找到如表 4.4所示的扫频数据加载代码。启动多旋翼的步骤在第 3 章 3.2 节中已经进行了详细说明，唯一需要注意的是：表 4.4中第 3 行代码用于实验结束后数据的保存，需要根据当前扫频实验的通道进行更改。各通道分别为：“Pos_X”（水平前向通道）、“Pos_Y”（水平侧向通道）、“Pos_Z”（高度通道）、“Yaw”（偏航通道）。例如，表 4.4所示的代码表示保存偏航通道的扫频数据。在完成上述的准备工作后，运行“e1\e1.4\ start_tello.m”初始化文件。

4）步骤四：打开 Simulink 模型

打开“e1\e1.4\e1_4_cifer_model.slx”模型文件，其期望输入模块如图 4.24所示。该模块用于生成单通道扫频所使用的位置指令，其中虚线框①所示模块用于生成扫频数据；虚线框②表示是否引入扫频信号，图 4.24 中所示案例为水平前向通道引入扫频信号，其他通道均设置为稳定值，即多旋翼在该通道的“平衡点”附近。利用 4.1.1节中的控制器设计方法，在“e1\e1.4\e1_4_cifer_model.slx”模型文件中为四通道设计合理的位置控制器。这里所设计的控制器只需要用最简单的 PD 控制器即可，如图 4.25所示，同时参数设置也应该尽量简单，达到系统稳定的目的便可以开始辨识。特别需要注意的是，因为偏航角的控制更加底层也就更加容易，因此只需一个 P 控制器就可以使得该通道稳定。

表 4.4　“start_tello.m”中扫频数据加载代码

```
1  %扫频信号选择
2  Model_Channel = struct('YAW',1,'YAWRATE',2,'POS_X',3,'POS_Y',4,'POS_Z',5,'VEL_X', 6,'
       VEL_Y',7,'VEL_Z',8);
3  model_channel = Model_Channel.YAW;
4
5  PARAM_time_start =  3;%3s后产生扫频信号
6                          % ns后多旋翼稳定
7  PARAM_C1 = 4.0;
8  PARAM_C2 = 0.0187;
9  PARAM_w_min = 0.5;%0.3  0.4  0.5
10 PARAM_w_max = 12;%10  11  12
```

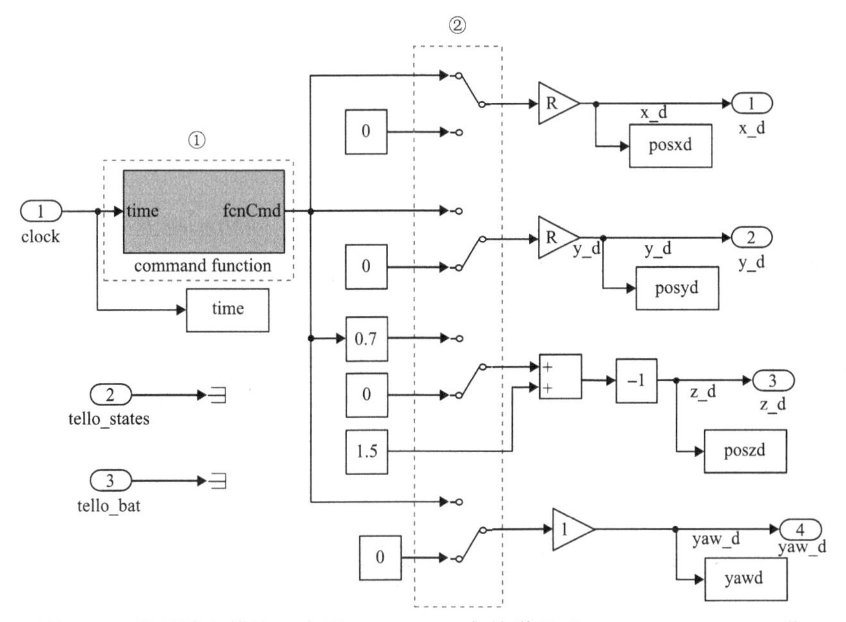

图 4.24　期望输入模块示意图，Simulink 文件详见“e1_4_cifer_model.slx”

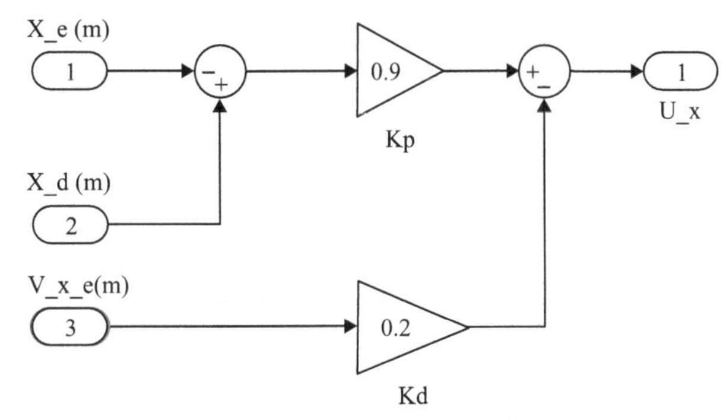

图 4.25　实飞实验水平前向通道 PD 控制器，Simulink 文件详见“e1_4_cifer_model.slx”中“control system”模块

5）步骤五：系统启动流程

（1）启动 OptiTrack

打开一个新终端，运行命令“roslaunch mocap_optitrack multi_rigidbody8.launch”。

（2）启动 tello_driver

打开一个新终端，运行命令“roslaunch tello_driver tello_node.launch”。

（3）起飞 Tello

打开一个新终端，运行命令“rosrun tello Tello_takeoff_all”，可以看到一架多旋翼起飞并保持悬停在正上方高度 1m 的位置。

（4）运行 MATLAB 控制程序

运行“e1_4_cifer_model.slx”模型文件对多旋翼相应通道输入扫频信号，分别进行各通道扫频。需要注意，这里每次更换通道进行扫频时，需要修改表 4.4中第 3 行代码“Model_Channel.YAW”，与需要辨识通道相对应。

（5）降落 Tello

打开一个新终端，运行命令“rosrun tello Tello_land_all”，在多旋翼降落后，结束所有终端。

6）步骤六：保存数据

运行文件“generate_cifer_datapack.m”，保存三组不同初始频率下的各通道扫频输入/输出数据，将其复制到 CIFER 软件的目录下，进行系统辨识，获得相应的结果。CIFER 软件的使用方法请参考附录 A。

以水平前向通道和水平侧向通道为例，由式 (4.16) 可知，水平通道的传递函数是一个三阶系统，考虑延时的影响，不断调节分子的阶数，使代价函数最小，最终得到传递函数模型如式 (4.31) 和式 (4.32) 所示。

（1）水平前向通道

$$G_{p_{x\mathrm{e}}u_{v_x}} = \frac{1.24431s + 1.75269}{s^3 + 2.63008s^2 + 2.37405s + 1.95897}\mathrm{e}^{-0.3778s} \qquad J = 52.074 \tag{4.31}$$

相应地，实飞中的水平前向通道扫频输入/输出对比如图 4.26所示，扫频实飞图如图 4.27所示。可以发现水平前向通道的输出可以较好地跟随期望输入，特别是在低频阶段。需要注意的是，我们设计的控制器并不需要输出跟踪上输入，仅需要保持系统稳定即可。

（2）水平侧向通道

$$G_{p_{y\mathrm{e}}u_{v_y}} = \frac{1.21543s + 2.06629}{s^3 + 2.80018s^2 + 2.54762s + 2.23605}\mathrm{e}^{-0.3715s} \qquad J = 58.173 \tag{4.32}$$

相应地，实飞实验中的水平侧向通道扫频输入/输出对比如图 4.28所示，实飞图如图 4.29所示。从图中可以发现水平侧向通道的输出可以较好地跟随期望输入，特别是在低频阶段。

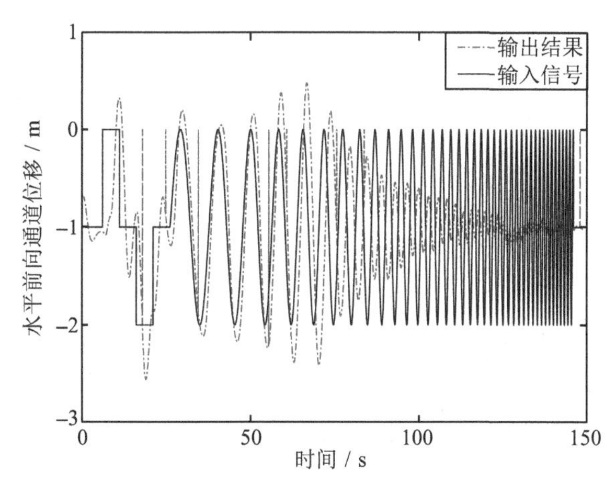

图 4.26　实飞实验水平前向通道扫频输入/输出对比图

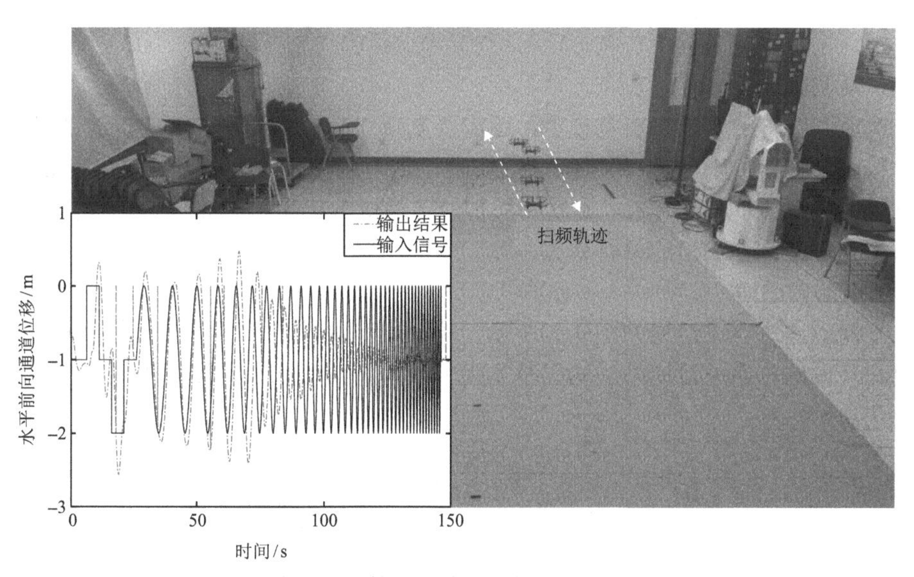

图 4.27　实飞实验水平前向通道扫频实飞图（影像进行了叠加）

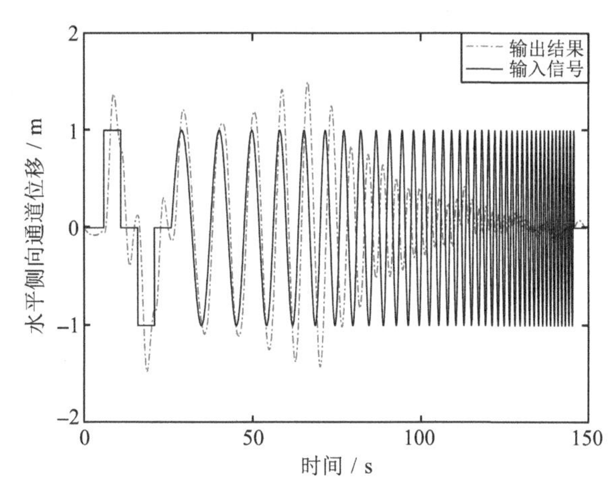

图 4.28　实飞实验水平侧向通道扫频输入/输出对比图

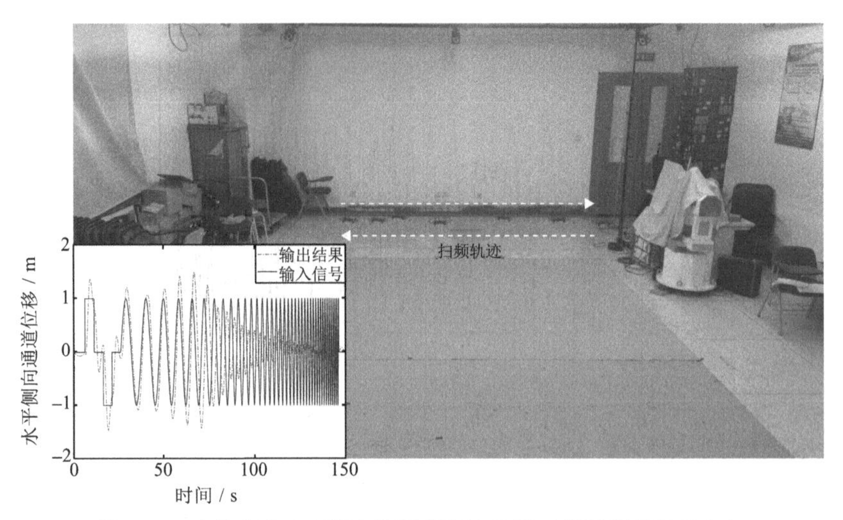

图 4.29　实飞实验水平侧向通道扫频实飞图（影像进行了叠加）

（3）模型验证

针对上面获得的给定多旋翼模型，还需要重新对其进行模型验证，以验证模型的准确性。按照 4.3.2.1 节中的步骤重新进行实验，这里将使用与系统辨识中相似的扫频信号进行验证。我们分别对给定多旋翼和获得的传递函数模型输入相同的位置扫频控制指令，对比获得的位置输出的拟合效果。

①水平前向通道

水平前向通道对比结果如图 4.30所示，从图中可以看出，在水平前向通道中，给定多旋翼和获得的传递函数模型的输出基本上一致，特别在低频阶段效果更好，高频阶段误差有些大。

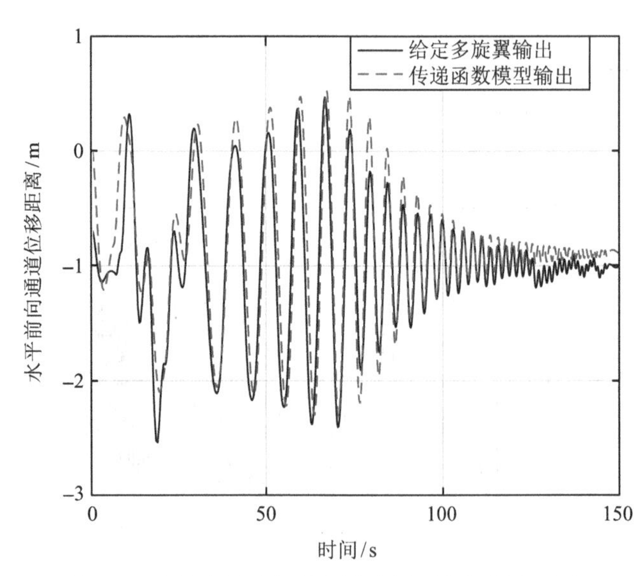

图 4.30　实飞实验水平前向通道扫频模型验证对比图

②水平侧向通道

水平侧向通道对比结果如图 4.31所示。从图中可以看出：在水平侧向通道中给定多旋翼和获得的传递函数模型的输出基本一致，特别在低频阶段效果更好，高频阶段误差有些大。

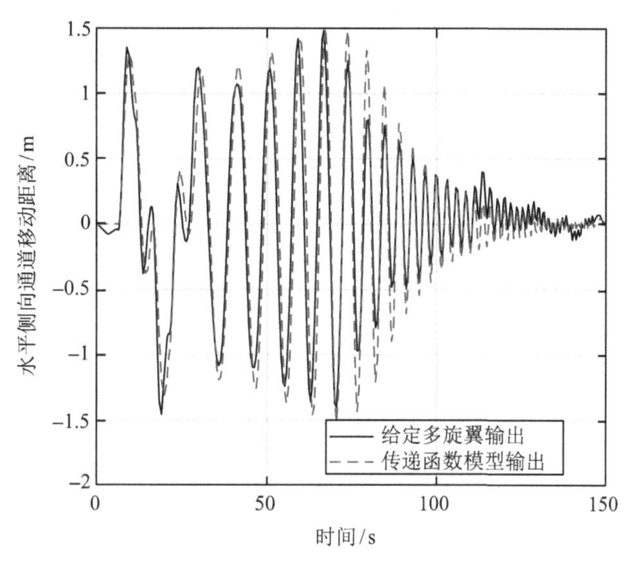

图 4.31 实飞实验水平侧向通道模型验证对比图

4.5.3 实验结论

本章的实飞扫频系统辨识实验可以获得给定多旋翼的四通道位置通道模型。经过实飞实验的测试以及验证，此处获得的各个通道模型的传递函数与真实的多旋翼系统的输入/输出响应是基本一致的，尤其是在低频响应段，其与真实飞行效果几乎一致，即通过 CIFER 频域响应辨识获得的系统模型准确且有效。可以利用它来进行 Simulink 仿真，调节相应控制器的参数，例如第 6 章的跟踪控制器实验，可大大缩短实验的时间，减少了许多不必要的真机调试过程。

4.6 本章小结

（1）通过基础实验，读者可以理解与熟悉建模过程的理论假设与推导过程，并进一步理解与熟悉获得的四通道线性化多旋翼简化模型。在传递函数模型与非线性模型扫频对比中，可以看出两者在低频段拟合较好，可以利用系统辨识获得的传递函数模型来进行低频段仿真及控制器设计。

（2）通过分析实验，读者可以了解如何利用 CIFER 软件进行系统辨识，包括对系统进行建模的大致流程及判定标准的代价函数。通过对非线性模型中稳定的速度通道进行系统辨识，直接获得了多旋翼关于速度的传递函数模型。进一步，对模型进行积分可获得位置通道模型。

（3）在设计实验中，我们通过设计增稳控制器的方式，直接对非线性模型位置通道进行辨识，并与分析实验中得到的位置通道模型进行比较，验证了分析实验所得到的位置通道模型的正确性。

（4）实飞实验对多旋翼外加控制器，进行位置以及偏航通道模型的系统辨识，验证了系统辨识方法的实用性和辨识模型的准确性。

（5）以上实验可以让读者较为深入地掌握多旋翼的模型结构以及建模方法。

如有疑问，请到 https://rflysim.com/docs/#/5_Course/Content 查询更多信息。

第5章

Chapter 5

滤波器设计实验

为获取较为准确的速度反馈信号，本章将介绍卡尔曼滤波（Kalman Filtering），并通过四个循序渐进的实验，即基础实验、分析实验、设计实验以及实飞实验，加深读者对卡尔曼滤波的理解。在基础实验中，读者可以基于给定多旋翼的仿真模型进行滤波器设计和验证；在分析实验中，读者可以对互补滤波器中的噪声协方差参数进行改变并分析，以加深对互补滤波器的理解；在设计实验中，读者可以在考虑位置信息反馈存在延时的情况下，重新设计卡尔曼滤波器，进而查看速度反馈观测控制效果；在实飞实验中，读者可以将改进后的卡尔曼滤波器在真机上进行实验，以验证算法的可行性，进而加深对算法的理解。

5.1 实验原理

为了让本章能够自包含，实验原理借鉴了《多旋翼飞行器设计与控制》[12] 第 8 章和第 9 章的部分内容，更多内容还可以参考书籍 [13] 和 [14]。控制器的速度反馈信号一般采用简单的差分方式获得所需要的速度估计，其精度在仿真系统中是可以接受的。然而在噪声环境下，直接差分的方法会引入较大的噪声。因此，我们需要考虑利用卡尔曼滤波器来获得速度估计。

5.1.1 卡尔曼滤波器模型描述

离散时间线性系统模型如下

$$\begin{aligned}\mathbf{x}_k &= \boldsymbol{\Phi}_{k-1}\mathbf{x}_{k-1} + \mathbf{u}_{k-1} + \boldsymbol{\Gamma}_{k-1}\mathbf{w}_{k-1} \\ \mathbf{z}_k &= \mathbf{H}_k\mathbf{x}_k + \mathbf{v}_k\end{aligned} \tag{5.1}$$

其中，$\mathbf{x}_k \in \mathbb{R}^n$ 为 k 时刻的状态向量；$\mathbf{z}_k \in \mathbb{R}^m$ 为 k 时刻的观测向量；$\mathbf{u}_{k-1} \in \mathbb{R}^n$ 为 $k-1$ 时刻的控制向量；$\boldsymbol{\Phi}_{k-1} \in \mathbb{R}^{n\times n}$ 为 $k-1$ 时刻到 k 时刻的状态转移矩阵；$\mathbf{w}_{k-1} \in \mathbb{R}^n$ 为 $k-1$ 时刻的系统噪声；$\boldsymbol{\Gamma}_{k-1} \in \mathbb{R}^{n\times n}$ 为系统噪声矩阵，它表征了各个噪声分别影响各个状态的程度；$\mathbf{H}_k \in \mathbb{R}^{m\times n}$ 为 k 时刻的观测矩阵；$\mathbf{v}_k \in \mathbb{R}^m$ 为 k 时刻的观测噪声。卡尔曼滤波器要求 $\mathbf{w}_k$ 和 $\mathbf{v}_k$ 是互不相关的零均值高斯白噪声序列，即

$$\begin{aligned}&E(\mathbf{w}_{k-1}) = \mathbf{0}_{n\times 1}, E(\mathbf{v}_k) = \mathbf{0}_{m\times 1}, \mathbf{R}_{\mathbf{wv}}(k,j) = \mathbf{0}_{n\times m} \\ &\mathbf{R}_{\mathbf{ww}}(k,j) = E\left(\mathbf{w}_k\mathbf{w}_j^{\mathrm{T}}\right) = \mathbf{Q}_k\delta_{kj} = \begin{cases}\mathbf{Q}_k, & k=j \\ \mathbf{0}_{n\times n}, & k\neq j\end{cases} \\ &\mathbf{R}_{\mathbf{vv}}(k,j) = E\left(\mathbf{v}_k\mathbf{v}_j^{\mathrm{T}}\right) = \mathbf{R}_k\delta_{kj} = \begin{cases}\mathbf{R}_k, & k=j \\ \mathbf{0}_{m\times m}, & k\neq j\end{cases}\end{aligned} \tag{5.2}$$

其中，$\mathbf{Q}_k \in \mathbb{R}^{n\times n}$ 为系统噪声方差阵，$\mathbf{R}_k \in \mathbb{R}^{m\times m}$ 为观测噪声方差阵。在卡尔曼滤波器中，要求它们至少是**半正定阵**，即

$$\mathbf{Q}_k \geqslant \mathbf{0}_{n\times n}, \mathbf{R}_k > \mathbf{0}_{m\times m} \tag{5.3}$$

其中，$\mathbf{Q}_k \geqslant \mathbf{0}_{n\times n}$ 指的是系统有时可能不包含噪声，$\mathbf{R}_k > \mathbf{0}_{m\times m}$ 指的是每个测量分量都含有噪声。这里 δ_{kj} 是 Kronecker δ 函数，即

$$\delta_{kj} = \begin{cases}1, & k=j \\ 0, & k\neq j\end{cases} \tag{5.4}$$

假设初始状态 $\mathbf{x}_0$ 满足

$$E(\mathbf{x}_0) = \hat{\mathbf{x}}_0, \mathrm{Cov}(\mathbf{x}_0) = \mathbf{P}_0 \tag{5.5}$$

其中，$\hat{\mathbf{x}}_0$ 和 $\mathbf{P}_0$ 为先验已知，且要求 $\mathbf{x}_0$ 和 $\mathbf{u}_k$ 与 $\mathbf{w}_{k-1}$ 和 $\mathbf{v}_k, k \geqslant 1$ 都不相关，即

$$\begin{aligned} \mathbf{R}_{\mathbf{xw}}(0,k) &= E\left(\mathbf{x}_0\mathbf{w}_k^{\mathrm{T}}\right) = \mathbf{0}_{n\times n} \\ \mathbf{R}_{\mathbf{xv}}(0,k) &= E\left(\mathbf{x}_0\mathbf{v}_k^{\mathrm{T}}\right) = \mathbf{0}_{n\times m} \\ \mathbf{R}_{\mathbf{uw}}(k,j) &= E\left(\mathbf{u}_k\mathbf{w}_j^{\mathrm{T}}\right) = \mathbf{0}_{n\times n} \end{aligned} \tag{5.6}$$

假设给定观测值 $\mathbf{z}_1, \mathbf{z}_2, \cdots, \mathbf{z}_{k-1}$，并且最优估计 $\hat{\mathbf{x}}_{k-1|k-1}$ 是状态 $\mathbf{x}_{k-1}$ 的最小方差无偏估计，即

$$E\left(\mathbf{x}_{k-1} - \hat{\mathbf{x}}_{k-1|k-1}\right) = \mathbf{0}_{n\times 1} \tag{5.7}$$

5.1.2 卡尔曼滤波器算法总结

（1）步骤一：过程模型

$$\mathbf{x}_k = \mathbf{\Phi}_{k-1}\mathbf{x}_{k-1} + \mathbf{u}_{k-1} + \mathbf{\Gamma}_{k-1}\mathbf{w}_{k-1},\ \mathbf{w}_k \sim \mathcal{N}\left(\mathbf{0}_{n\times 1}, \mathbf{Q}_k\right) \tag{5.8}$$

观测模型

$$\mathbf{z}_k = \mathbf{H}_k\mathbf{x}_k + \mathbf{v}_k,\ \mathbf{v}_k \sim \mathcal{N}\left(\mathbf{0}_{m\times 1}, \mathbf{R}_k\right) \tag{5.9}$$

其中，$\mathbf{w}_k$ 和 $\mathbf{v}_k$ 是互不相关的零均值高斯白噪声，它们的噪声方差阵分别为 $\mathbf{Q}_k$ 和 $\mathbf{R}_k$。

（2）步骤二：初始状态

$$\begin{aligned} \hat{\mathbf{x}}_0 &= E\left(\mathbf{x}_0\right) \\ \mathbf{P}_0 &= E\left[\left(\mathbf{x}_0 - E\left(\mathbf{x}_0\right)\right)\left(\mathbf{x}_0 - E\left(\mathbf{x}_0\right)\right)^{\mathrm{T}}\right] \end{aligned} \tag{5.10}$$

（3）步骤三：当 $k=0$ 时，取 $\mathbf{P}_{0|0} = \mathbf{P}_0$，$\hat{\mathbf{x}}_{0|0} = \hat{\mathbf{x}}_0$。

（4）步骤四：$k = k+1$。

（5）步骤五：状态估计预测

$$\hat{\mathbf{x}}_{k|k-1} = \mathbf{\Phi}_{k-1}\hat{\mathbf{x}}_{k-1|k-1} + \mathbf{u}_{k-1} \tag{5.11}$$

（6）步骤六：误差协方差预测

$$\mathbf{P}_{k|k-1} = \mathbf{\Phi}_{k-1}\mathbf{P}_{k-1|k-1}\mathbf{\Phi}_{k-1}^{\mathrm{T}} + \mathbf{\Gamma}_{k-1}\mathbf{Q}_{k-1}\mathbf{\Gamma}_{k-1}^{\mathrm{T}} \tag{5.12}$$

（7）步骤七：卡尔曼增益矩阵

$$\mathbf{K}_k = \mathbf{P}_{k|k-1}\mathbf{H}_k^{\mathrm{T}}\left(\mathbf{H}_k\mathbf{P}_{k|k-1}\mathbf{H}_k^{\mathrm{T}} + \mathbf{R}_k\right)^{-1} \tag{5.13}$$

（8）步骤八：状态估计更新

$$\hat{\mathbf{x}}_{k|k} = \hat{\mathbf{x}}_{k|k-1} + \mathbf{K}_k\left(\mathbf{z}_k - \hat{\mathbf{z}}_{k|k-1}\right) \tag{5.14}$$

其中，$\hat{\mathbf{z}}_{k|k-1} = \mathbf{H}_k\hat{\mathbf{x}}_{k|k-1}$。

（9）步骤九：误差协方差更新

$$\mathbf{P}_{k|k}=(\mathbf{I}_n-\mathbf{K}_k\mathbf{H}_k)\,\mathbf{P}_{k|k-1} \tag{5.15}$$

（10）步骤十：返回步骤四。

卡尔曼滤波器是一种时域递归算法，根据上一时刻的状态估计值和当前时刻观测值估计当前状态，无须存储大量的先验数据，易于计算机实现。该算法的实质是最小化状态估计误差协方差矩阵 $\mathbf{P}_{k|k}$ 的迹。图 5.1给出了卡尔曼滤波器算法结构示意图。在实际应用中，需要考虑如何确定初值 $\hat{\mathbf{x}}_0$ 和 $\mathbf{P}_0$。初值 $\hat{\mathbf{x}}_0$ 可以凭经验给出，但 $\mathbf{P}_0$ 无法直接获得，只能根据初始的若干观测量统计得到。不过，只要滤波器稳定，则稳定的滤波结果将不依赖初值 $\hat{\mathbf{x}}_0$ 和 $\mathbf{P}_0$ 的选取。为了更好地理解卡尔曼滤波器，有以下说明。

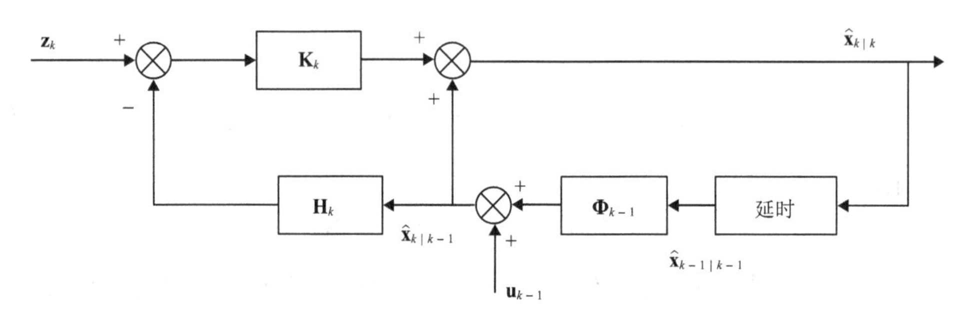

图 5.1 卡尔曼滤波器算法结构示意图

（1）卡尔曼滤波器在进行滤波器估计的同时还产生了误差协方差阵 $\mathbf{P}_{k|k}$，它用于表征估计精度，同时也能用于传感器的健康评估。

（2）一般来说，采样周期合理情况下，连续系统可观，离散化后的系统也会可观。然而采样周期选择不当，系统可能失去可控性及可观性。因此，原则上应该检查离散化系统的可观性。

（3）$\mathbf{H}_k\mathbf{P}_{k|k-1}\mathbf{H}_k^{\mathrm{T}}+\mathbf{R}_k$ 要求非奇异，否则表达式 $\mathbf{K}_k=\mathbf{P}_{k|k-1}\mathbf{H}_k^{\mathrm{T}}\left(\mathbf{H}_k\mathbf{P}_{k|k-1}\mathbf{H}_k^{\mathrm{T}}+\mathbf{R}_k\right)^{-1}$ 没有意义。一般情况下 $\mathbf{R}_k$ 非奇异，即说明观测信号总是存在一定噪声，因此 $\mathbf{H}_k\mathbf{P}_{k|k-1}\mathbf{H}_k^{\mathrm{T}}+\mathbf{R}_k$ 总是非奇异的。

（4）如果系统 $(\mathbf{\Phi}_{k-1},\mathbf{H}_k)$ 不可观，卡尔曼滤波器仍然可以运行，只是不可观的模态没有进行更新，仅执行递推步骤。考虑极端的情况，如果 $\mathbf{H}_k=\mathbf{0}_{m\times n}$，即整个系统完全不可观，则 $\mathbf{K}_k=\mathbf{0}_{n\times m}$，意味着

$$\begin{aligned}\hat{\mathbf{x}}_{k|k}&=\mathbf{\Phi}_{k-1}\hat{\mathbf{x}}_{k-1|k-1}+\mathbf{u}_{k-1}\\\mathbf{P}_{k|k}&=\mathbf{\Phi}_{k-1}\mathbf{P}_{k-1|k-1}\mathbf{\Phi}_{k-1}^{\mathrm{T}}+\mathbf{\Gamma}_{k-1}\mathbf{Q}_{k-1}\mathbf{\Gamma}_{k-1}^{\mathrm{T}}\end{aligned} \tag{5.16}$$

即状态之间仅进行递推而已。

5.1.3 实验所用卡尔曼滤波模型

我们假设只有位置信号是可以观测的，并且将多旋翼看成质点模型，则可以选取状

态变量 $\mathbf{X}(t)=\begin{bmatrix}\mathbf{p}(t) & \mathbf{v}(t) & \mathbf{a}(t)\end{bmatrix}^{\mathrm{T}}$，其中 $\mathbf{p}(t)$ 代表多旋翼的位置，$\mathbf{v}(t)$ 代表多旋翼速度，$\mathbf{a}(t)$ 代表多旋翼加速度。接下来，我们重构线性系统，可得状态方程和观测方程如下：

$$\begin{bmatrix}\dot{\mathbf{p}}(t)\\ \dot{\mathbf{v}}(t)\\ \dot{\mathbf{a}}(t)\end{bmatrix}=\begin{bmatrix}0 & 1 & 0\\ 0 & 0 & 1\\ 0 & 0 & 0\end{bmatrix}\begin{bmatrix}\mathbf{p}(t)\\ \mathbf{v}(t)\\ \mathbf{a}(t)\end{bmatrix}+\begin{bmatrix}0\\ 0\\ 1\end{bmatrix}\mathbf{W}(t)$$

$$\mathbf{Z}(t)=\begin{bmatrix}1 & 0 & 0\end{bmatrix}\begin{bmatrix}\mathbf{p}(t)\\ \mathbf{v}(t)\\ \mathbf{a}(t)\end{bmatrix}+\mathbf{V}(t) \tag{5.17}$$

其中，$\mathbf{W}(t)$ 和 $\mathbf{V}(t)$ 分别为系统噪声方差阵和观测噪声方差阵。经过离散化后可得状态转移阵和噪声驱动阵为

$$\mathbf{\Phi}_k=\begin{bmatrix}1 & T_{\mathrm{s}} & \frac{1}{2}T_{\mathrm{s}}^2\\ 0 & 1 & T_{\mathrm{s}}\\ 0 & 0 & 1\end{bmatrix},\mathbf{\Gamma}_{k-1}=\begin{bmatrix}\frac{1}{6}T_{\mathrm{s}}^3\\ \frac{1}{6}T_{\mathrm{s}}^2\\ T_{\mathrm{s}}\end{bmatrix} \tag{5.18}$$

其中，T_{s} 为采样周期。在接下来的基础实验、分析实验、设计实验和实飞实验中，所用的卡尔曼滤波模型都是基于上面的模型推导出来的。

5.2 基础实验

5.2.1 实验目标

1）准备

（1）软件：MATLAB R2017b 及以上版本；基于 Simulink 的控制器设计与仿真平台和实验指导包“e2.1”，详见第 2 章 2.1.2节。

（2）硬件：计算机，详见第 2 章 2.1.1节。

2）目标

在包含控制器的多旋翼仿真模型中，将控制器中的速度反馈信号用卡尔曼滤波估计替代。给定期望输入信号为正弦波信号，周期为 10s，幅值为 1。

（1）学习并掌握卡尔曼滤波器算法的原理及应用。

（2）在仿真 1.0 中，将输入的真实信号与卡尔曼滤波后的信号进行对比，比较卡尔曼滤波器在不同参数下的效果。

（3）在仿真 2.0 中，加入卡尔曼滤波器，同时对比仿真 1.0 与仿真 2.0 的滤波效果。

（4）为了简便，本书的输入信号没有引入噪声。

5.2.2 实验步骤

5.2.2.1 仿真 1.0

1）步骤一：学习软件环境

学习本书第 2 章的内容，对于 Simulink 模型有一个初步的了解。

2）步骤二：初始化参数

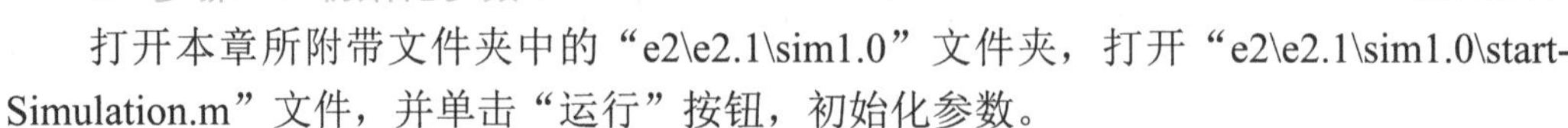

打开本章所附带文件夹中的“e2\e2.1\sim1.0”文件夹，打开“e2\e2.1\sim1.0\startSimulation.m”文件，并单击“运行”按钮，初始化参数。

3）步骤三：滤波器模型

打开“e2\e2.1\sim1.0\e2_1_TF_KalmanFilter.slx”模型文件，将看到多旋翼 Simulink 仿真平台，详细内容请参考第 2 章 2.2.1 节，如图 5.2所示。

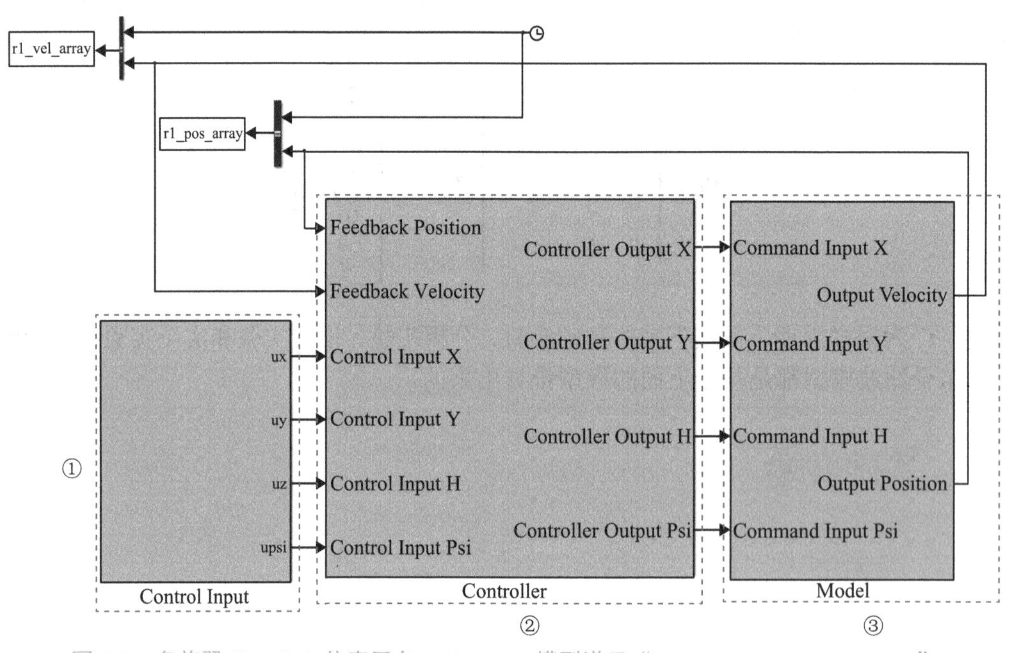

图 5.2 多旋翼 Simulink 仿真平台，Simulink 模型详见“e2_1_TF_KalmanFilter.slx”

该实验模型控制器已经调好。这里，“Model”模块与第 2 章 2.2.1 节不同，该模块内部如图 5.3所示。图 5.3中的虚线框部分为速度获取的模块，采取卡尔曼滤波的方法进行速度和偏航角速率的实时获取。打开任意一个模块，例如水平前向通道模块，其内部如图 5.4所示。

在图 5.4虚线框①中，“卡尔曼滤波过程函数”模块包含卡尔曼滤波的更新过程，可以进行相应算法更新；在图 5.4虚线框②中，开关决定了是否将卡尔曼滤波的结果加入反馈闭环中；如果需要，则要将开关拨到下面，否则将开关拨到上面；图 5.4表示引入卡尔曼滤波水平前向通道速度估计。

（1）卡尔曼滤波器的过程函数模块如图 5.4 所示。该模块是一个 MATLAB Function 函数，通过它实现了卡尔曼滤波的更新过程。其内部代码主要如表 5.1所示：第 2 行表示状态预测，如式 (5.11) 所示；第 3 行表示误差协方差预测，如式 (5.12) 所示；第 4 行表示卡尔曼滤波增益计算，如式 (5.13) 所示；第 5 行和第 6 行分别表示状态更新和误差协方差更新，如式 (5.14) 和式 (5.15) 所示。这部分是卡尔曼滤波的更新过程，也是最核心的步骤。此外，可通过表 5.2中的代码修改各个通道的滤波器参数。第 2 行和第 7 行是卡尔曼滤波中的过程噪声的标准差以及测量噪声的标准差，对应式 (5.3)。修改这两个参数可以改变卡尔曼滤波器的滤波效果。

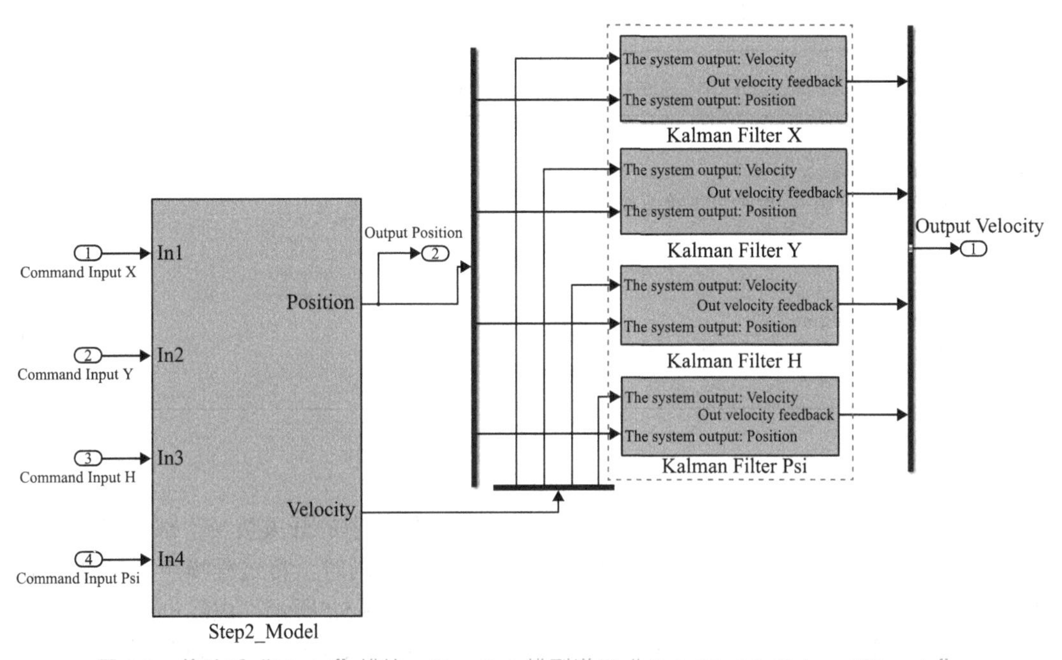

图 5.3 修改后“Model”模块，Simulink 模型详见“e2_1_Model_KalmanFilter.slx”

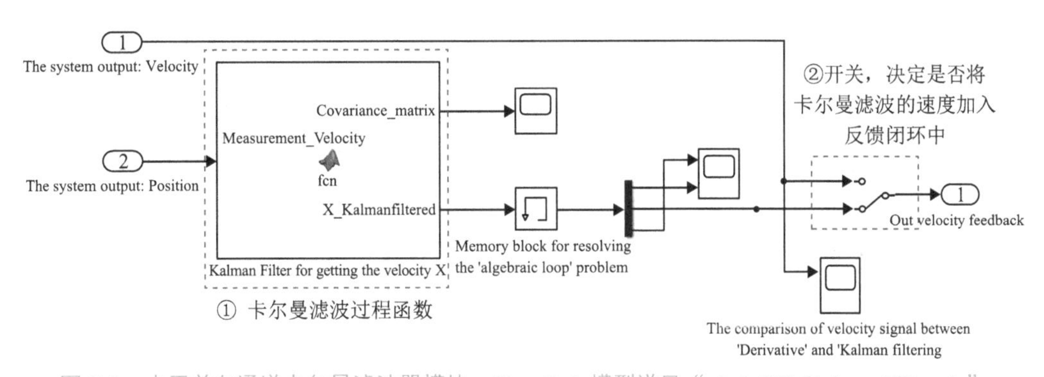

图 5.4 水平前向通道卡尔曼滤波器模块，Simulink 模型详见“e2_1_TF_KalmanFilter.slx”

（2）为了使期望输入符合实验目标的要求，还需要为每个通道输入期望的正弦波信号，其周期为 10s，幅值为 1，如图 5.5所示。

4）步骤四：重新初始化参数

在完成了相应的修改后，可以进行实验。开始时已经运行过“startSimulation.m”文件，如果改动该文件中的参数，则需要在 MATLAB 中重新运行该文件。接下来，只需在 Simulink 中运行模型文件“e2\e2.1\sim1.0\e2_1_TF_KalmanFilter.slx”即可。

表 5.1 卡尔曼滤波更新过程

```
1 %   卡尔曼滤波更新过程
2 X_pre=A*Xkf_static; % 状态估计
3 P_pre=A*P0_static*A'+Q; % 误差协方差估计
4 Kg=P_pre*H'*inv(H*P_pre*H'+R); % 卡尔曼滤波增益计算
5 X_Kalmanfiltered=X_pre+Kg*(Measurement_Velocity-H*X_pre); % 状态估计更新
6 Covariance_matrix=(I-Kg*H)*P_pre; % 误差协方差估计更新
```

表 5.2 卡尔曼滤波参数设置

```
1 % 过程噪声
2 p_var =0.05; % sigma
3 Q = eye(3)*p_var^2; % 噪声协方差矩阵
4 W = Q*randn(3,1);  %过程噪声
5
6 %测量噪声
7 m_var = 0.01; % sigma
8 R = [m_var^2 ];  % 测量噪声协方差矩阵
9 V=R*randn; % 测量噪声
```

5）步骤五：观察滤波效果

观察卡尔曼滤波的效果，将每个通道的速度获取模块中的开关拨至下部，使得闭环反馈中采用通过卡尔曼滤波器的反馈值，如图 5.4所示。同时，将过程噪声的标准差定为 0.05，测量噪声的标准差定为 0.01。测量噪声部分如图 5.5所示，虚线框处为正弦信号（实验的目标信号）。在 Simulink 中运行“e2_1_Model_KalmanFilter.slx”模型文件。

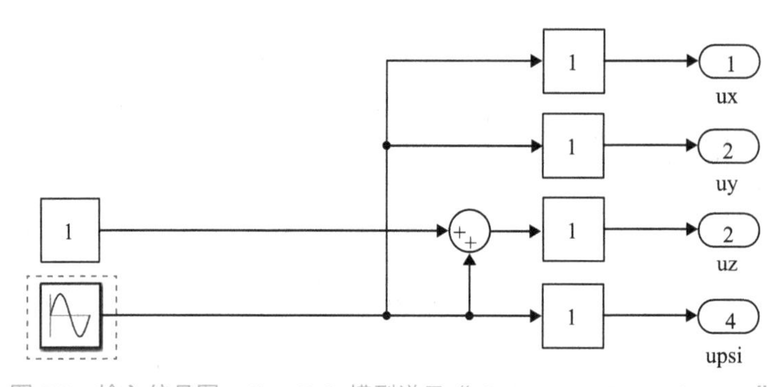

图 5.5 输入信号图，Simulink 模型详见“e2_1_TF_KalmanFilter.slx”

6）步骤六：与真实输入做对比

将通过卡尔曼滤波后的速度信号与真实速度值进行对比，以便获得一个更直观的对比效果。此处需要注意，在进行信号输入时，应该对每个通道分别进行激励，同时在每次信号输入完成后，应该再次运行仿真模型“e2\e2.1\sim1.0\e2_1_TF_KalmanFilter.slx”。然后，将期望值设为 0，使得多旋翼仿真模型回到初始位置，再重新进行下一通道的信号激励。

在设定完滤波器参数之后，分别对各通道输入实验目标中的信号。接下来，以高度通道进行举例，读者可以自行分析其他通道。获得的速度滤波对比结果和位置通道对比结果分别如图 5.6和图 5.7所示。通过上述对比可以发现，经过滤波之后，速度信号也较为平缓，无较大波动。同时，多旋翼的位置输出与位置期望非常吻合，也表明了使用卡尔曼滤波后的速度信号作为反馈加入闭环也可以非常好地控制多旋翼。综上所述，可以将卡尔曼滤波器处理过的速度信号作为多旋翼的速度反馈加入控制器闭环中。

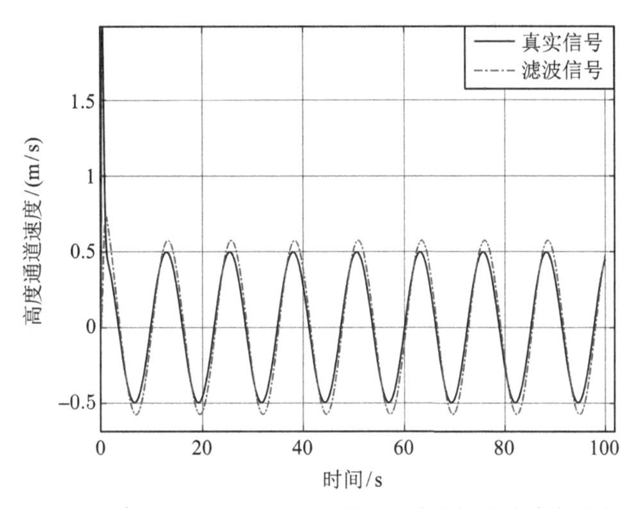

图 5.6 基础实验仿真 1.0 高度通道真实速度与滤波速度对比图

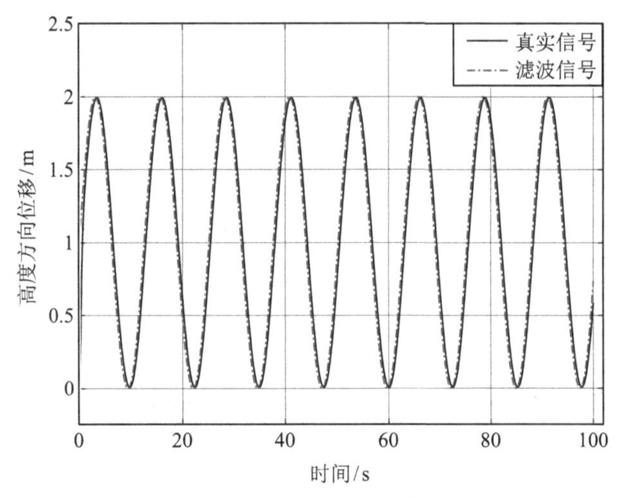

图 5.7 基础实验仿真 1.0 高度通道位置期望与真实位置输出对比图

5.2.2.2 仿真 2.0

接下来，我们将进行仿真 1.0 和仿真 2.0 的对比。对于在传递函数模型中已经完成的实验过程，在这里需要进一步在非线性模型上进行验证，即在仿真 2.0 上验证卡尔曼滤波的效果。

（1）步骤一：打开命名为“e2\e2.1\sim2.0”的文件夹，其中的文件与上面的“e2\e2.1\sim1.0”文件夹相同，而区别在于文件“e2\e2.1\sim2.0”中的模型为非线性模型。

（2）步骤二：采用与传递函数模型实验中完全相同的实验步骤，观察获得结果，并将两种模型的关键结果进行对比。

此处对水平前向通道的滤波速度结果进行对比，结果如图 5.8所示。从图中可以看出，传递函数模型的滤波速度与多旋翼非线性模型的滤波速度几乎一致，可以认为在采用系统辨识获得的模型进行实验时，卡尔曼滤波在仿真 1.0 中和仿真 2.0 中效果几乎是一样的。

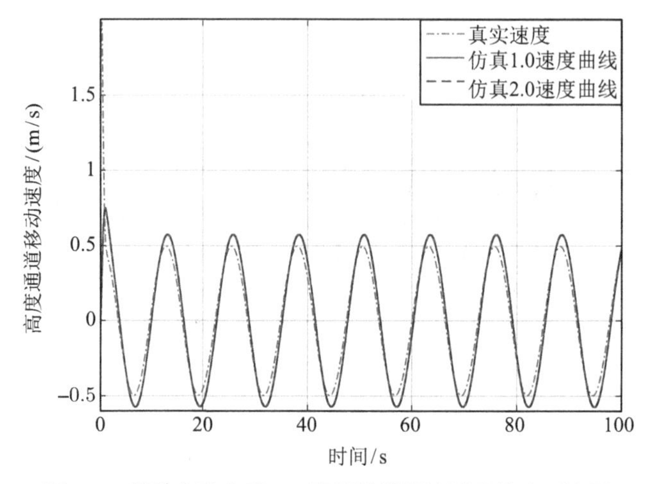

图 5.8 基础实验仿真 2.0 高度通道滤波速度输出对比图

5.3 分析实验

5.3.1 实验目标

1）准备

（1）软件：MATLAB R2017b 及以上版本；基于 Simulink 的控制器设计与仿真平台和实验指导包“e2.2”，详见第 2 章 2.1.2节。

（2）硬件：计算机，详见第 2 章 2.1.1节。

2）目标

（1）在仿真 1.0 中，调整卡尔曼滤波器中输入信号中测量噪声的大小，重复实验过程。对比卡尔曼滤波器参数与测量噪声协方差之间的关系，最后分析原因。

（2）在仿真 1.0 中，调整卡尔曼滤波函数模块中的噪声协方差参数大小，观察获得的速度反馈信号的变化。接下来，反复调整参数，使得每个通道的滤波效果达到最佳。

（3）在仿真 2.0 中，分别调整卡尔曼滤波中噪声协方差的大小和输入信号中测量噪声大小，对比仿真 1.0 与仿真 2.0 的滤波效果。

5.3.2　实验步骤

5.3.2.1　仿真 1.0

这里的具体操作步骤和基础实验的**步骤一**至**步骤六**类似，详细步骤请参考 5.2.2.1 节。不同的是，这里有两个部分需要改进。

1）步骤一：测量噪声

在位置信号测量的过程中加入噪声，观察滤波器对噪声的滤波效果，即在模型模块“e2_2_TF_KalmanFilter_Noise.slx\Model\Kalman Filter *”（“*”为“X”、“Y”、“H”和“Psi”，可以代表四通道的卡尔曼滤波器）内部中，加入 Simulink 自带的随机噪声模块，如图 5.9中的虚线框所示。

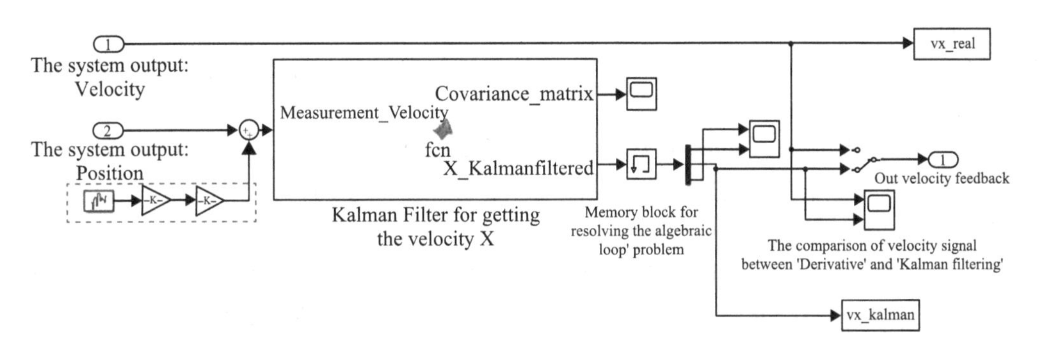

图 5.9　加入噪声模块示意图，Simulink 文件详见“e2_2_TF_KalmanFilter_Noise.slx”

加入噪声之后，分别在多旋翼各通道进行控制，使其稳定运行，利用示波器观察噪声滤波效果。为了方便起见，本书将各通道的噪声进行统一设定，并进行量化。这里设定一个基准噪声，同时加入增益“gain_noise”，可以在“e2\e2.2\sim1.0\startSimulation.m”文件中调节相应的增益值来改变噪声大小。具体代码如表 5.3所示，第 2 行为噪声大小。

表 5.3　噪声增益修改位置

```
1  % 测量噪声增益
2  gain_noise=3;
```

2）步骤二：调整卡尔曼滤波器中的测量噪声方差阵和过程噪声方差阵

首先，对各通道执行基础实验中的**步骤一**至**步骤六**，详细步骤请参考 5.2.2.1 节的内容，观察滤波器效果。接下来，在每个通道的滤波器函数模块中找到如表 5.4所示的代码段。其中第 2 行的“p_var”代表过程噪声的标准差，第 7 行“m_var”代表测量噪声的标准差。反复修改这两个参数，使得获得的速度滤波信号能更加平滑，直至最优。最后，运行“e2\e2.2\sim1.0\startSimulation.m”文件，分别对各通道输入实验目标中的特定信号，利用示波器观察其滤波效果。在获得卡尔曼滤波的速度估计后，可以与真实速度值进行对比，以便获得一个更直观的滤波器效果。实验具体过程如下。

表 5.4 噪声参数调整

```
1  % 过程噪声
2  p_var  =0.05; % sigma
3  Q = eye(3)*p_var^2; % 过程噪声协方差矩阵
4  W = Q*randn(3,1);  % 过程噪声
5
6  % 测量噪声
7  m_var = 0.01; % sigma
8  R = [m_var^2 ];  % 测量噪声协方差矩阵
9  V = R*randn; % 测量噪声
```

在加入噪声时，为了更好地体现卡尔曼滤波的效果，经过测试，选定增益“gain_noise”分别为 0.25、1 和 3 进行相应的实验。在进行参数调整时，基本原则是随着信号噪声增益的提高，卡尔曼滤波器中测量噪声的标准差也相应提高。为了简单起见，在设置每种噪声增益进行实验时，每个通道的过程噪声标准差需要保持在合适的数值，只调整测量噪声标准差使得卡尔曼滤波的效果达到最优即可。

（1）噪声增益“gain_noise=0.25”。高度通道真实速度与滤波速度对比图以及在不同卡尔曼滤波器测量噪声标准差下滤波速度对比图分别如图 5.10和图 5.11所示，其中每组对应的参数如表 5.5所示。

（2）噪声增益“gain_noise=1”。高度通道真实速度与滤波速度对比图以及在不同卡尔曼滤波器测量噪声标准差下滤波速度对比图分别如图 5.12和图 5.13所示，其中每组对应的参数如表 5.6所示。

（3）噪声增益“gain_noise=3”。高度通道真实速度与滤波速度对比图以及在不同卡尔曼滤波器测量噪声标准差下滤波速度对比图分别如图 5.14和图 5.15所示，其中每组对应的参数如表 5.7所示。

（4）小结

从上面实验结果可以看出，在某一噪声值下，随着滤波器的测量噪声标准差的提高，系统中的测量噪声被逐渐滤掉，可以认为卡尔曼滤波器是非常有效的。在调整了噪声系

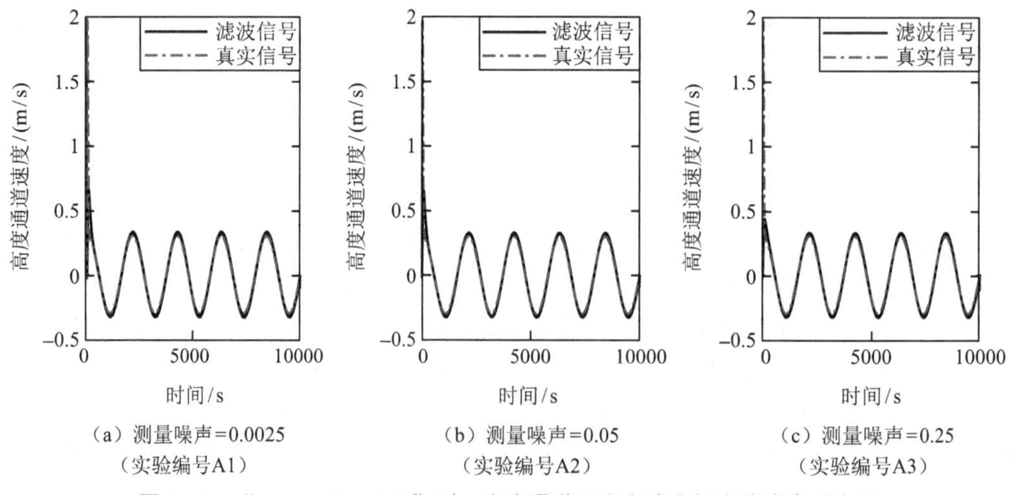

（a）测量噪声=0.0025（实验编号A1）　（b）测量噪声=0.05（实验编号A2）　（c）测量噪声=0.25（实验编号A3）

图 5.10 “gain_noise=0.25”时，高度通道下真实速度与滤波速度对比图

数并获得最佳效果之后，滤波结果变得更平滑了，噪声几乎被消除。对比三种噪声下的最优参数，如表 5.8所示。从表 5.8中可以看出，信号噪声的大小和卡尔曼滤波器中的测量噪声标准差参数成正比，二者的值几乎是相同的。这与卡尔曼滤波理论是一致的。

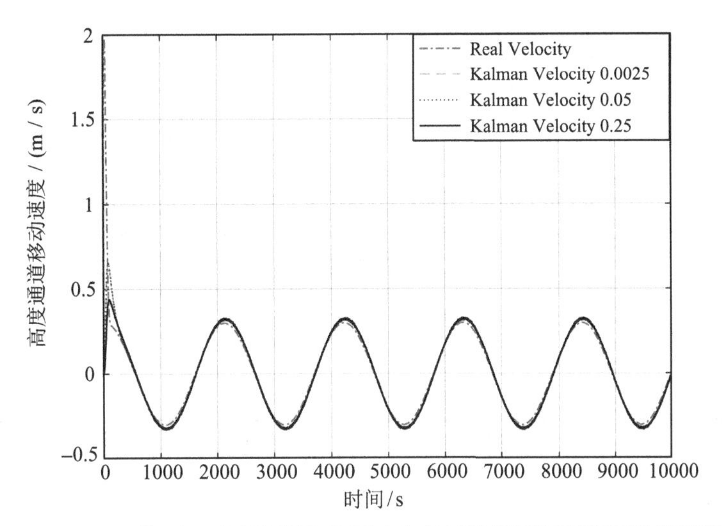

图 5.11 “gain_noise=0.25”时，高度通道下不同卡尔曼滤波器测量噪声标准差下滤波速度对比图

表 5.5 gain_noise=0.25

实验编号	A1	A2	A3
信号噪声增益	0.25	0.25	0.25
滤波器测量噪声标准差	0.0025	0.05	0.25
滤波器过程噪声标准差	0.05	0.05	0.25

真实速度
滤波速度
高度通道速度/(m/s)
时间/s

（a）测量噪声=0.01（实验编号B1）　（b）测量噪声=0.2（实验编号B2）　（c）测量噪声=1（实验编号B3）

图 5.12 “gain_noise=1”时，高度通道下真实速度与滤波速度对比图

5.3.2.2 仿真 2.0

（1）对于在传递函数模型中已经完成的实验过程，需要在非线性模型上，即在仿真 2.0 中进行验证。

（2）打开命名为“e2\e2.2\sim2.0”的文件夹，其中的文件与上面的“e2\e2.2\sim1.0”文件夹相同，而区别在于“e2\e2.2\sim2.0”文件夹中的模型为非线性模型。

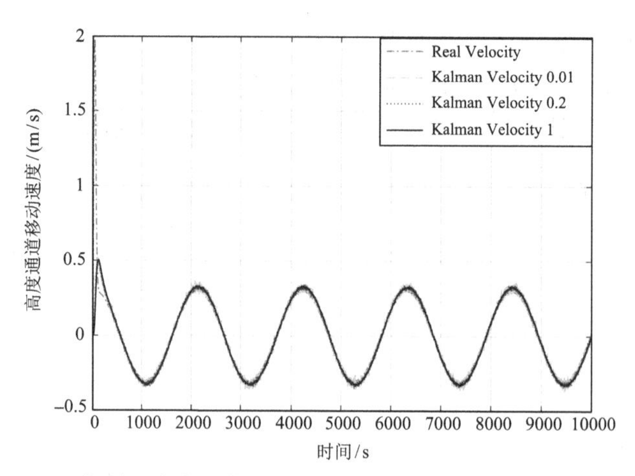

图 5.13 “gain_noise=1”时，高度通道下不同卡尔曼滤波器测量噪声标准差下滤波速度对比图

表 5.6 gain_noise=1

实验编号	B1	B2	B3
信号噪声增益	1	1	1
滤波器测量噪声标准差	0.01	0.2	1
滤波器过程噪声标准差	0.1	0.1	0.1

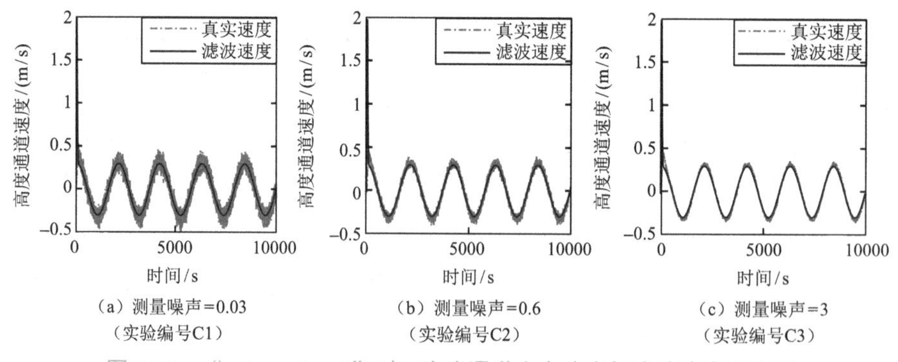

图 5.14 “gain_noise=3”时，高度通道真实速度与滤波速度对比图

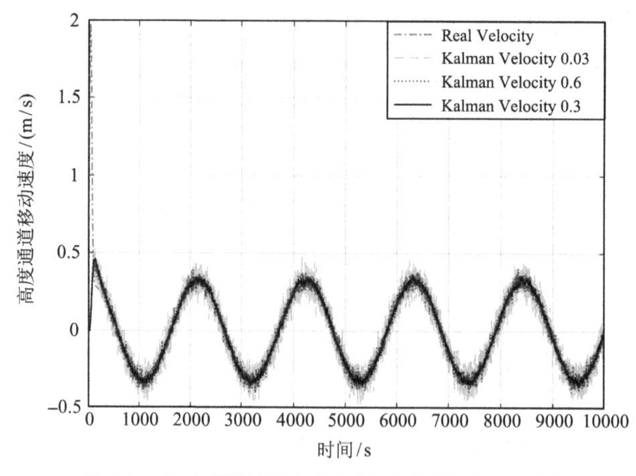

图 5.15 “gain_noise=3”时，高度通道不同卡尔曼滤波器测量噪声标准差下滤波速度对比图

表 5.7 gain_noise=3

实验编号	C1	C2	C3
信号噪声增益	3	3	3
滤波器测量噪声标准差	0.03	0.6	3
滤波器过程噪声标准差	0.3	0.3	0.3

表 5.8 实验结果表

实验编号	A3	B3	C3
信号噪声增益	0.25	1	3
滤波器测量噪声标准差	0.25	1	3
滤波器过程噪声标准差	0.25	0.1	0.3

（3）采用与传递函数模型实验中完全相同的实验步骤，观察获得结果，并将两种模型的关键结果进行对比。这里选取信号噪声增益为 3，卡尔曼滤波器测量噪声标准差参数为 0.6 时的数据进行对比。

此处对高度通道的滤波速度结果进行对比，结果如图 5.16所示。从图中可以看出，传递函数模型的滤波速度与多旋翼非线性模型的滤波速度几乎一致，可以认为卡尔曼滤波在仿真 1.0 中和仿真 2.0 中的效果几乎是一样的。

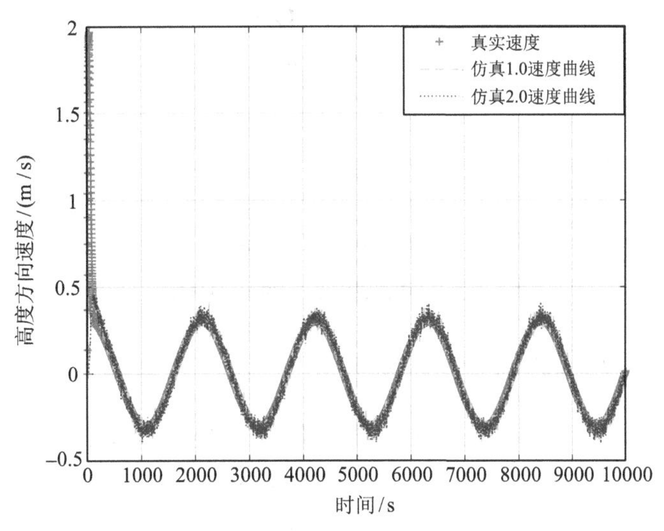

图 5.16 分析实验仿真 2.0 中，高度通道滤波速度输出对比图

5.4 设计实验

5.4.1 实验目标

1）准备

（1）软件：MATLAB R2017b 及以上版本；基于 Simulink 的控制器设计与仿真平台和实验指导包“e2.3”；CopterSim 和 RflySim3D，详见第 2 章 2.1.2节。

（2）硬件：计算机；自驾仪，详见第 2 章 2.1.1节。

2）目标

基础实验中所使用的卡尔曼滤波算法只是简单的单步更新卡尔曼滤波算法，这里在仿真 1.0 中设计新的卡尔曼滤波器，观察控制效果。

（1）在仿真 1.0 中将两个基本采样周期（一般为 IMU 采样周期）的位置信号延时考虑进去，设计新的卡尔曼滤波器，并进行闭环控制，观察实验效果。注意，为了使对比更加清楚，本次实验不引入噪声。

（2）在仿真 2.0 中，也将考虑位置信号的延时，并且将带延时的卡尔曼滤波器进行闭环控制，对比仿真 1.0 与仿真 2.0 的滤波效果。

（3）进行硬件在环仿真。

5.4.2 实验设计

由本实验目标可知：观测具有延时，延时为两个基本周期，一般为 IMU 周期，现在做以下假设与定义。

系统过程噪声 $\mathbf{w}_k$ 和观测噪声 $\mathbf{v}_k$ 均为高斯白噪声，且噪声方差阵分别为 $\mathbf{Q}_k$ 和 $\mathbf{R}_k$，即

$$\begin{aligned}\mathbf{w}_k &\sim \mathcal{N}(\mathbf{0},\mathbf{Q}_k)\\ \mathbf{v}_k &\sim \mathcal{N}(\mathbf{0},\mathbf{R}_k)\end{aligned} \tag{5.19}$$

1）方法一：递推预测法

（1）预测第 $k-2$ 步的状态及误差协方差：

$$\hat{\mathbf{x}}_{k-2|k-3} = \mathbf{\Phi}_{k-3}\hat{\mathbf{x}}_{k-3|k-3} + \mathbf{u}_{k-3} \tag{5.20}$$

$$\mathbf{P}_{k-2|k-3} = \mathbf{\Phi}_{k-3}\mathbf{P}_{k-3|k-3}\mathbf{\Phi}_{k-3}^{\mathrm{T}} + \mathbf{Q}_{k-3} \tag{5.21}$$

（2）更新第 $k-2$ 步的状态及误差协方差：

$$\begin{aligned}\mathbf{K}_{k-2} &= \mathbf{P}_{k-2|k-3}\mathbf{H}_{k-2}^{\mathrm{T}}\left(\mathbf{H}_{k-2}\mathbf{P}_{k-2|k-3}\mathbf{H}_{k-2}^{\mathrm{T}} + \mathbf{R}_{k-2}\right)^{-1}\\ \hat{\mathbf{x}}_{k-2|k-2} &= \hat{\mathbf{x}}_{k-2|k-3} + \mathbf{K}_{k-2}(\mathbf{z}_k - \mathbf{H}_k\hat{\mathbf{x}}_{k-2|k-3})\\ \mathbf{P}_{k-2|k-2} &= (\mathbf{I} - \mathbf{K}_{k-2}\mathbf{H}_{k-2})\mathbf{P}_{k-2|k-3}\end{aligned} \tag{5.22}$$

（3）预测第 k 步的状态及误差协方差：

$$\begin{aligned}\hat{\mathbf{x}}_{k-1|k-1} &= \mathbf{\Phi}_{k-2}\hat{\mathbf{x}}_{k-2|k-2} + \mathbf{u}_{k-2}\\ \mathbf{P}_{k-1|k-1} &= \mathbf{\Phi}_{k-2}\mathbf{P}_{k-2|k-2}\mathbf{\Phi}_{k-2}^{\mathrm{T}} + \mathbf{Q}_{k-2}\\ \hat{\mathbf{x}}_{k|k} &= \mathbf{\Phi}_{k-1}\hat{\mathbf{x}}_{k-1|k-1} + \mathbf{u}_{k-1}\\ \mathbf{P}_{k|k} &= \mathbf{\Phi}_{k-1}\mathbf{P}_{k-1|k-1}\mathbf{\Phi}_{k-1}^{\mathrm{T}} + \mathbf{Q}_{k-1}\end{aligned} \tag{5.23}$$

2）方法二：扩维法

对状态方程进行整理得到：

$$
\begin{aligned}
\mathbf{x}_k &= \mathbf{\Phi}_{k-1}\mathbf{x}_{k-1} + \mathbf{u}_{k-1} + \mathbf{w}_{k-1} \\
\mathbf{x}_{k-1} &= \mathbf{\Phi}_{k-2}\mathbf{x}_{k-2} + \mathbf{u}_{k-2} + \mathbf{w}_{k-2} \\
\mathbf{x}_{k-2} &= \mathbf{\Phi}_{k-3}\mathbf{x}_{k-3} + \mathbf{u}_{k-3} + \mathbf{w}_{k-3} \\
\mathbf{z}_k &= \mathbf{H}_k\mathbf{x}_{k-2} + \mathbf{v}_k
\end{aligned}
\tag{5.24}
$$

令状态变量为 $\mathbf{X}_k = \begin{bmatrix} \mathbf{x}_k^{\mathrm{T}} & \mathbf{x}_{k-1}^{\mathrm{T}} & \mathbf{x}_{k-2}^{\mathrm{T}} \end{bmatrix}^{\mathrm{T}}$，

$$
\begin{aligned}
\mathbf{X}_k &= \underbrace{\begin{bmatrix} \mathbf{\Phi}_{k-1} & \mathbf{0} & \mathbf{0} \\ \mathbf{0} & \mathbf{\Phi}_{k-2} & \mathbf{0} \\ \mathbf{0} & \mathbf{0} & \mathbf{\Phi}_{k-3} \end{bmatrix}}_{\tilde{\mathbf{\Phi}}_{k-1}} \mathbf{X}_{k-1} + \underbrace{\begin{bmatrix} \mathbf{u}_{k-1} \\ \mathbf{u}_{k-2} \\ \mathbf{u}_{k-3} \end{bmatrix}}_{\tilde{\mathbf{u}}_{k-1}} + \underbrace{\begin{bmatrix} \mathbf{w}_{k-1} \\ \mathbf{w}_{k-2} \\ \mathbf{w}_{k-3} \end{bmatrix}}_{\tilde{\mathbf{w}}_{k-1}} \\
\mathbf{z}_k &= \underbrace{\begin{bmatrix} \mathbf{0} & \mathbf{0} & \mathbf{H}_k \end{bmatrix}}_{\tilde{\mathbf{H}}_k} \mathbf{X}_k + \mathbf{v}_k
\end{aligned}
\tag{5.25}
$$

因为经过整理后的模型与经典的模型一致，所以可以直接套用递推公式，整理后模型的噪声方差阵变为

$$
\tilde{\mathbf{Q}}_k = \begin{bmatrix} \mathbf{Q}_k & \mathbf{0} & \mathbf{0} \\ \mathbf{0} & \mathbf{Q}_{k-1} & \mathbf{0} \\ \mathbf{0} & \mathbf{0} & \mathbf{Q}_{k-2} \end{bmatrix}, \tilde{\mathbf{R}}_k = \mathbf{R}_k
\tag{5.26}
$$

则递推过程如下。

（1）预测第 k 步的状态及误差协方差：

$$
\begin{aligned}
\hat{\mathbf{X}}_{k|k-1} &= \tilde{\mathbf{\Phi}}_{k-1}\hat{\mathbf{X}}_{k-1|k-1} + \tilde{\mathbf{u}}_{k-1} \\
\tilde{\mathbf{P}}_{k|k-1} &= \tilde{\mathbf{\Phi}}_{k-1}\tilde{\mathbf{P}}_{k-1|k-1}\tilde{\mathbf{\Phi}}_{k-1}^{\mathrm{T}} + \tilde{\mathbf{Q}}_{k-1}
\end{aligned}
\tag{5.27}
$$

（2）更新第 k 步的状态及误差协方差：

$$
\begin{aligned}
\tilde{\mathbf{K}}_k &= \tilde{\mathbf{P}}_{k|k-1}\tilde{\mathbf{H}}_k^{\mathrm{T}}\left(\tilde{\mathbf{H}}_k\mathbf{P}_{k|k-1}\tilde{\mathbf{H}}_k^{\mathrm{T}} + \tilde{\mathbf{R}}_k\right)^{-1} \\
\hat{\mathbf{X}}_{k|k} &= \hat{\mathbf{X}}_{k|k-1} + \tilde{\mathbf{K}}_k\left(\mathbf{z}_k - \tilde{\mathbf{H}}_k\hat{\mathbf{X}}_{k|k-1}\right) \\
\tilde{\mathbf{P}}_{k|k} &= \left(\mathbf{I} - \tilde{\mathbf{K}}_k\tilde{\mathbf{H}}_k\right)\tilde{\mathbf{P}}_{k|k-1}
\end{aligned}
\tag{5.28}
$$

5.4.3 实验步骤

5.4.3.1 仿真 1.0

具体操作步骤与基础实验的类似，详细步骤请参考 5.2.2.1 节。不同的是，本实验由于考虑了延时的影响，因而对图 5.4中卡尔曼滤波器结构做了修改，修改后的的滤波器如图 5.17所示。这里主要在位置信号输入添加了两个延时模块，见图 5.17中的模块①和②。

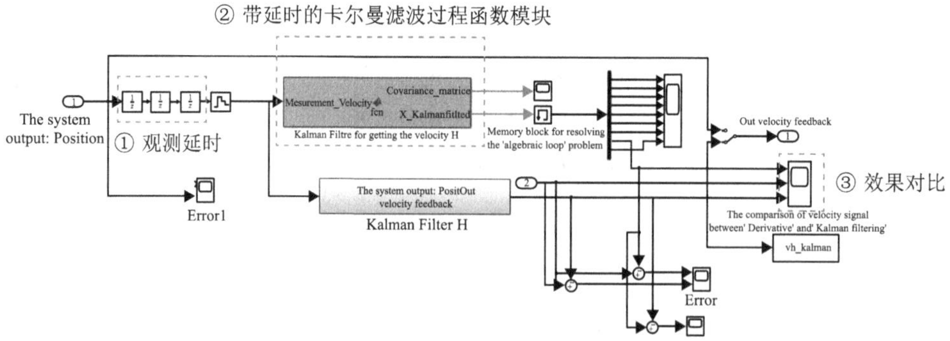

图 5.17 带延时的卡尔曼滤波器，Simulink 文件详见“e2_3_TF_KalmanFilter_Delay”

相对应地，图 5.17中的“带延时的卡尔曼滤波过程函数模块”也需要按照本实验原理中所说扩维法的方法进行修改。该模块是一个“MATLAB Function”模块，通过它实现卡尔曼滤波的更新过程。它与基础实验中基本卡尔曼滤波最大的差别就是滤波参数设置的不同，其主要代码如表 5.9所示。其中的第 2 行和第 7 行是卡尔曼滤波中的过程噪声标准差以及测量噪声标准差，对应式 (5.10)，修改这两个参数可以改变卡尔曼滤波器的滤波效果；而且第 5 行代表改进后带延时的噪声方差阵，对应式 (5.26)。接下来的具体步骤请参考 5.2.2.1 节，完成实验。

表 5.9 带延时的卡尔曼滤波器参数更新位置

```
1  % 过程噪声
2  p_var =0.05; % sigma
3  Q = eye(3)*p_var^2; % 过程噪声协方差矩阵
4  W = Q*randn(3,1);  % 过程噪声
5  Q_delay=[Q zeros(3) zeros(3);zeros(3) Q zeros(3);zeros(3) zeros(3) Q];   % 测量噪声
6  m_var = 0.01; % sigma
7  R = [m_var^2 ];  %测量噪声协方差矩阵
8  R_delay=R;
9  V_delay=R_delay*randn;
```

在设定完滤波器参数之后，分别对各通道输入指定频率下的正弦信号，获得速度滤波结果，以高度通道为例。高度通道真实速度与滤波速度对比图如图 5.18所示，从图中可以明显看出，即使在观测存在延时的情况下，经过滤波之后，滤波速度信号也较为平缓，并无较大波动。高度通道的期望位置与真实位置输出对比图如图 5.19所示，多旋翼的位置输出与位置期望非常吻合。高度通道速度误差如图 5.20所示，高度通道误差绝对值均没有超过峰值 0.2；待稳定后，各通道误差绝对值范围均在 0.01 左右，而信号的幅值为 1，因此在一定误差范围内可以认为滤波效果是很好的。这表明：使用卡尔曼滤波后的速度信号作为反馈加入闭环也可以非常好地控制多旋翼。

综上所述，可以做出结论：在延时不大的情况下，卡尔曼滤波器是可以使用的；即使在观测存在一定延时的情况下，也可以将卡尔曼滤波器处理过的速度信号作为多旋翼的速度反馈加入控制器闭环当中。但需要注意的是，本次输入正弦信号的频率是 0.5rad/s，滤波信号变化缓慢，而且仿真系统中延时很小，因此带延时的卡尔曼滤波器和不带延时

的滤波器效果相差不大。在不考虑多旋翼跟踪效果的前提下，提高期望输入的频率为 5rad/s，对比带延时卡尔曼滤波与不带延时卡尔曼滤波二者速度之间误差如图 5.21所示，虽然在高频情况下二者速度误差都较大，但是不带延时的卡尔曼滤波效果误差更大。因此，如果在较大延时（如秒级别）或者期望输入信号变化迅速的情况下，考虑带延时的卡尔曼滤波器算法的优势就能体现出来了。针对这种情况，建议采用递推法。为了节省时间，在递推过程中可采用大步长先递推到要求的时间附近，再用小步长递推到指定时间。

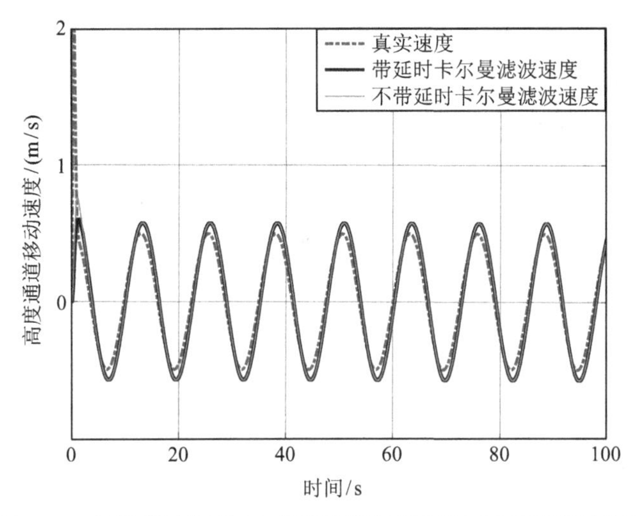

图 5.18 设计实验仿真 1.0 高度通道真实速度与滤波速度对比图

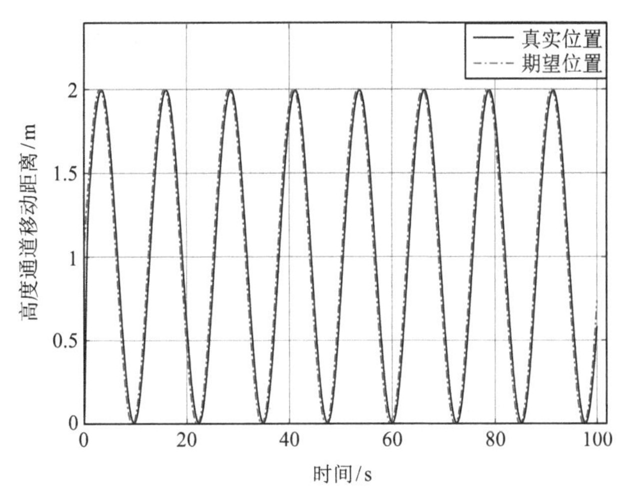

图 5.19 设计实验仿真 1.0 高度通道位置期望与真实位置输出对比图

5.4.3.2 仿真 2.0

（1）对于在传递函数模型中已经完成的实验过程，需要在非线性模型上，即在仿真 2.0 中进行验证。

（2）打开命名为“e2\e2.3\sim2.0”的文件夹，其中的文件与上面的“e2\e2.3\sim1.0”文件夹相同，而区别在于“e2\e2.3\sim2.0”中的模型为非线性模型。

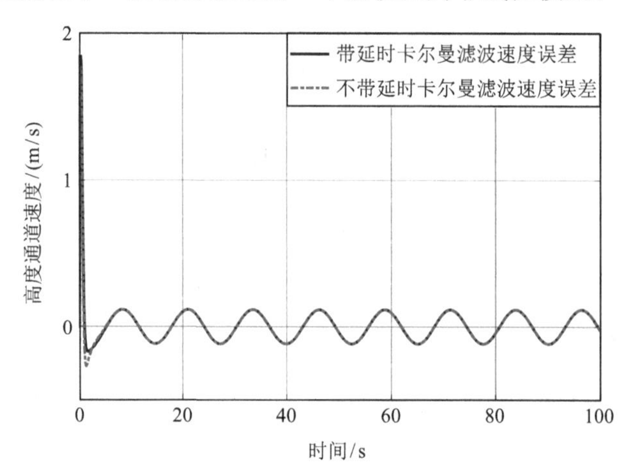

图 5.20 设计实验仿真 1.0 高度通道速度误差

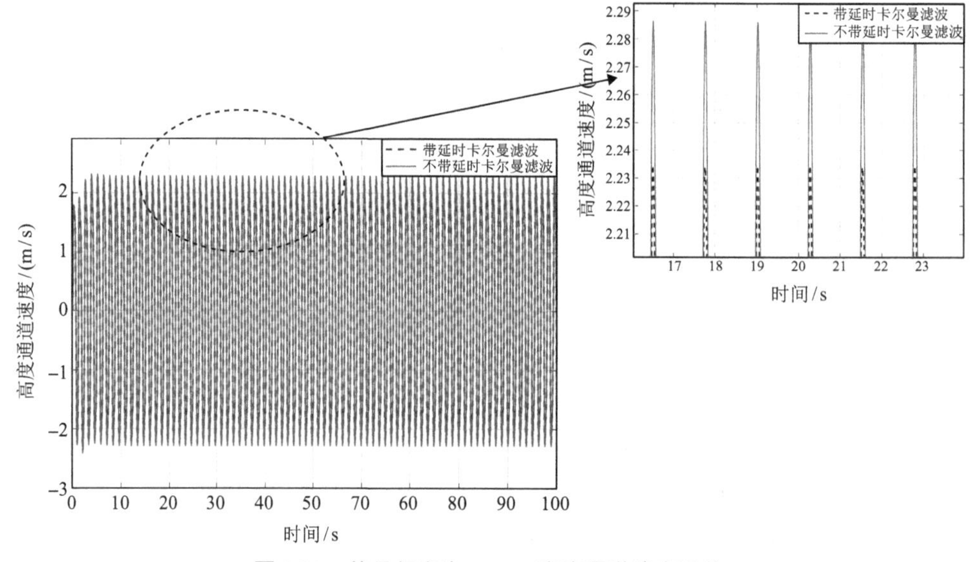

图 5.21 信号频率为 5rad/s 高度通道速度误差

（3）采用与传递函数模型实验中完全相同的实验步骤，观察获得结果，并将两种模型的关键结果进行对比。

此处对高度通道的滤波速度结果进行对比，结果如图 5.22所示。从图中可以看出，传递函数模型的滤波速度与多旋翼非线性模型的滤波速度几乎一致，可以认为卡尔曼滤波器在仿真 1.0 中和仿真 2.0 中的效果几乎是一样的。

5.4.3.3 硬件在环仿真

硬件在环仿真实验的内容与设计实验相同，只是把设计实验中的多旋翼模型模块替换成了硬件在环模块，硬件在环仿真所需设备如图 5.23 所示。首先对硬件在环仿真 Simulink 模型进行简单介绍，打开文件“e2_3_TF_KalmanFilter_Delay_HITL.slx”文件，如图 5.24所示。

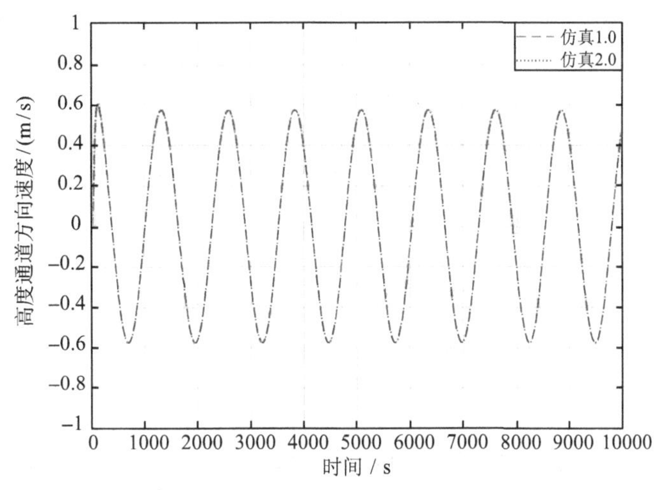

图 5.22　设计实验仿真 2.0 高度通道滤波速度输出对比图

图 5.23　硬件在环仿真所需设备

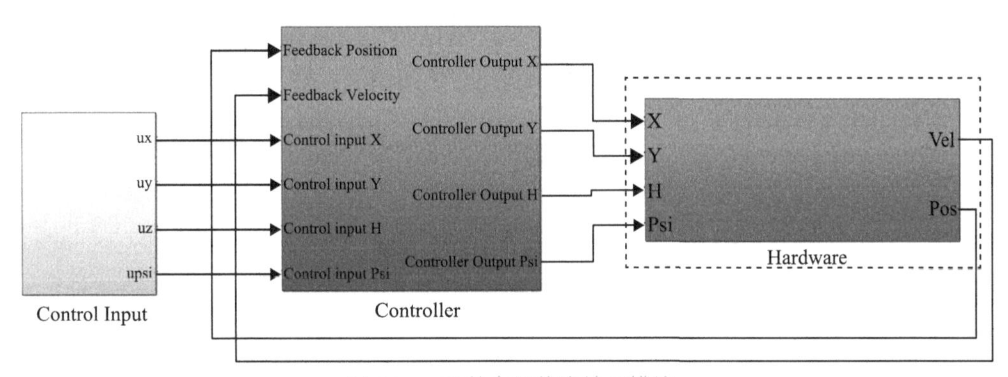

图 5.24　硬件在环仿真接口模块

图 5.24中虚线框所示的是硬件在环仿真的硬件接口模块，用于与 RflySim 进行信息交互。按照硬件在环仿真实验流程打开 RflySim，连接自驾仪，并运行“startSimulation.m”脚本文件。在运行 Simulink 文件之前，需要对于输入信号进行设置，即输入信号在“Control Input”模块中，如图 5.25所示。

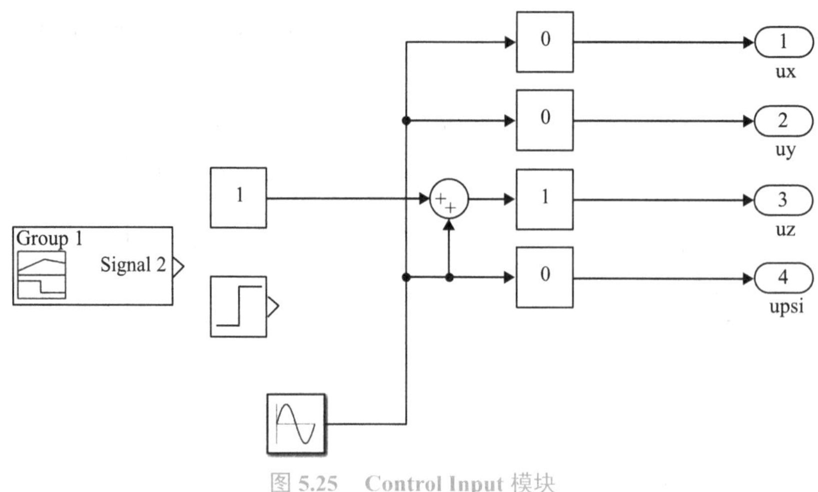

图 5.25 Control Input 模块

实验中需要对四个通道分别做测试，通过修改 0 或 1 来选择输入正弦信号的通道。注意高度通道需要一直保持输入信号为 1，以保持多旋翼的飞行状态。在设置好输入信号后，运行模型文件进行硬件在环仿真。接下来我们以高度通道结果为例进行分析，如图 5.26所示，可以明显看出，即使在观测存在延时的情况下，经过滤波之后，速度信号中的噪声被去除，速度信号也较为平缓，并无较大波动。

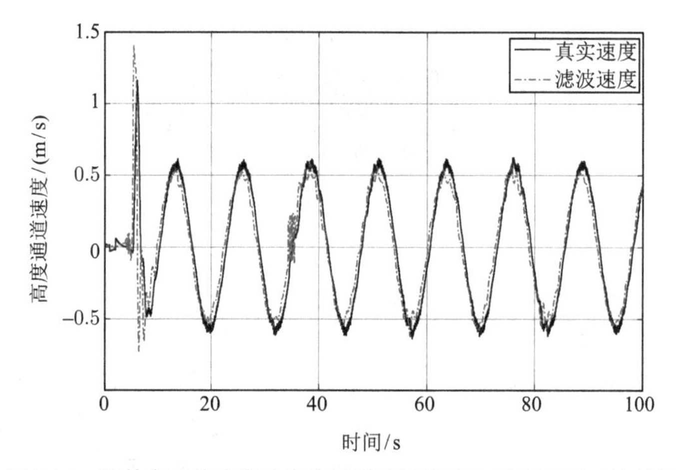

图 5.26 硬件在环仿真实验高度通道滤波速度和真实速度对比结果

5.5 实飞实验

5.5.1 实验目标

1）准备

（1）软件：MATLAB R2017b 及以上版本；基于 Simulink 的控制器设计与仿真平台和实验指导包“e2.4”，详见第 2 章 2.1.2节。

（2）硬件：计算机；OptiTrack 室内定位系统；带半自主飞控的多旋翼，详见第 2 章 2.1.1节。

2）目标

（1）由于在实飞实验中，传感器信号反馈存在延时，因此基于设计实验中的扩维法设计新卡尔曼滤波器算法进行速度反馈，观察控制效果。

（2）将基于扩维法设计的新卡尔曼滤波器算法进行闭环控制，对比控制效果。

5.5.2 实验步骤

参考 5.4.2节设计实验原理部分，进行实飞实验。

5.5.2.1 具体步骤

1）步骤一：了解相关软硬件平台

首先阅读给定多旋翼使用文档（详细内容请参考第 3 章 3.2 节）的内容，对于 Simulink 模型有一个初步的了解。

2）步骤二：打开滤波模型

打开本章所附带的文件夹“e2\e2.4”，该文件夹内容如下。

（1）“start_tello.m”文件，用于初始化以及启动相应的 Simulink 程序。

（2）“e2_4_kalman_filter.slx”文件，用于与给定多旋翼进行交互所使用的 Simulink 模型。

在本实验附带的文件夹“e2\e2.4”中，找到“e2\e2.4\e2_4_kalman_filter.slx”模型文件，打开该模型文件。在打开该模型文件后，可以看到与给定多旋翼使用文档类似的模型。在该模型中可以看到与使用文档结构类似的各模块，如图 5.27所示。在图 5.27中，“控制指令模块”用于生成位置指令，“控制器模块”用于实现给定多旋翼的控制，卡尔曼滤波的相关设置均存在图 5.27的“控制器模块”中。

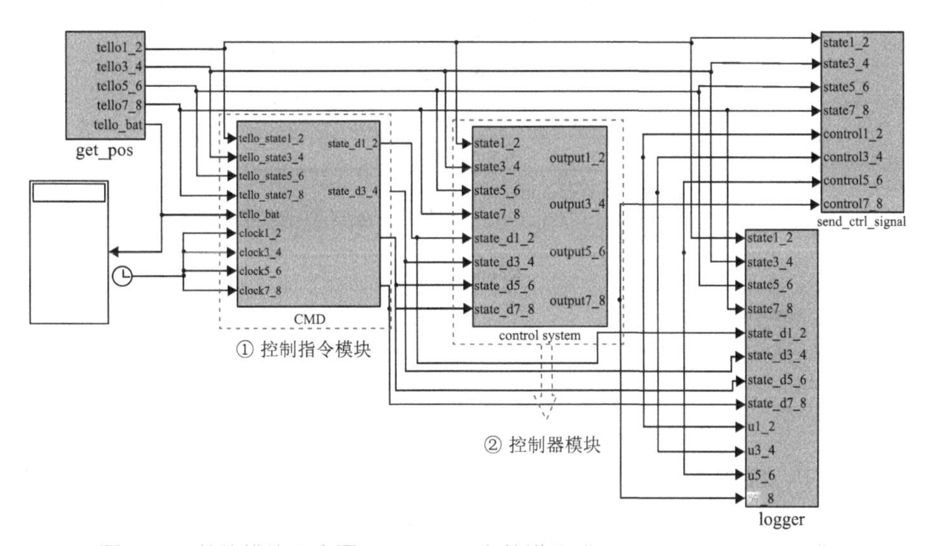

图 5.27 整体模块示意图，Simulink 文件详见“e2_4_kalman_filter.slx”

“控制器模块”内部如图 5.28所示。本实验模型中的“控制器模块”已经调节好，不同的是在“控制器模块”内加入了“卡尔曼滤波器模块”。该模块的作用是通过实时获取的位置信号，通过带延时的卡尔曼滤波器估计得到速度信息。

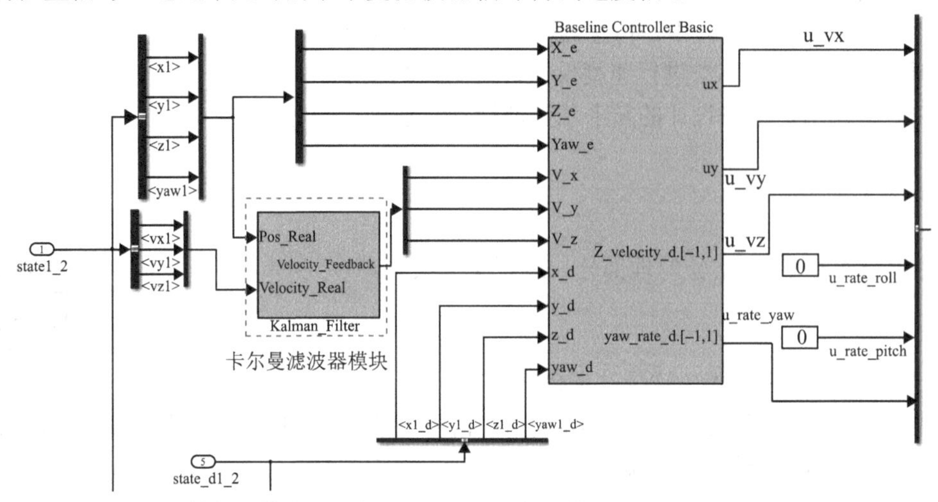

图 5.28 “控制器模块”示意图，Simulink 文件详见“e2_4_kalman_filter.slx”

图 5.28中的虚线框部分为“卡尔曼滤波器模块”，其内部如图 5.29所示。图 5.29中虚线框内的模块分别采取卡尔曼滤波器算法，获取多旋翼三个方向的实时速度。打开任意一个模块，例如“水平前向通道”模块，其内部如图 5.30所示。

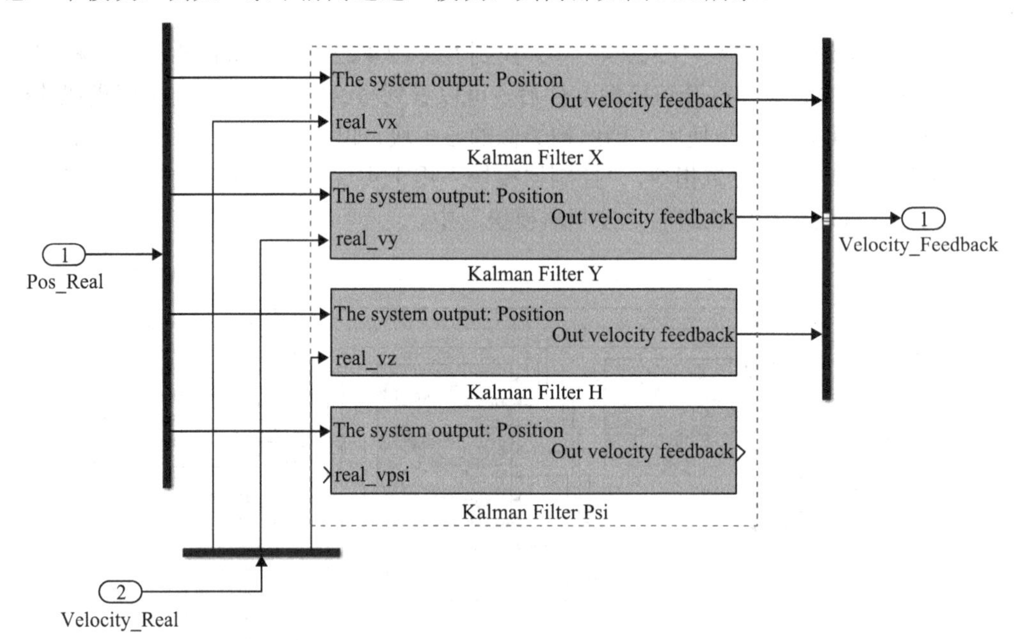

图 5.29 卡尔曼滤波器模块，Simulink 文件详见“e2_4_kalman_filter.slx”

在图 5.30中，虚线框①处代表基于扩维法的卡尔曼滤波的更新过程，里面代码和设计实验类似，考虑了实际反馈中三个采样周期延时的影响，这里不做详细介绍，详细内容请参考 5.4.3.1 节内容；虚线框②代表定位系统的速度反馈信号，它是基于反馈的位置信号通过差分的方式获取得到的；虚线框③代表开关，决定是否将卡尔曼滤波的结果加入反馈闭环之中，如果需要，则要将开关拨到上面，否则将开关拨到下面。图 5.30表示将卡尔曼滤波的结果加入反馈闭环中。

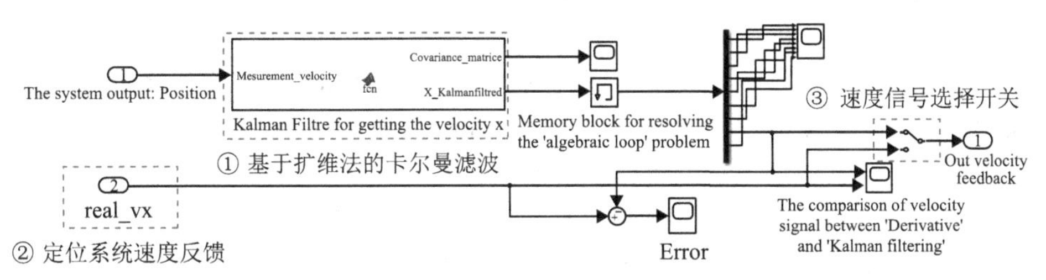

图 5.30 实飞实验卡尔曼滤波器内部示意图，Simulink 文件详见“e2_4_kalman_filter.slx”

3）步骤三：设置正弦输入

修改了步骤二的相应模块之后，给每个通道输入实验目标要求的正弦波，即周期为10s，幅值为 1 的正弦信号，如图 5.25所示。

4）步骤四：初始化参数

在完成了相应的修改后，可以进行实验。运行“e2\e2.4\start_tello.m”初始化文件，运行后“e2_3_kalman_filter.slx”模型文件会自动打开。

5）步骤五：系统启动流程

（1）启动 OptiTrack

打开一个新终端，运行命令“roslaunch mocap_optitrack multi_rigidbody8.launch”。

（2）启动 tello_driver

打开一个新终端，运行命令“roslaunch tello_driver tello_node.launch”。

（3）起飞 Tello

打开一个新终端，运行命令“rosrun tello Tello_takeoff_all”，可以看到一架多旋翼起飞并保持悬停在正上方高度为 1m 的位置。

（4）运行 MATLAB 控制程序

运行“e2_4_kalman_filtre.slx”模型文件，分别进行各通道的卡尔曼滤波实验。

（5）降落 Tello

打开一个新终端，运行命令“rosrun tello Tello_land_all”，在多旋翼降落后，结束所有终端。

6）步骤六：设置参数，观察实验效果

为了观察卡尔曼滤波的效果，需要把每个通道的速度信号选择开关拨至上部（如图 5.30①所示），将卡尔曼滤波的结果引入闭环系统。同时，对于卡尔曼滤波器的两个噪声参数，统一将过程噪声的标准差定为 0.05，测量噪声的标准差定为 0.01。运行模型文档“e2_4_kalman_filter.slx”，分别对各通道给定实验目标中的特定信号，利用示波器显示其滤波效果。

7）步骤七：对比效果观察

在获得了卡尔曼滤波之后的速度信号后，可以与 OptiTrack 室内定位系统通过位置微分得到的速度（当成真实速度值）进行对比，以便获得一个更直观的滤波器效果。

5.5.2.2 结果及分析

因为偏航通道并不需要偏航角速率的反馈信息，因此这里只需要对三个方向的速度进行滤波实验即可。需要注意的是，本书将 OptiTrack 室内定位系统的反馈位置信号作为真实的姿态信号（该传感器信号反馈及时且较为精准）；如果读者有合适的传感器，也可以将传感器反馈信号作为真实信号进行对比。而 OptiTrack 室内定位系统只能获取真实位置信息，真实速度信息为位置信息的微分替代。接下来，我们以高度通道的结果为例进行说明验证，其他通道请读者自行验证。

实飞实验高度通道真实速度与滤波速度对比图如图 5.31所示，卡尔曼滤波器获取的速度与真实速度值的误差结果图如图 5.32所示。由图 5.31可以看出，高度通道方向的速度滤波与真实的速度信号基本拟合，同时相应的延时也较小，并且真实速度由于微分的原因还会产生突变，而滤波速度更加平缓。因此可以使用卡尔曼滤波获得的速度来进行

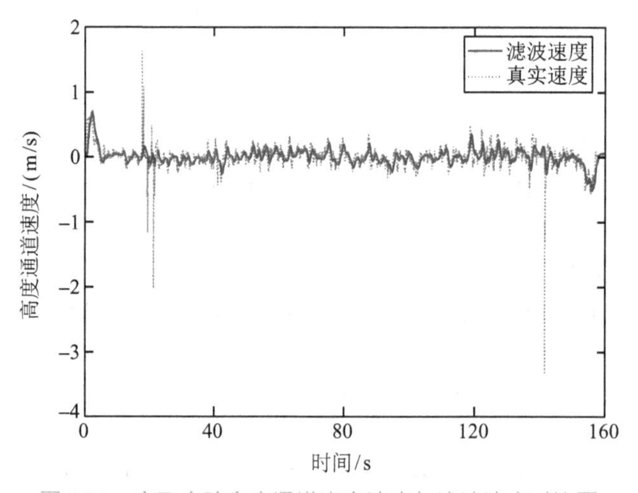

图 5.31　实飞实验高度通道真实速度与滤波速度对比图

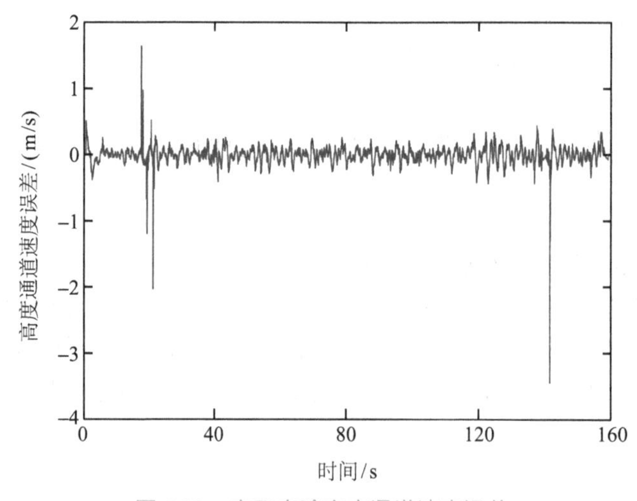

图 5.32　实飞实验高度通道速度误差

控制，取代原有 OptiTrack 室内定位系统的速度反馈。由图 5.32可知，各通道误差都相对较小，除了真实速度突变部分，大部分时刻误差都在 0 附近。

我们可以做出如下分析和小结。在真实情况下，观测信息含有一定延时，因而需要考虑延时情况下的卡尔曼滤波，可以参考设计实验中的递推预测法和扩维法。从实飞实验对比的结果可以看出，即使是在有延时情况下，卡尔曼滤波仍能有效获得速度信号，并且结果与基础实验中的速度获取结果相似。综上所述，在有延时情况下卡尔曼滤波器仍然可以被使用。

5.5.2.3 有效性验证

可以将卡尔曼滤波器获得的速度作为反馈加入控制器中，同样使用本节中的正弦信号，即周期 10s，幅值为 1 的正弦波信号作为参考跟踪信号。实飞实验高度通道卡尔曼滤波器控制效果图如图 5.33所示，实飞效果图如图 5.34所示。从图中可以看出，在高

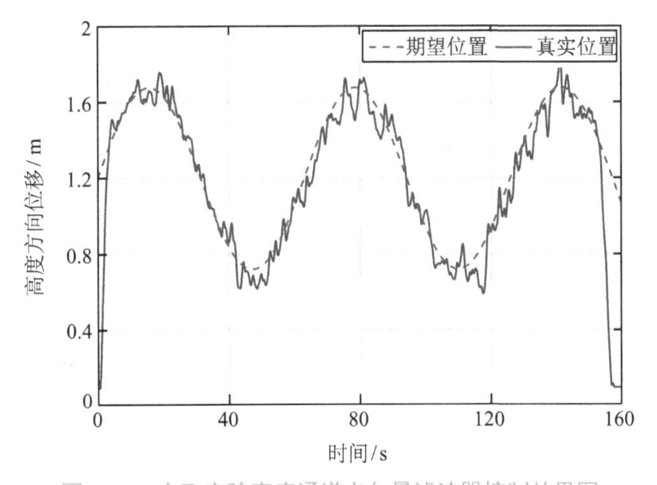

图 5.33 实飞实验高度通道卡尔曼滤波器控制效果图

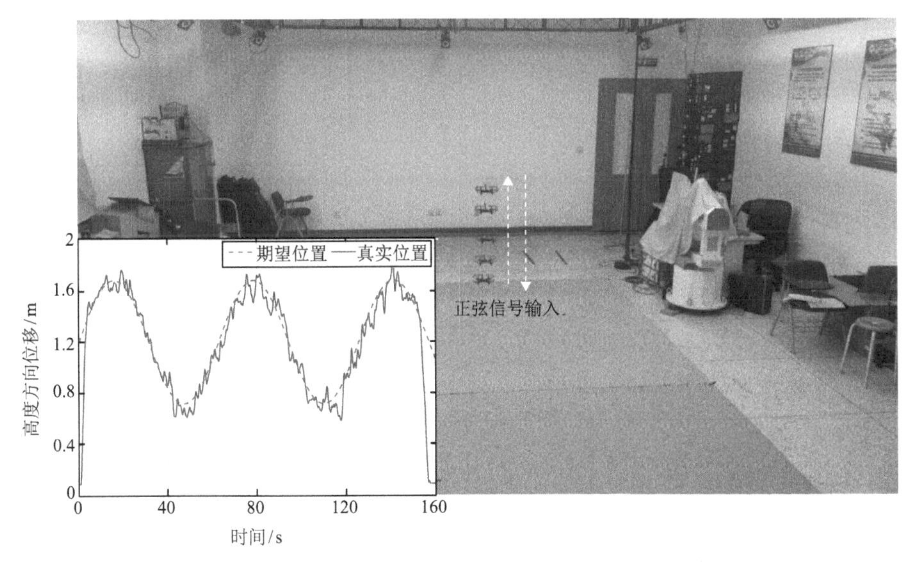

图 5.34 实飞实验高度通道卡尔曼滤波器实飞图（影像进行了叠加）

度通道中，滤波后的期望位置与实飞过程位置反馈较为一致，在一定误差范围内可以认为将卡尔曼滤波后的速度引入闭环控制，给定多旋翼可以很好地跟随输入指令。由此可知，用卡尔曼滤波器获得的速度代替原有速度进行控制器设计，控制效果仍然很理想，可以达到预期效果。

5.6 本章小结

（1）通过基础实验，读者可以了解卡尔曼滤波器算法的原理及应用，并利用卡尔曼滤波器算法重新获得速度反馈信号，利用滤波后的速度信号代替原有速度信号进行反馈控制。

（2）通过分析实验，读者可以了解卡尔曼滤波的两个重要的参数，即过程噪声协方差和测量噪声协方差，对滤波效果的影响。

（3）在设计实验中，我们在传输有延时的情况下，基于扩维法设计新的卡尔曼滤波器算法，并利用改进的卡尔曼滤波器重新获得的速度反馈信号，并将其加入闭环控制；对比真实速度和滤波速度，二者差别不大；将滤波信号加入闭环控制后可以很好地跟踪期望位置，这说明考虑延时的必要性。

（4）实飞实验考虑到实际飞行过程中传感器信号反馈存在延时。在闭环控制中采用扩维法设计的卡尔曼滤波器进行速度反馈，发现多旋翼的位置输出与位置期望比较吻合，可以实现较好的控制效果。

（5）通过以上实验，读者可以较为深入地掌握卡尔曼滤波器算法。

如有疑问，请到 https://rflysim.com/docs/#/5_Course/Content 查询更多信息。

第6章

Chapter 6

跟踪控制器设计实验

在获得比较精确的多旋翼传递函数模型和速度反馈信号后，读者就可以着手设计相应的控制器来实现自己想要的控制效果了。本章以设计跟踪控制器为例，分为由浅到深的四个实验，即基础实验、分析实验、设计实验和实飞实验，引导读者理解并逐步掌握跟踪控制器设计的相关知识。在基础实验中，读者可以复现多旋翼PID控制器的仿真。在分析实验中，读者可以通过自动控制原理的知识，使用频率域方法设计符合要求的跟踪控制器。在设计实验中，读者可以基于加性分解原理设计圆轨迹跟踪控制器，并通过硬件在环仿真实验验证设计效果。在实飞实验中，读者首先基于第4章辨识出的传递函数模型，调节跟踪控制器中的PID参数达到良好的控制效果，然后再通过实飞实验加以验证。

6.1 实验原理

为了让本章能够自包含，实验原理借鉴了《多旋翼飞行器设计与控制》[12] 第 12 章的部分内容。

6.1.1 系统模型

带有半自主自驾仪的多旋翼控制结构如图 6.1所示。遥控指令能直接控制多旋翼的以下状态变量：多旋翼的姿态角 θ 和 ϕ（或者多旋翼在机体坐标系下的速度 v_{x_b} 和 v_{y_b}）、姿态角速度 ω_{z_b}，以及拉力的大小 u_T（或者垂直速度 v_{z_e}）。进一步，可以通过这些变量控制多旋翼的位置 $\left(p_{x_e}, p_{y_e}, p_{z_e}\right)$ 以及偏航角 ψ。真实情况下的多旋翼模型为非线性化的模型，为了便于理解和设计控制器，可以利用线性化的方法对多旋翼的非线性模型进行简化处理。也就是说，如图 6.1所示的系统可以分成三个通道，分别为从 u_T 到 p_{z_e} 的高度通道、从 u_{ω_z} 到 ψ 的偏航通道以及从 $\mathbf{u}_\text{h}$ 到 $\mathbf{p}_\text{h}$ 的水平位置通道，其中 $\mathbf{u}_\text{h} = [u_\phi\ u_\theta]^\text{T}$，$\mathbf{p}_\text{h} = [p_{x_e}\ p_{y_e}]^\text{T}$。在半自主自驾仪的控制下，这些通道的模型表示如下。

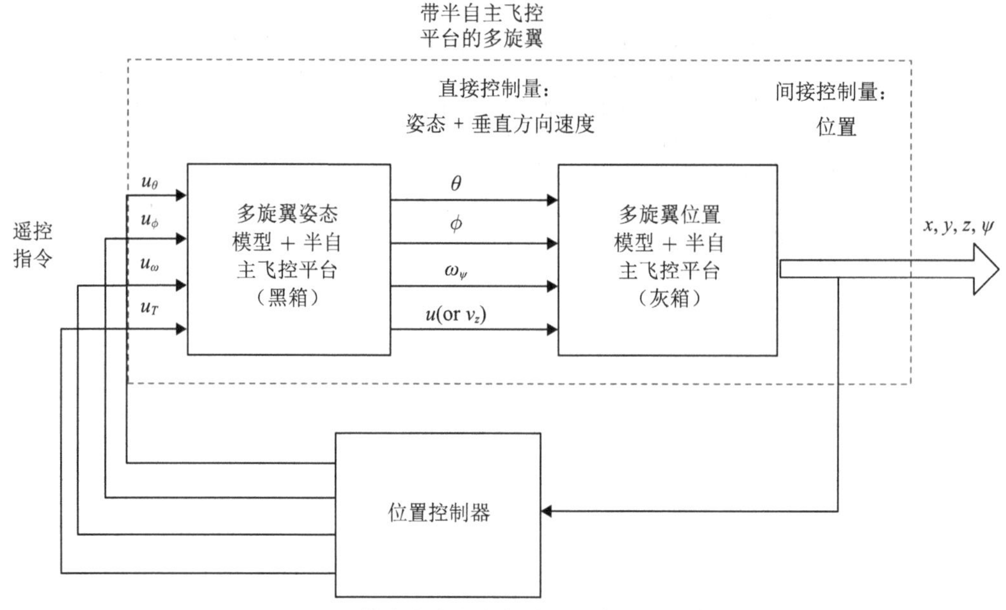

图 6.1 带有半自主自驾仪的多旋翼控制结构

1）高度通道

一般半自主飞控平台的高度通道以控制高度方向的速度为主，即指令 u_T 控制的是 v_{z_e}。$u_T = 0$ 时可以使多旋翼保持当前高度。考虑半自主飞控的垂直速度反馈，可以认为高度通道具有如下模型：

$$
\begin{aligned}
\dot{p}_{z_e} &= v_{z_e} \\
\dot{v}_{z_e} &= -k_{v_z} v_{z_e} - k_{u_T} u_T
\end{aligned} \tag{6.1}
$$

其中，$k_{v_z}, k_{u_T} > 0$ 是由所选半自主自驾仪决定的参数，可以认为这些参数是未知的。

2）偏航通道

考虑半自主飞控的偏航角速率反馈，可以认为，偏航通道具有如下模型：

$$\begin{aligned}\dot{\psi} &= \omega_z \\ \dot{\omega}_z &= -k_{\omega_z}\omega_z + k_{u_{\omega_z}}u_{\omega_z}\end{aligned} \tag{6.2}$$

其中，$k_{\omega_z}, k_{u_{\omega_z}} > 0$ 是由所选半自主自驾仪决定的参数，可以认为这些参数是未知的。

3）水平通道

考虑半自主飞控的姿态角 θ 和 ϕ 反馈，水平通道模型可以描述如下

$$\begin{aligned}\dot{\mathbf{p}}_{\mathrm{h}} &= \mathbf{R}_{\psi}\mathbf{v}_{\mathrm{h_b}} \\ \dot{\mathbf{v}}_{\mathrm{h_b}} &= -\mathbf{K}_{\mathbf{v}_{\mathrm{h_b}}}\mathbf{v}_{\mathrm{h_b}} - g\begin{bmatrix} 0 & 1 \\ -1 & 0 \end{bmatrix}\mathbf{\Theta}_{\mathrm{h}} \\ \dot{\mathbf{\Theta}}_{\mathrm{h}} &= \boldsymbol{\omega}_{\mathrm{h_b}} \\ \dot{\boldsymbol{\omega}}_{\mathrm{h_b}} &= -\mathbf{K}_{\mathbf{\Theta}_{\mathrm{h}}}\mathbf{\Theta}_{\mathrm{h}} - \mathbf{K}_{\boldsymbol{\omega}_{\mathrm{h_b}}}\boldsymbol{\omega}_{\mathrm{h_b}} + \mathbf{K}_{\mathbf{u}_{\mathrm{h}}}\mathbf{u}_{\mathrm{h}}\end{aligned} \tag{6.3}$$

其中，$\mathbf{v}_{\mathrm{h_b}} = [\, v_{x_b} \quad v_{y_b} \,]^{\mathrm{T}}, \mathbf{\Theta}_{\mathrm{h}} = [\, \phi \quad \theta \,]^{\mathrm{T}}, \boldsymbol{\omega}_{\mathrm{h_b}} = [\, \omega_{x_b} \quad \omega_{y_b} \,]^{\mathrm{T}}$。另外，$\mathbf{K}_{\mathbf{v}_{\mathrm{h_b}}}, \mathbf{K}_{\mathbf{\Theta}_{\mathrm{h}}}, \mathbf{K}_{\boldsymbol{\omega}_{\mathrm{h_b}}}, \mathbf{K}_{\mathbf{u}_{\mathrm{h}}} \in \mathbb{R}^{2\times 2}$ 是对角正定矩阵，其参数由半自主自驾仪决定，可以认为这些参数是未知的。旋转矩阵 $\mathbf{R}_{\psi} = \begin{bmatrix} \cos\psi & -\sin\psi \\ \sin\psi & \cos\psi \end{bmatrix}$。注意，如果半自主自驾仪没有考虑水平方向的速度反馈，则该通道仅含有空气阻尼，也就是说，此时 $\mathbf{K}_{\mathbf{v}_{\mathrm{h_b}}} \approx \mathbf{0}_{2\times 2}$，否则 $\mathbf{K}_{\mathbf{v}_{\mathrm{h_b}}}$ 应为一个合理的阻尼系数。

6.1.2 控制器设计

从前述的三通道模型可以看出，各通道均含有积分环节，三个通道的模型本身是临界稳定的。需要加入控制器使系统稳定，最典型的控制器便是 PID 控制器。

6.1.2.1 PID 控制器

当今的闭环自动控制技术都是基于反馈的概念以减少不确定性。反馈理论的要素包括三个部分：测量、比较和执行。测量得到的是被控变量的实际值，将其与期望值相比较，用两者的偏差来校正系统的响应。在工程实际中，应用最为广泛的调节器为比例、积分、微分控制，简称 PID 控制。

1）比例控制

比例控制（P）是一种最简单的控制方式，其输出与输入误差信号呈比例关系。仅用比例控制，根据负载的变动及设备的固有特性不同，结果可能会出现不同的稳态误差。

2）积分控制

积分控制（I），就是在出现稳态误差时自动改变控制器输出量，以消除稳态误差。当系统存在误差时，进行积分控制，根据积分时间的大小，控制器的输出会相应的变化减小误差。只要误差还存在，就会不断进行调整。

3）微分控制

微分控制（D）的功能是通过误差的变化率预报误差信号的未来变化趋势。通过提供超前控制作用，微分控制能使被控过程趋于稳定。因此，它经常用来抵消积分控制以及比例控制产生的不稳定趋势。

6.1.2.2 控制器具体设计

1）高度通道

高度通道的PID控制器可以设计为

$$\mathbf{u}_T(t) = -k_{p_z\mathrm{p}}\left(\mathbf{p}_{z_\mathrm{e}}(t) - p_{z_\mathrm{e}\mathrm{d}}(t)\right) - k_{p_z\mathrm{d}}\left(\dot{\mathbf{p}}_{z_\mathrm{e}}(t) - \dot{\mathbf{p}}_{z_\mathrm{e}\mathrm{d}}(t)\right) - k_{p_z\mathrm{i}}\int_0^t \left(\mathbf{p}_{z_\mathrm{e}}(\tau) - \mathbf{p}_{z_\mathrm{e}\mathrm{d}}(\tau)\right)\mathrm{d}\tau \tag{6.4}$$

其中，$p_{z_\mathrm{e}\mathrm{d}} \in \mathbb{R}$ 为期望的高度，$k_{p_z\mathrm{p}}, k_{p_z\mathrm{d}}, k_{p_z\mathrm{i}} \in \mathbb{R}$ 需要调节。

2）偏航通道

偏航通道的PID控制器可以设计为

$$\mathbf{u}_{\omega_z}(t) = -k_{\psi\mathrm{p}}\left(\psi(t) - \psi_\mathrm{d}(t)\right) - k_{\psi\mathrm{d}}\left(\omega_z(t) - \dot{\psi}_\mathrm{d}(t)\right) - k_{\psi\mathrm{i}}\int_0^t \left(\psi(\tau) - \psi_\mathrm{d}(\tau)\right)\mathrm{d}\tau \tag{6.5}$$

其中，$\psi_\mathrm{d} \in \mathbb{R}$为期望的偏航角，$k_{\psi\mathrm{p}}, k_{\psi\mathrm{d}}, k_{\psi\mathrm{i}} \in \mathbb{R}$ 需要调节。

3）水平通道

水平通道的PID控制器可以设计为

$$\mathbf{u}_\mathrm{h}(t) = -\mathbf{K}_\mathrm{hp}\mathbf{R}_\psi^{-1}\left(\mathbf{p}_\mathrm{h}(t) - \mathbf{p}_\mathrm{hd}(t)\right) - \mathbf{K}_\mathrm{hd}\mathbf{R}_\psi^{-1}\left(\dot{\mathbf{p}}_\mathrm{h}(t) - \dot{\mathbf{p}}_\mathrm{hd}(t)\right) - \mathbf{K}_\mathrm{hi}\int_0^t \mathbf{R}_\psi^{-1}\left(\mathbf{p}_\mathrm{h}(\tau) - \mathbf{p}_\mathrm{hd}(\tau)\right)\mathrm{d}\tau \tag{6.6}$$

其中，$\mathbf{K}_\mathrm{hp}, \mathbf{K}_\mathrm{hd}, \mathbf{K}_\mathrm{hi} \in \mathbb{R}^{2\times2}$ 需要调节。

6.2 基础实验

6.2.1 实验目标

1）准备

（1）软件：MATLAB R2017b 及以上版本；基于 Simulink 的控制器设计与仿真平台和实验指导包“e3.1”；FlightGear，详见第 2 章 2.1.2节。

（2）硬件：计算机，详见第 2 章 2.1.1节。

2）目标

（1）了解多旋翼三通道线性化传递函数模型和相应的跟踪控制器。

（2）给定多旋翼各通道幅值为 1，响应时间为第 5s 的阶跃信号，观察效果。进一步，保持偏航角为 0，修改输入期望，实现多旋翼跟踪圆和“8”字轨迹，并逐渐缩输入信号的周期（20s、10s、5s），观察跟踪效果的变化，分析输入信号频率对跟踪效果的影响。

（3）使用相同的控制器进行仿真2.0实验，即非线性模型实验。

6.2.2 实验步骤

6.2.2.1 实验模块介绍

1）整体模型

打开Simulink文件“e3\e3.1\sim1.0\e3_1_TF_TrajectoryFollowing_Segment.slx”，整体模块如图6.2所示。

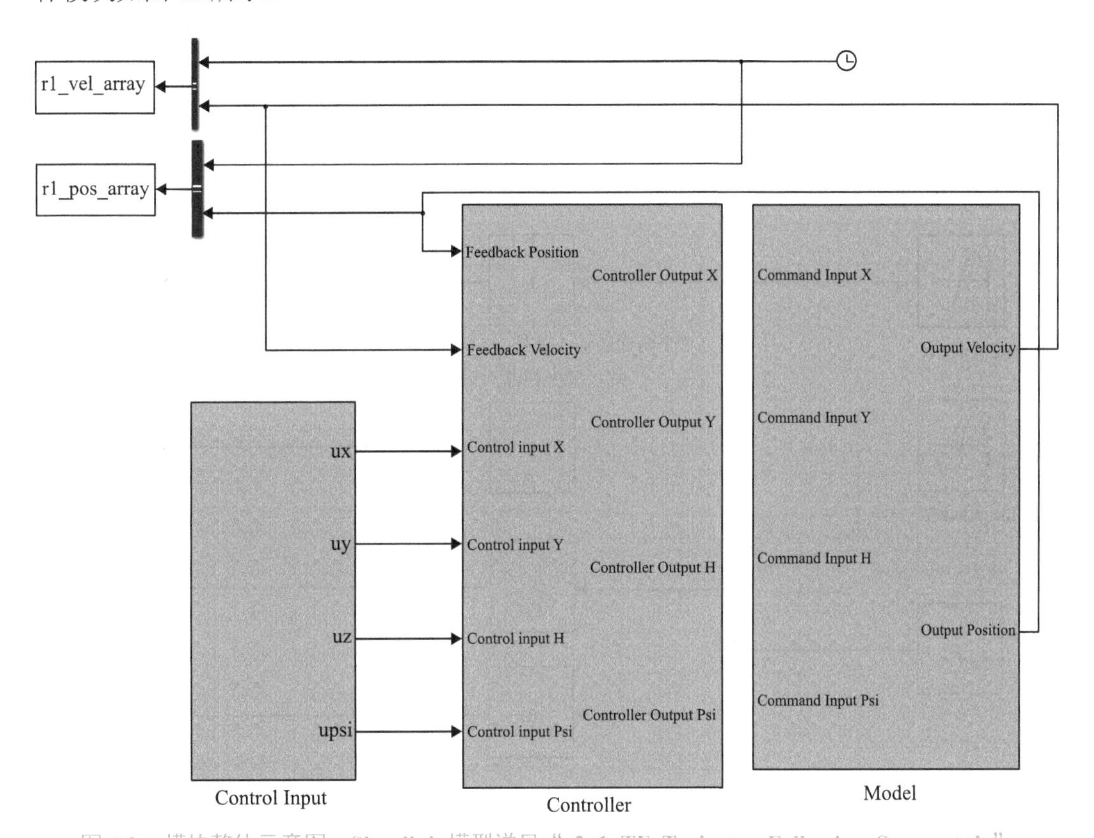

图6.2 模块整体示意图，Simulink模型详见“e3_1_TF_TrajectoryFollowing_Segment.slx”

2）期望输入模块

打开图6.2中的“Control Input”模块，其内部如图6.3所示。该模块包含了三种不同的期望输入，分别是阶跃信号、圆以及“8”字，每种信号有三种不同的周期。以周期为10s的“8”字信号为例，其内部如图6.4所示。

3）控制器模块

基础实验中使用的是PID控制器。控制器模块内部如图6.5所示。四个通道的PID控制器具体结构基本一致，以水平前向通道控制器为例，控制器具体结构如图6.6所示。

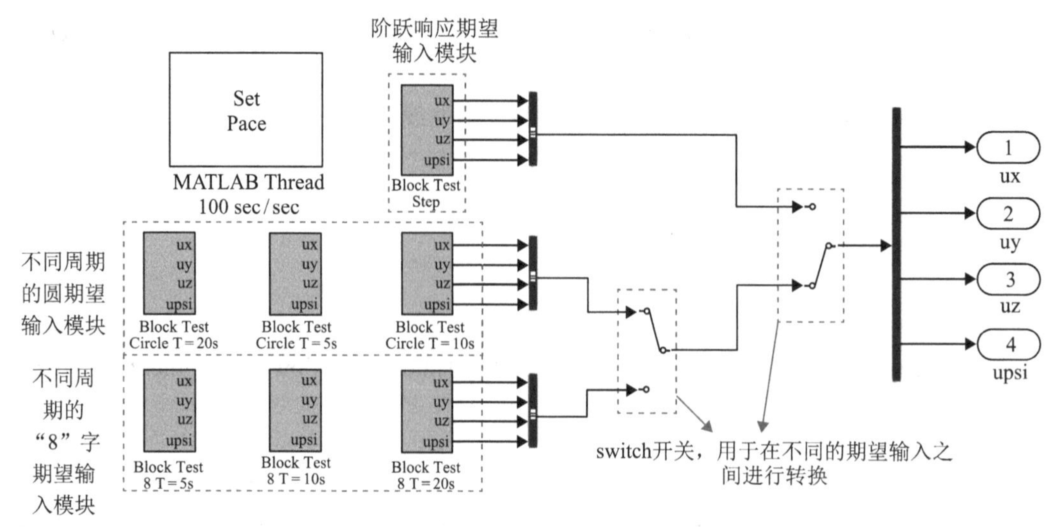

图 6.3 “Control Input”模块内部示意图

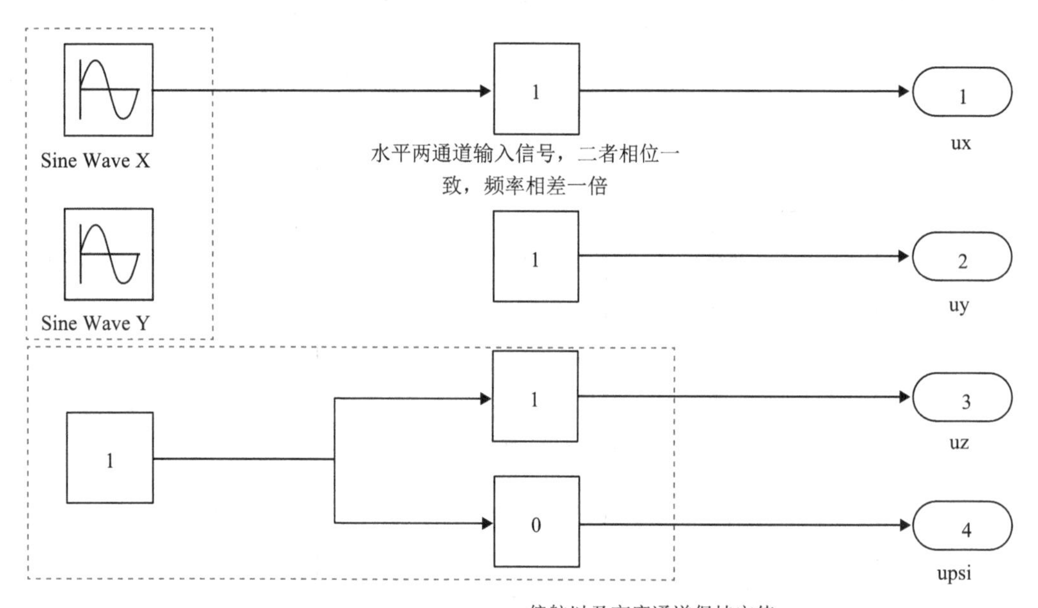

图 6.4 “Block test 8 $T = 10$s”期望输入模块

6.2.2.2 仿真 1.0

1）步骤一：阶跃响应

运行“e3\e3.1\sim1.0\StartSimulation.m”文件，初始化参数。将“Control Input”模块的阶跃输入接入，可以得到各通道的阶跃响应输入/输出时间曲线对比图。以水平前向通道为例，仿真结果如图 6.7所示。从图中可以看到，响应曲线有一定的超调并且响应时间较慢，读者可以调节 PID 控制器的参数获得更好的控制效果。

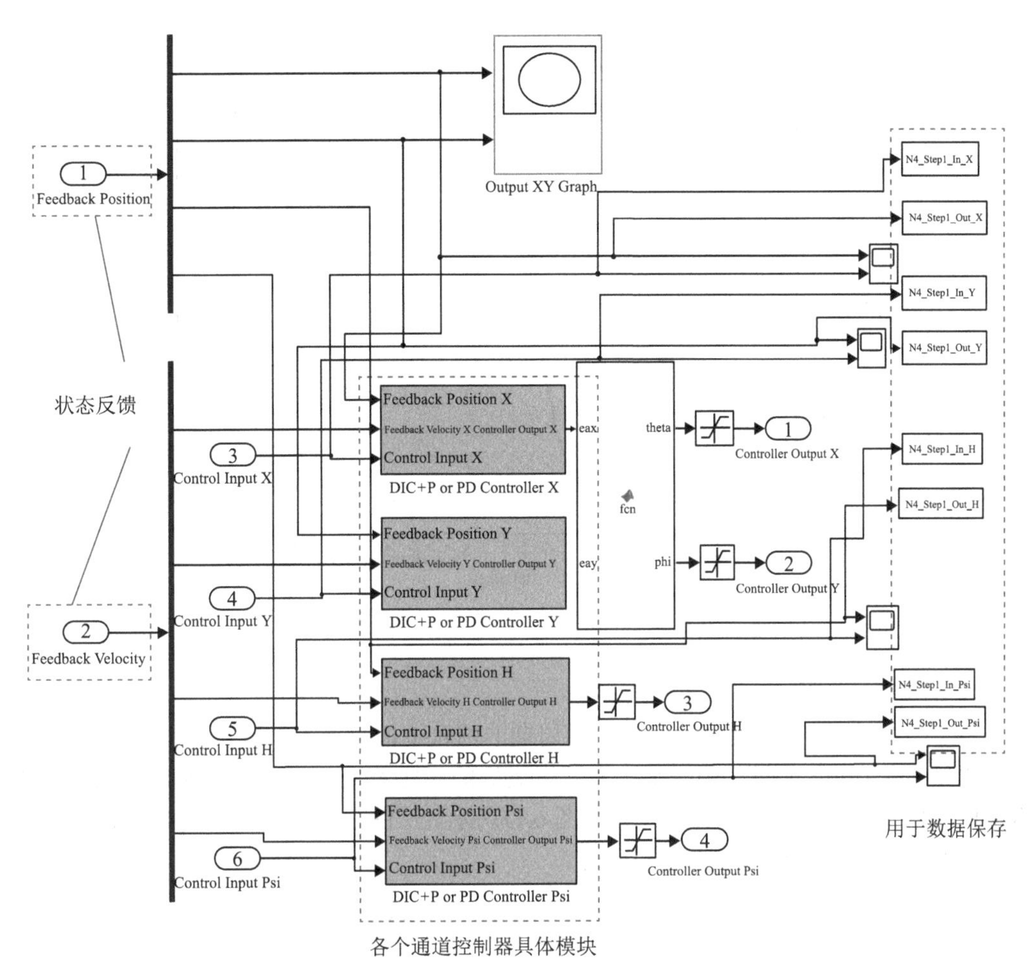

图 6.5 控制器模块内部示意图

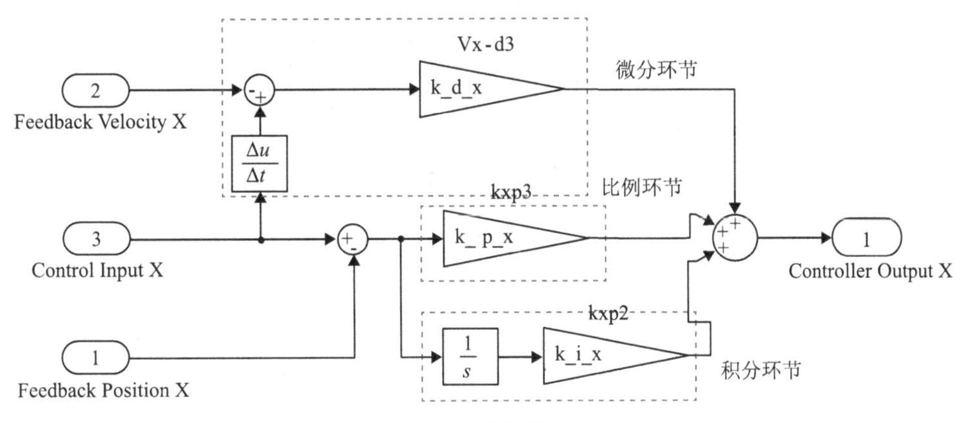

图 6.6 水平前向通道控制器具体结构

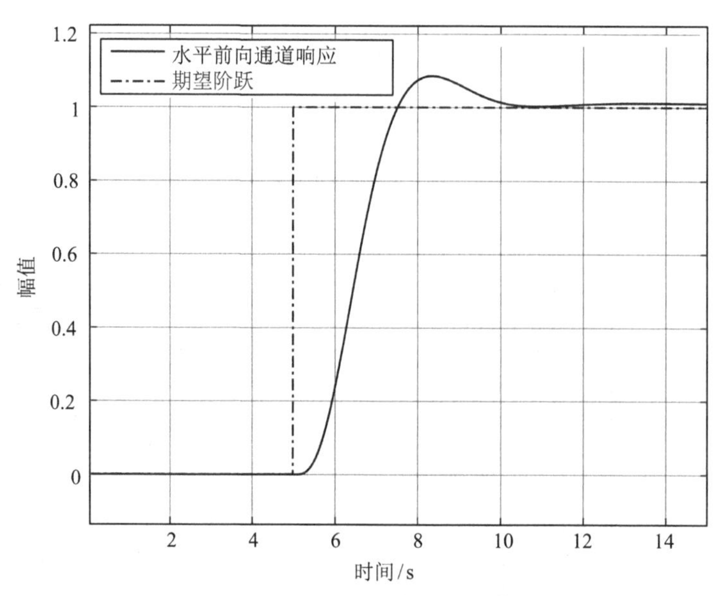

图 6.7 圆轨迹跟踪水平前向通道阶跃响应

2）步骤二：圆轨迹跟踪

将“Control Input”模块的三种不同周期的圆轨迹信号接入，以水平前向通道为例，其仿真结果如图 6.8至图 6.10所示。为获得更好的对比效果，将不同周期输入激励下的水平两方向通道响应画到一张图中，如图 6.11所示。从图中可以看出，随着周期的增大，多旋翼对期望曲线的跟踪效果更加理想。

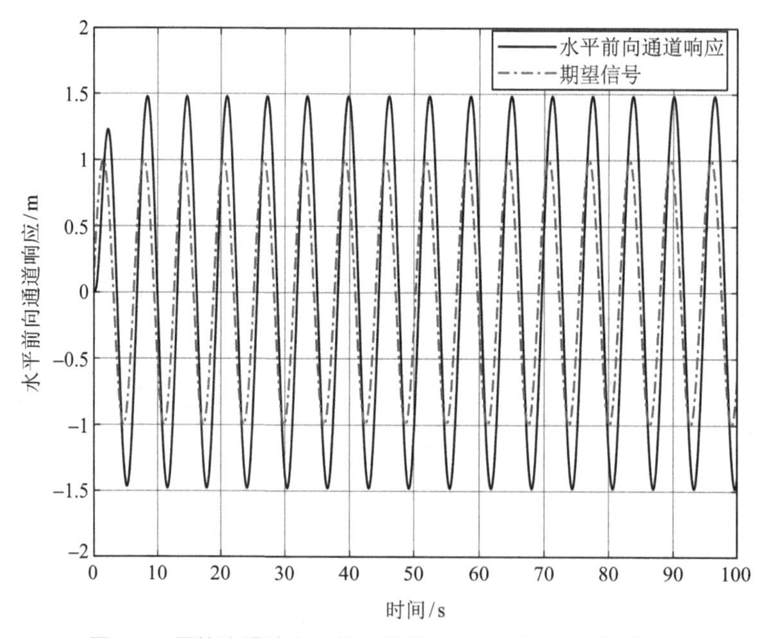

图 6.8 圆轨迹跟踪水平前向通道 $T = 5\mathrm{s}$ 输入/输出对比图

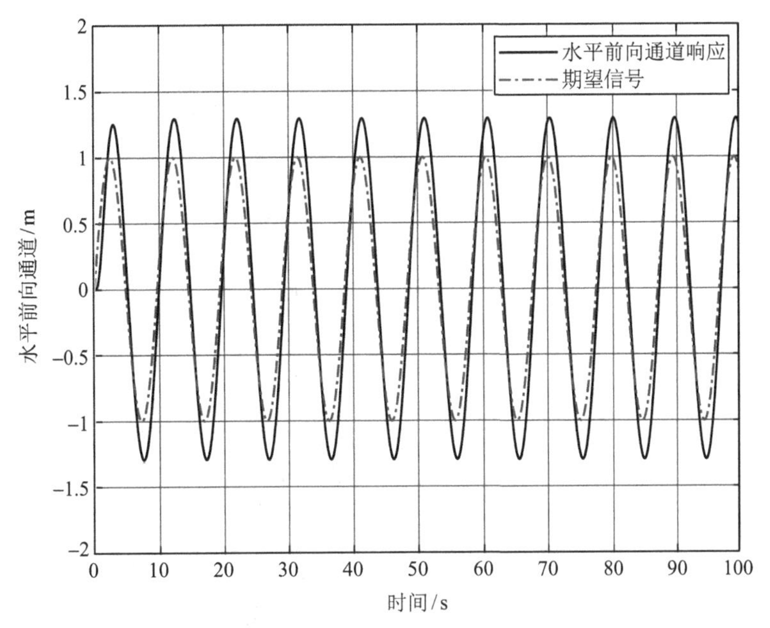

图 6.9 圆轨迹跟踪水平前向通道 $T = 10$s 输入/输出对比图

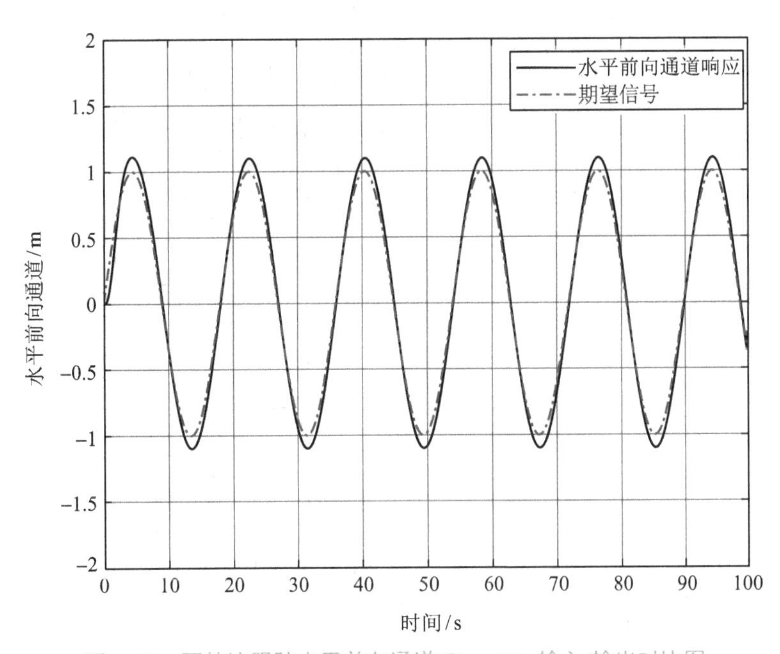

图 6.10 圆轨迹跟踪水平前向通道 $T = 20$s 输入/输出对比图

3）步骤三："8"字轨迹跟踪

将"Control Input"模块的三种不同周期的"8"字轨迹信号接入，以水平前向通道为例，其仿真结果如图 6.12至图 6.14所示。为获得更好的对比效果，将不同周期输入激励下的水平两方向通道响应画到一张图中，如图 6.15所示。从图中可以看出，随着周期的增大，多旋翼对期望曲线的跟踪效果更加理想。

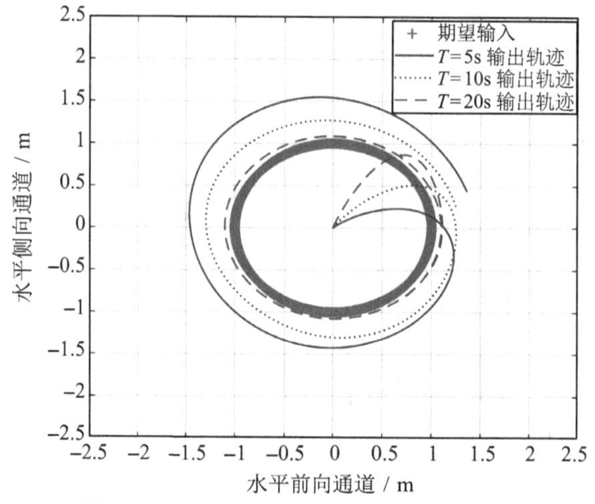

图 6.11　不同周期圆轨迹跟踪曲线对比图

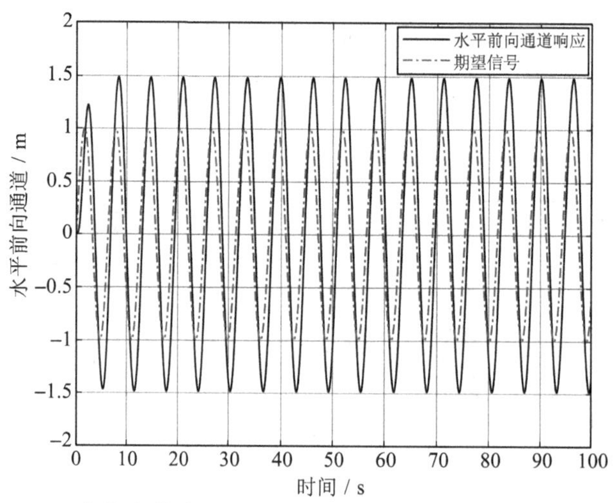

图 6.12　"8"字轨迹跟踪水平前向通道 $T=5\mathrm{s}$ 输入/输出对比图

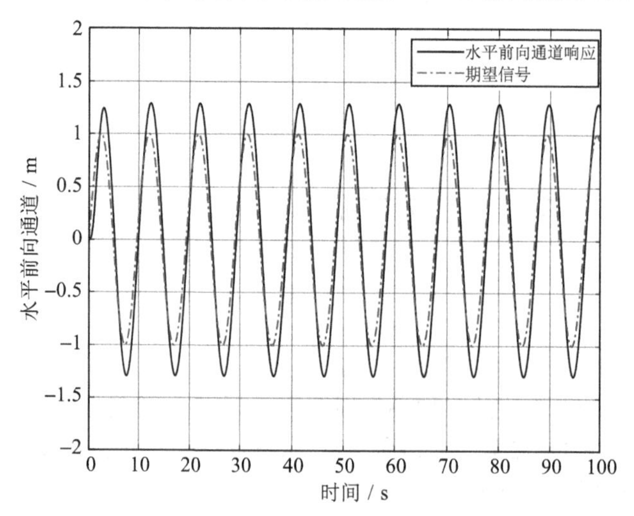

图 6.13　"8"字轨迹跟踪水平前向通道 $T=10\mathrm{s}$ 输入/输出对比图

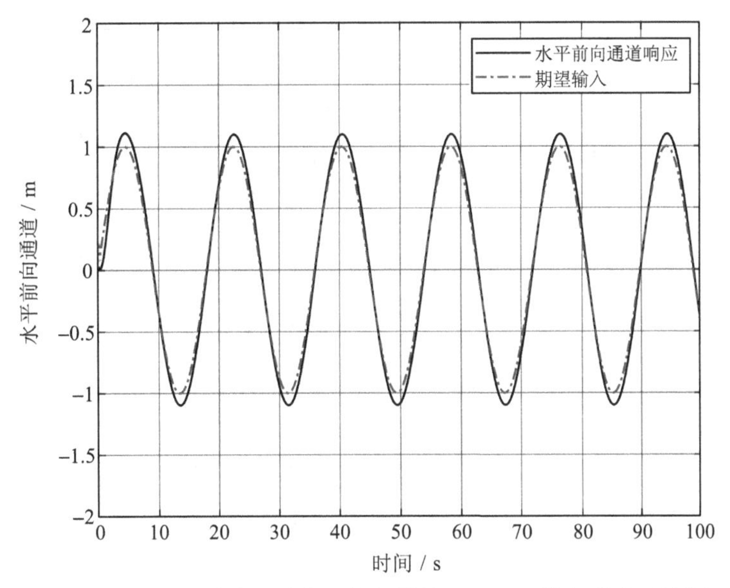

图 6.14 “8”字轨迹跟踪水平前向通道 $T=20$s 输入/输出对比图

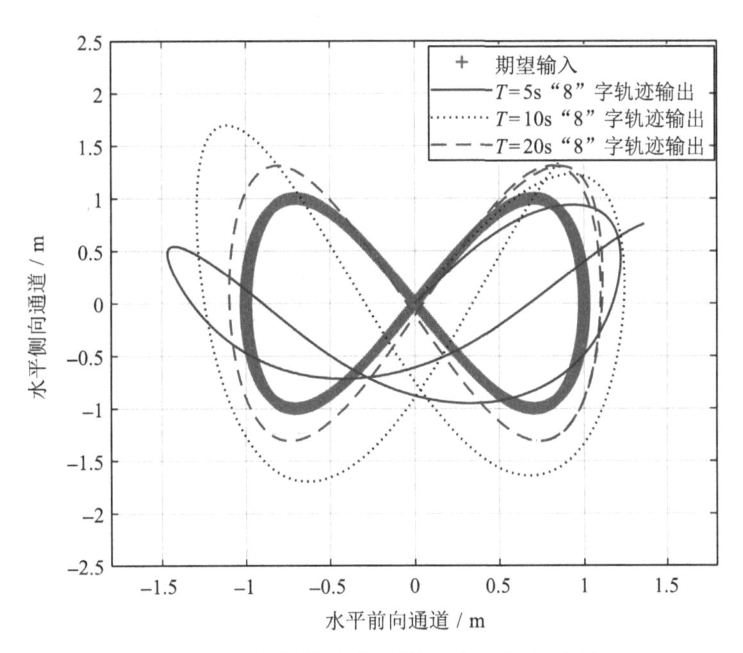

图 6.15 不同周期“8”字轨迹跟踪曲线对比图

6.2.2.3 仿真 2.0

打开 Simulink 文件“e3\e3.1\sim2.0”，其中的闭环系统结构与“e3\e3.1\sim1.0”相同，区别在于其中的模型为非线性模型。采用与传递函数模型实验中完全相同的实验步骤，将两种模型的关键结果进行对比。对比结果图 6.16和图 6.17可以看出，我们采用系统辨识获得的模型进行跟踪控制器设计，可以产生与基于非线性模型设计非常接近的效果。同时也可以在 FlightGear 中查看仿真飞行效果。

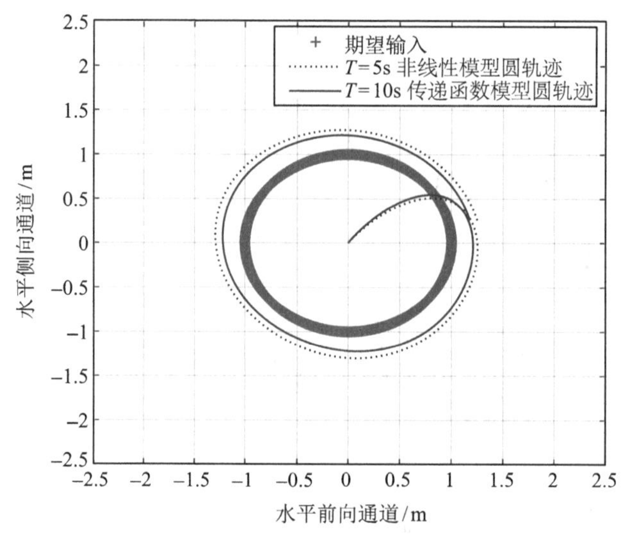

图 6.16 不同模型 $T=10s$ 的圆轨迹对比图

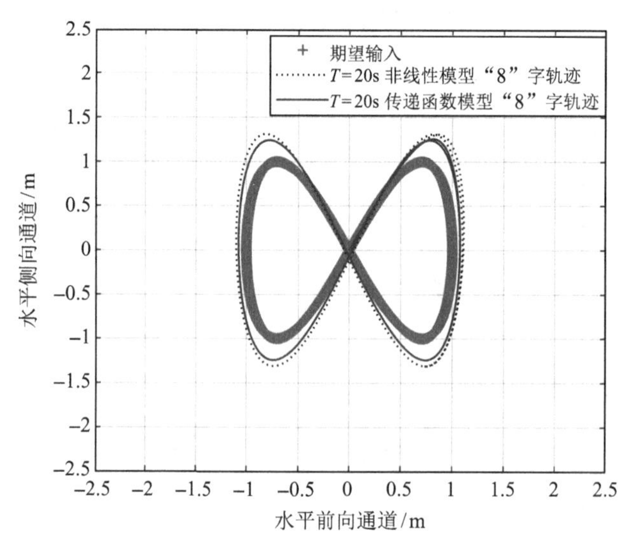

图 6.17 不同模型 $T=20s$ 的“8”字轨迹对比图

6.3 分析实验

6.3.1 实验目标

1）准备

（1）软件：MATLAB R2017b 及以上版本；基于 Simulink 的控制器设计与仿真平台和实验指导包“e3.2”；FlightGear，详见第 2 章 2.1.2节。

（2）硬件：计算机，详见第 2 章 2.1.1节。

2）目标

给定幅值为 1、响应时间为仿真第 5s 的阶跃信号，观察仿真模型的各通道稳态误差、超调量和调节时间。根据所获得的结果，使用频率域方法设计控制器，满足如下性能要求。

1）速度控制环，相位裕度 >65°，截止频率 > 3rad/s；

2）位置控制环，相位裕度 >60°，截止频率 > 2rad/s。

系统具有较好的系统带宽，分析系统带宽对跟踪效果的影响，并使用设计好的校正控制器进行仿真对照。

进一步，将设计好的控制器应用到仿真 2.0，即非线性系统模型实验。

6.3.2　实验步骤

6.3.2.1　仿真 1.0

1）步骤一：速度环分析

整体模型如图 6.18所示，这里以水平前向通道为例。首先获得未校正前的 Bode 图，步骤如下。

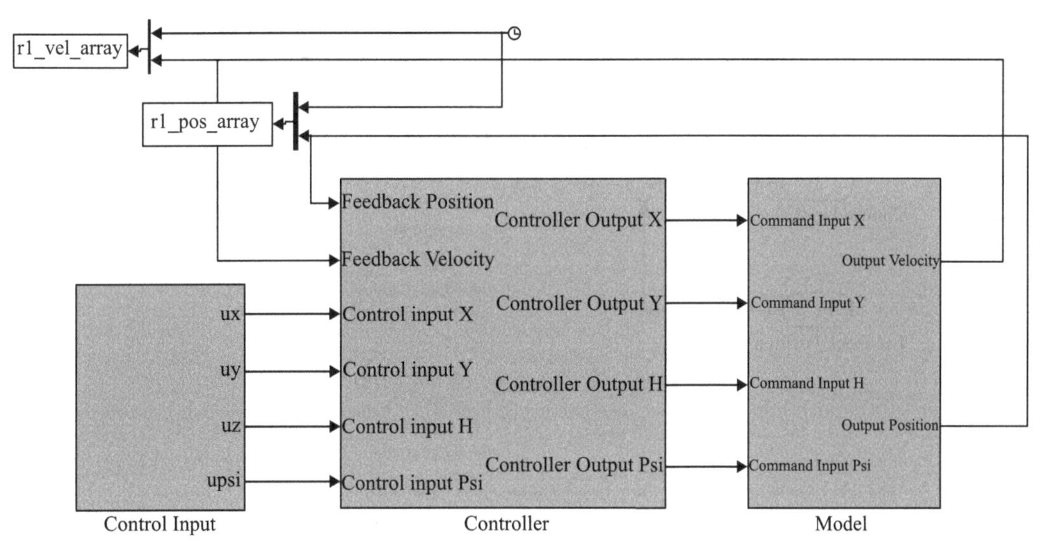

图 6.18　模块整体示意图，Simulink 模型详见“e3_2_TF_TrajectoryFollowing_Segment.slx”

（1）输入点设置：选中信号线，单击鼠标右键，选择“Linear Analysis Points”-“Open-loop Input”①。

（2）输出点设置：与输入点设置步骤相同，最后选择“Open-loop Output”②，如图 6.19所示。设置好的输入点和输出点如图 6.20所示。

（3）得到 Bode 图：选择 Simulink 上面菜单中的“Analysis”-“Control Design”-“Linear Analysis”，如图 6.21所示。在弹出的窗口中选择“LINEAR ANALYSIS”，单击“Bode”，即可得到 Bode 图。右键单击曲线，选择“Characteristic”-“All Stability Margins”，

① 通过这个步骤，选定的信号线被“Linear Analysis Tool”切断，并产生一个频率在 0.1~10000rad 的扫频信号作为新输入。

② 通过这个步骤，选定的信号线被切断并作为新的输出。同时，闭环系统变为开环系统。

可以看到截止频率、幅值裕度和相角裕度等。得到的速度环 Bode 图如图 6.22所示，可以看到相角裕度为 81.6°，截止频率为 1.33rad，不符合要求。

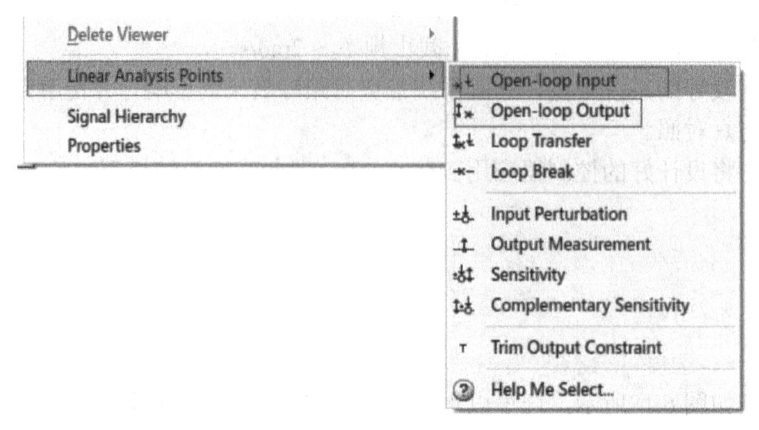

图 6.19 设计扫频输入点和输出点示意图

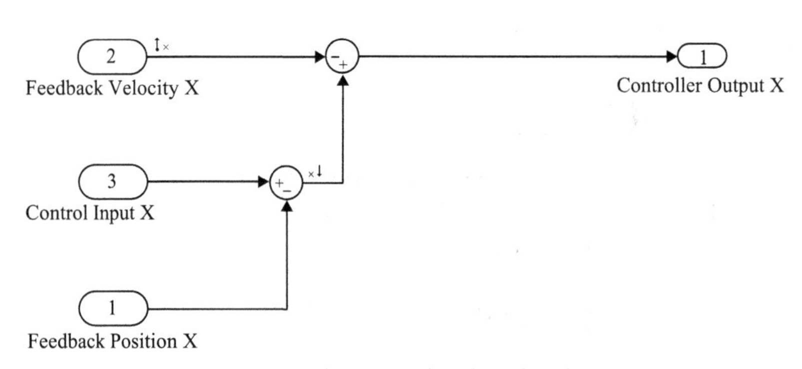

图 6.20 设置好的输入点和输出点

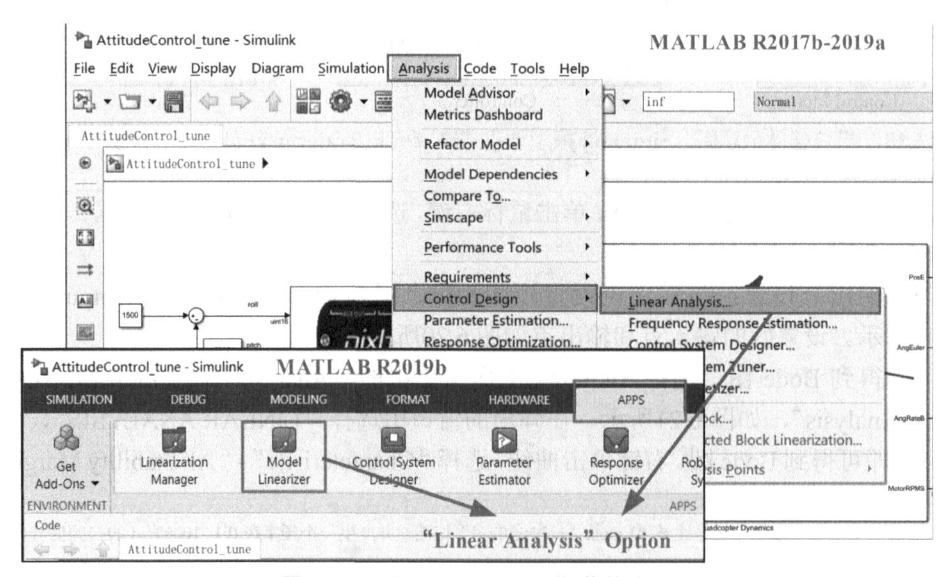

图 6.21 "Linear Analysis"菜单路径

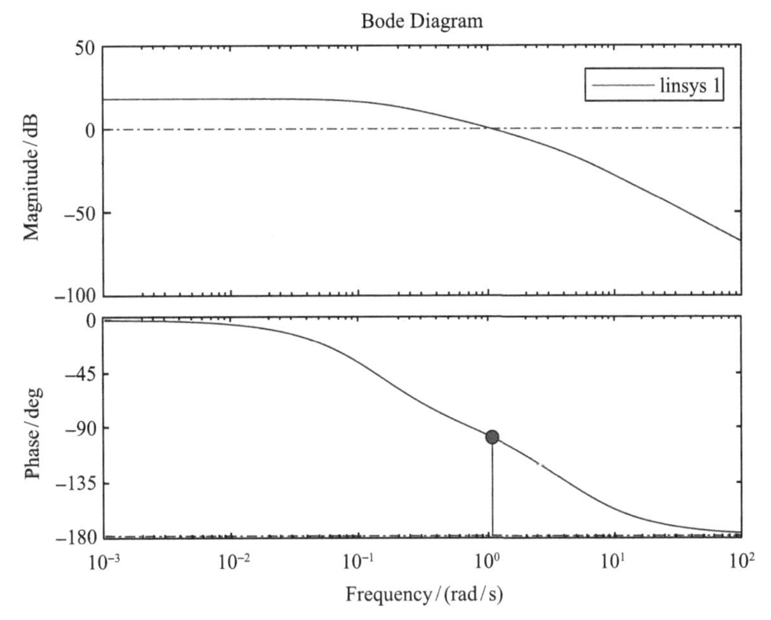

图 **6.22** 未加校正水平前向通道 **Bode** 图

2）步骤二：得到传递函数模型

生成 Bode 图后，在左侧“Linear Analysis Workspace”中会出现“Linsys1”变量。如图 6.23所示，进行操作后即可得到传递函数模型：

$$G(s) = \frac{4.2003}{(s+3.75)(s+0.1412)}$$

整理得

$$G(s) = \frac{7.554}{(0.267s+1)(7.082s+1)}$$

3）步骤三：调整开环增益

首先根据稳态误差调整开环增益。由传递函数可知，未加校正时，系统在阶跃作用下无稳态误差，无须更改开环增益。

4）步骤四：设计速度控制环校正器

由前述可知，系统的相角裕度是符合要求的，但截止频率太小，动态响应的快速性不够。增大开环增益 K，截止频率增加但相角裕度又不符合要求。考虑使用超前校正，在增加截止频率的同时使系统具有足够的相角裕度。选取截止频率 ω_c = 3rad/s，由图 6.22可知，此处幅值响应为 −10.8dB，根据超前校正环节幅频特性得到

$$10\lg a + 20\lg|G(\mathrm{j}\omega_c)| = 0$$

进而得到 a = 12.023。为了使最大超前相位角 ϕ_m 落在截止频率 ω_c = 3rad/s 处，令 $\omega_m = \omega_c$，这时有

$$T = \frac{1}{\sqrt{a}\omega_m}$$

即 $T = 0.096\text{s}$。从而我们得到超前校正环节为

$$G_c(s) = \frac{1 + aTs}{1 + Ts} = \frac{1.156s + 1}{0.096s + 1}$$

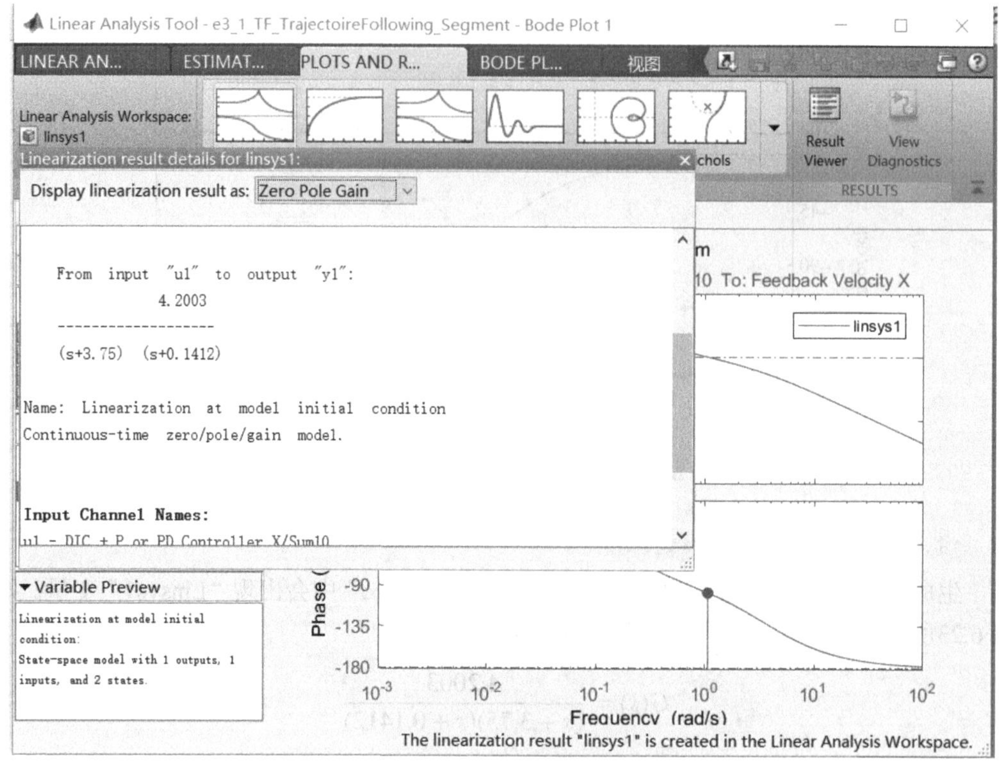

图 6.23 传递函数界面

5）步骤五：将校正器加入速度控制环中

将设计好的校正器加入模型中，如图 6.24所示。可以得到加入校正后的 Bode 图，如图 6.25所示。从图中可以看到，截止频率为 3.06rad/s，相角裕度为 111°，符合要求。

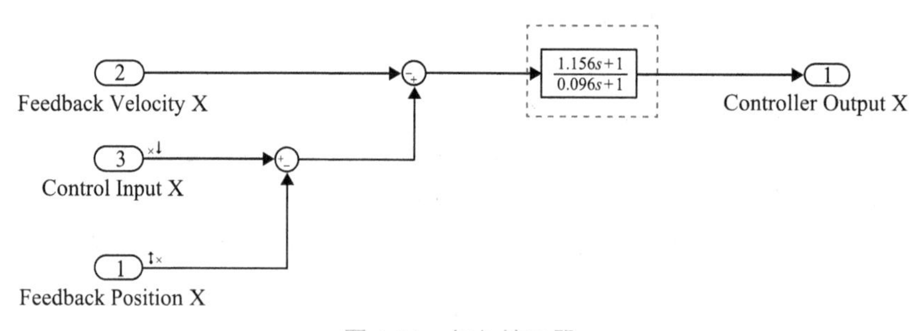

图 6.24 加入校正器

6）步骤六：设计位置控制环校正器

与速度控制环相似，首先得到未校正的位置控制环开环 Bode 图，设置输入/输出点如图 6.26所示，得到 Bode 图如图 6.27所示。从图中可以看到，截止频率为 0.73rad/s，相

角裕度为 72.2°。根据位置控制环相位裕度 >60°，截止频率 > 2rad/s 的要求，相角裕度无须调整，只需提高截止频率。为此考虑提高开环增益。从图 6.27可以看出，ω = 2rad/s 时，幅频特性曲线的值为 −10dB，要求加入校正环节后幅频特性曲线值为 0dB，则有

$$20\lg K = 10$$

可得 $K = 3.2$。加入校正环节后的 Bode 图如图 6.28所示，截止频率为 2.01rad/s，相角裕度为 63.9°，符合要求。校正前后的阶跃响应对比如图 6.29所示，从图中可以看到性能有明显改善。针对其他通道校正器设计，读者可留做练习。

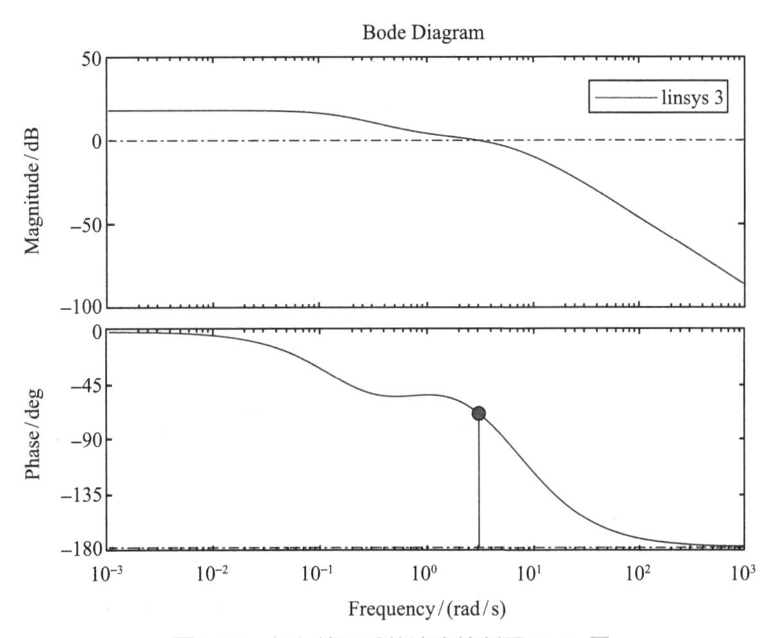

图 6.25　加入校正后的速度控制环 Bode 图

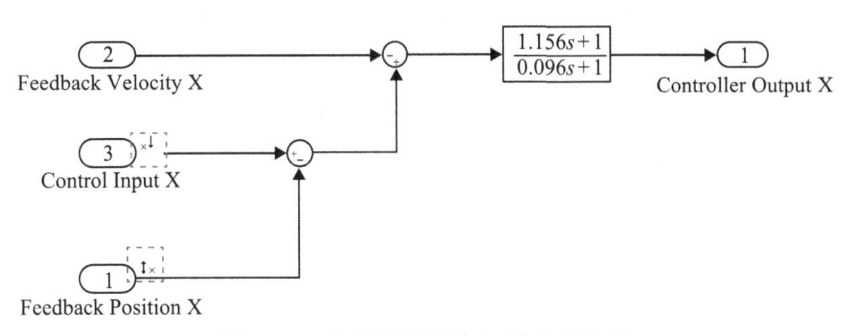

图 6.26　位置控制环输入/输出点设置

7）步骤七：圆轨迹跟踪结果

对于实验目标中给定周期 T = 5s 的圆轨迹信号，加入控制器后的响应结果如图 6.30所示。从图中可以看到，此时的跟踪效果在加入校正环节后有了较大的改善。

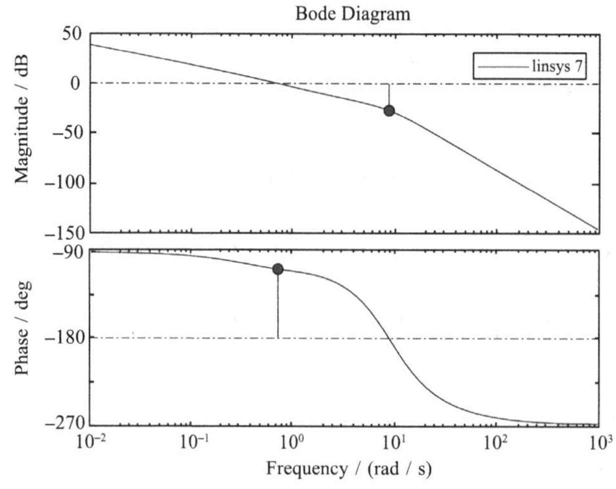

图 6.27　未校正位置控制环开环 Bode 图

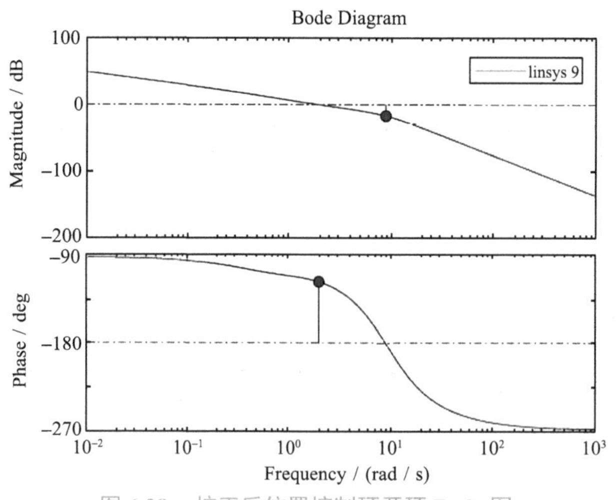

图 6.28　校正后位置控制环开环 Bode 图

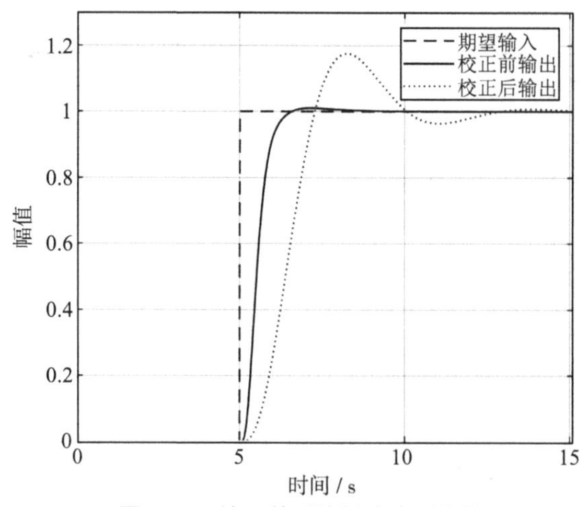

图 6.29　校正前后阶跃响应对比图

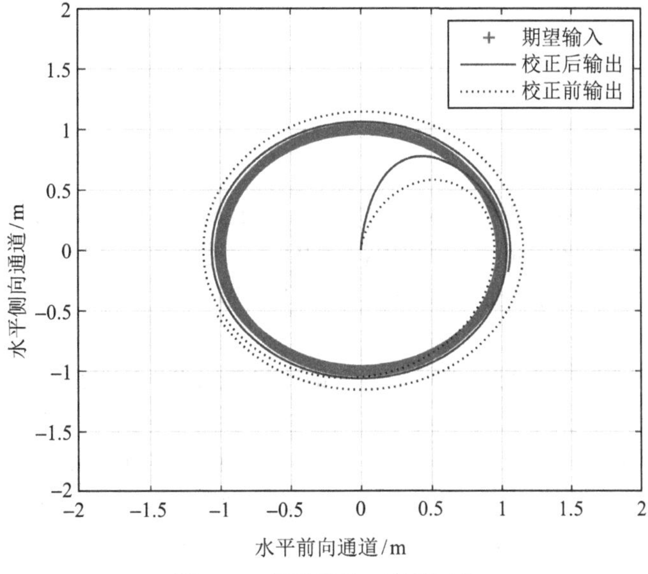

图 6.30 圆轨迹校正前后对比

6.3.2.2 仿真 2.0

打开 Simulink 文件“e3\e3.2\sim2.0”，其中的闭环系统结构与“e3\e3.2\sim1.0”相同，区别在于其中的模型为非线性模型。采用与仿真 1.0 中完全相同的实验步骤，并将两种模型的关键结果进行对比，其对比效果图如图 6.31所示。从对比结果可以看出，我们基于系统辨识获得模型设计的跟随控制器，可以产生与基于非线性模型设计非常接近的效果。因此，在接下来的实验中将利用传递函数模型进行跟踪控制器设计。同时也可以在 FlightGear 中查看仿真飞行效果。

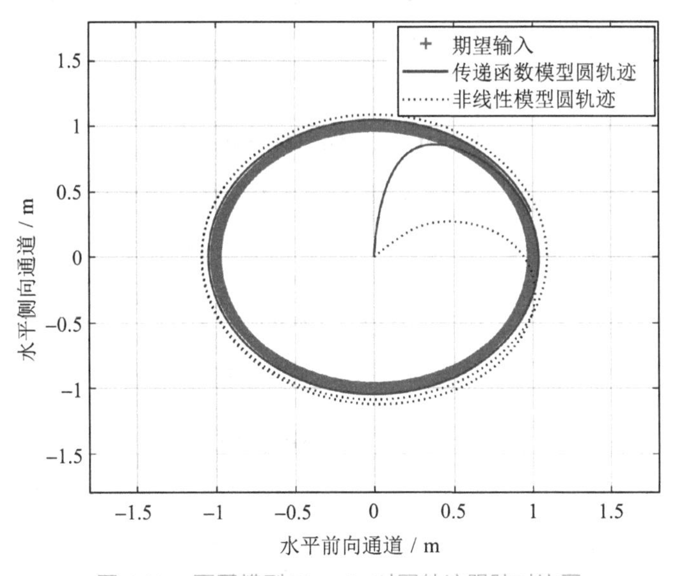

图 6.31 不同模型 $T = 5\mathrm{s}$ 时圆轨迹跟踪对比图

6.4 设计实验

6.4.1 实验目标

1）准备

（1）软件：MATLAB R2017b 及以上版本；基于 Simulink 的控制器设计与仿真平台和实验指导包“e3.3”；CopterSim 和 RflySim3D，详见第 2 章 2.1.2节。

（2）硬件：计算机；自驾仪，详见第 2 章 2.1.1节。

2）目标

对上述轨迹跟踪控制器进行改进，加入偏航角的跟踪，使得控制器可以在偏航角偏转的情况下稳定跟踪。更具体地，设计加性分解控制器，控制多旋翼跟踪圆轨迹。已知所跟踪的圆轨迹圆心位于 (0,0)，半径为 1m，多旋翼初始位置随机，可定为 (0,0)，且在绕圆飞行过程中，机头始终指向圆心。所设计的控制器有如下性能要求：

（1）要求设计一个完整的控制器，使得控制器可以稳定控制多旋翼模型。

（2）要求所设计的控制器，在偏航通道稳定的情况下，水平方向仍能稳定飞行同时与期望的幅值偏差不大于 20%。

（3）将设计好的加性分解控制器应用到非线性模型，即仿真 2.0，并进行硬件在环仿真。

6.4.2 实验设计

6.4.2.1 实验原理

在实际中，自驾仪获得遥控指令，转化为直接控制量控制多旋翼的速度，再通过控制速度控制多旋翼的位置。因此，需要设计位置控制器将位置期望转化为速度期望，再转化为遥控指令期望直接控制多旋翼。

对于具体的设计，可以做如下考虑。首先，若过渡过程满足：

$$\dot{\mathbf{p}}_{\mathrm{h}} - \dot{\mathbf{p}}_{\mathrm{hd}} = -\mathbf{K}_{\mathbf{p}_{\mathrm{h}}}\left(\mathbf{p}_{\mathrm{h}} - \mathbf{p}_{\mathrm{h_d}}\right) \tag{6.7}$$

其中，$\mathbf{K}_{\mathbf{p}_{\mathrm{h}}} \in \mathbb{R}^{2\times 2}$，则有 $\lim\limits_{t\to\infty}\left\|\mathbf{p}_{\mathrm{h}}(t) - \mathbf{p}_{\mathrm{h_d}}(t)\right\| = 0$。由上述的水平通道模型可知，$\dot{\mathbf{p}}_{\mathrm{h}} = \mathbf{R}_{\psi}\mathbf{v}_{\mathrm{h_b}}$。因此期望的水平速度应该满足

$$\mathbf{R}_{\psi}\mathbf{v}_{\mathrm{h_b d}} = \dot{\mathbf{p}}_{\mathrm{hd}} - \mathbf{K}_{\mathbf{p}_{\mathrm{h}}}\left(\mathbf{p}_{\mathrm{h}} - \mathbf{p}_{\mathrm{h_d}}\right) \tag{6.8}$$

进一步，假设 $\dot{\mathbf{p}}_{\mathrm{hd}}$ 很小，则可以将水平速度的期望简化为

$$\mathbf{v}_{\mathrm{h_b d}} = -\mathbf{R}_{\psi}^{-1}\mathbf{K}_{\mathbf{p}_{\mathrm{h}}}\left(\mathbf{p}_{\mathrm{h}} - \mathbf{p}_{\mathrm{h_d}}\right) \tag{6.9}$$

至此已经完成了从地球坐标系下水平位置期望向机体坐标系下水平速度期望的转化。接下来需要基于加性分解原理设计控制器来将机体坐标系下水平速度期望转化为多旋翼直接需要的遥控指令期望。设计完成后，所设计的控制器即可在偏航角变化的情况下控制多旋翼的水平位置。

6.4.2.2 基于加性输出分解动态逆的设计

1）高度通道

通过系统辨识我们得到了多旋翼高度通道的近似传递函数 $\hat{G}_{p_z u_{p_z}}(s)$，它与真实传递函数 $G_{p_z u_{p_z}}(s)$ 近似。下面按照基于加性输出分解的动态逆跟踪控制方法的设计步骤，设计反馈控制器。第一步，选择主系统如下

$$p_{z_e\mathrm{p}}(s) = \hat{G}_{p_z u_{p_z}}(s)\, u_{p_z\mathrm{p}}(s) \tag{6.10}$$

进而，可以得到辅系统为

$$p_{z_e\mathrm{s}}(s) = G_{p_z u_{p_z}}(s)\, u_{p_z}(s) - \hat{G}_{p_z u_{p_z}}(s)\, u_{p_z\mathrm{p}}(s) \tag{6.11}$$

其中，$p_{z_e\mathrm{s}} = p_{z_e} - p_{z_e\mathrm{p}}$。令 $u_{p_z\mathrm{p}} = u_{p_z}, p_{z_e\mathrm{s}} = d_{p_z1}$，则

$$\begin{aligned} p_{z_e\mathrm{p}}(s) &= \hat{G}_{p_z u_{p_z}}(s)\, u_{p_z}(s) \\ p_{z_e}(s) &= p_{z_e\mathrm{p}}(s) + d_{p_z1}(s) \end{aligned} \tag{6.12}$$

其中，$d_{p_z1}(s) = \left(G_{p_z u_{p_z}}(s) - \hat{G}_{p_z u_{p_z}}(s)\right) u_{p_z}(s)$ 称为**集总扰动**。集总扰动 d_{p_z1} 包括不确定性以及输入。因为其中 $\hat{G}_{p_z u_{p_z}}(s)\, u_{p_z}(s)$ 和输出 $p_{z_e}(s)$ 是已知的，因此集总扰动 d_{p_z1} 的观测值表示为

$$\hat{d}_{p_z1}(s) = p_{z_e}(s) - \hat{G}_{p_z u_{p_z}}(s)\, u_{p_z}(s) \tag{6.13}$$

显然，$\hat{d}_{p_z1} \equiv d_{p_z1}$。对于式 (6.12) 而言，由于采用了动态逆控制设计，主系统传递函数 $\hat{G}_{p_z u_{p_z}}$ 必须满足最小相位要求。因此，高度通道跟踪控制器设计为

$$u_{p_z}(s) = \hat{G}^{-1}_{p_z u_{p_z}}(s)\left(p_{z_e\mathrm{d}}(s) - d_{p_z1}(s)\right) \tag{6.14}$$

然而 $\hat{G}^{-1}_{p_z u_{p_z}}(s)$ 的分子阶数大于分母阶数，在物理上不可实现，因此可加入低通滤波器，使得 $Q_{p_z u_{p_z}}(s)\hat{G}^{-1}_{p_z u_{p_z}}(s)$ 正则或严格正则，因此控制器变为

$$u_{p_z}(s) = Q_{p_z u_{p_z}}(s)\,\hat{G}^{-1}_{p_z u_{p_z}}(s)\left(p_{z_e\mathrm{d}}(s) - d_{p_z1}(s)\right) \tag{6.15}$$

其中，$Q_{p_z u_{p_z}}(s)\hat{G}^{-1}_{p_z u_{p_z}}(s)$ 的分子阶数要等于分母阶数，并且 $Q_{p_z u_{p_z}}(0) = 1$。基于加性输出分解方法的控制器设计如图 6.32所示。如果

（1）$\hat{G}_{p_z u_{p_z}}(s)$ 是最小相位系统；

（2）$Q_{p_z u_{p_z}}(s)$ 和 $G_{p_z u_{p_z}}(s)$ 是稳定的且 $Q_{p_z u_{p_z}}(0) = 1$；

（3）$\sup_{\omega}|(1 - G_{p_z u_{p_z}}(\mathrm{j}\omega)\hat{G}^{-1}{}_{p_z u_{p_z}}(\mathrm{j}\omega))Q_{p_z u_{p_z}}(\mathrm{j}\omega)| < 1$；

（4）$p_{z_e\mathrm{d}}$ 是常数。

那么可得：u_{p_z} 是有界的且 $\lim_{t\to\infty}\left|e_{p_z}(t)\right| = 0$，其中 $e_{p_z} = p_{z_e} - p_{z_e\mathrm{d}}$。

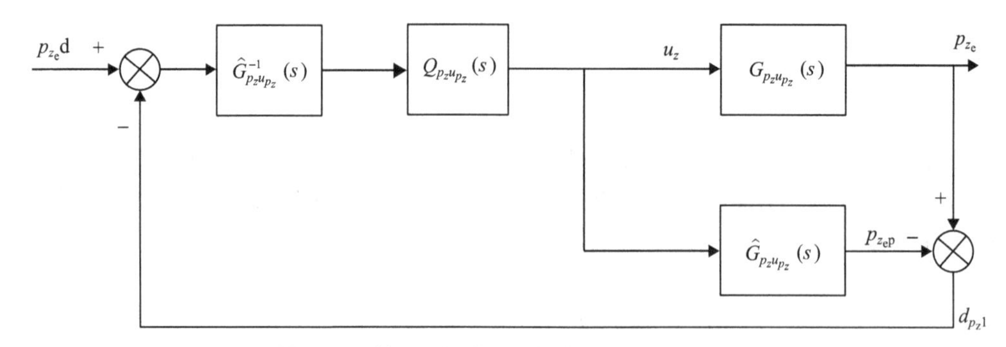

图 6.32 基于加性输出分解方法的控制器设计

2）偏航通道

类似地，可以对偏航通道设计如下

$$u_\psi(s) = Q_{\psi u_\psi}(s)\hat{G}^{-1}_{\psi u_\psi}(s)\left(\psi_\text{d}(s) - \text{d}_{\psi 1}(s)\right) \tag{6.16}$$

其中，$d_{\psi l}(s) = \psi(s) - \hat{G}_{\psi u_\psi}(s)u_\psi(s)$。

3）水平通道

采用与高度通道类似的设计方法，可以对水平通道设计

$$\mathbf{u}_{\mathbf{v}_\text{h}}(s) = \mathbf{Q}_{\mathbf{v}_{\text{h}_\text{b}}\mathbf{u}_{\mathbf{v}_\text{h}}}(s)\hat{\mathbf{G}}^{-1}_{\mathbf{v}_{\text{h}_\text{b}}\mathbf{u}_{\mathbf{v}_\text{h}}}(s)(\mathbf{v}_{\text{h}_\text{b}\text{d}}(s) - \mathbf{d}_{\mathbf{v}_\text{h}1}(s)) \tag{6.17}$$

其中，$\mathbf{d}_{\mathbf{v}_\text{h}l}(s) = \mathbf{v}_{\text{h}_\text{b}}(s) - \hat{\mathbf{G}}_{\mathbf{v}_{\text{h}_\text{b}}\mathbf{u}_{\mathbf{v}_\text{h}}}(s)\mathbf{u}_{\mathbf{v}_\text{h}}(s)$。至此，已经完成了加性分解控制器的设计工作。

6.4.2.3 轨迹设计

本实验不仅需要轨迹跟踪，而且需要机头时刻指向圆心。对于水平方向，可以将前向通道的期望输入定为 $\sin(\omega t)$，则水平侧向通道的期望输入为 $\cos(\omega t)$，二者的角速率 ω 是相同的，这样就可以实现水平平面内的圆周运动。高度保持不变，机头始终指向圆心，则需要偏航通道的期望输入与水平方向的角速率变化同步。在初始 0 时刻，多旋翼在水平平面需要飞到 (0,1)，以水平前向通道正方向为零偏航角，此时机头若指向圆心则需要偏航角保持为 $-\sin(\omega t)$。

6.4.3 实验步骤

6.4.3.1 实验模块介绍

1）步骤一：整体模型

打开“e3\e3.3\sim1.0\e3_3_TF_TrajectoryFollowing_DIC.slx”，模块整体示意图如图 6.33所示。

2）步骤二：控制输入模块

根据 6.4.2.3 节中设计的圆跟踪轨迹，将控制输入模块做相应修改，具体如图 6.34所示，以周期 T = 10s 的期望输入为例，其内部如图 6.35所示。

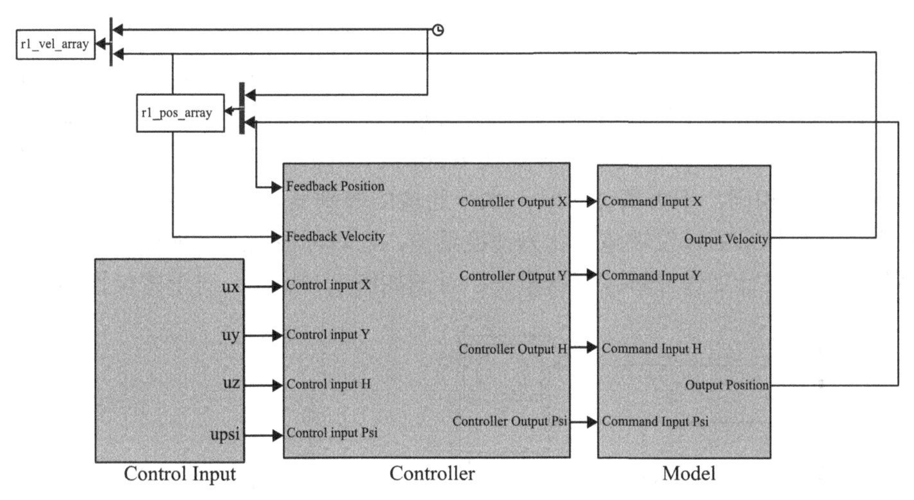

图 6.33 模块整体示意图，Simulink 模型详见“e3_3_TF_TrajectoryFollowing_Segment.slx”

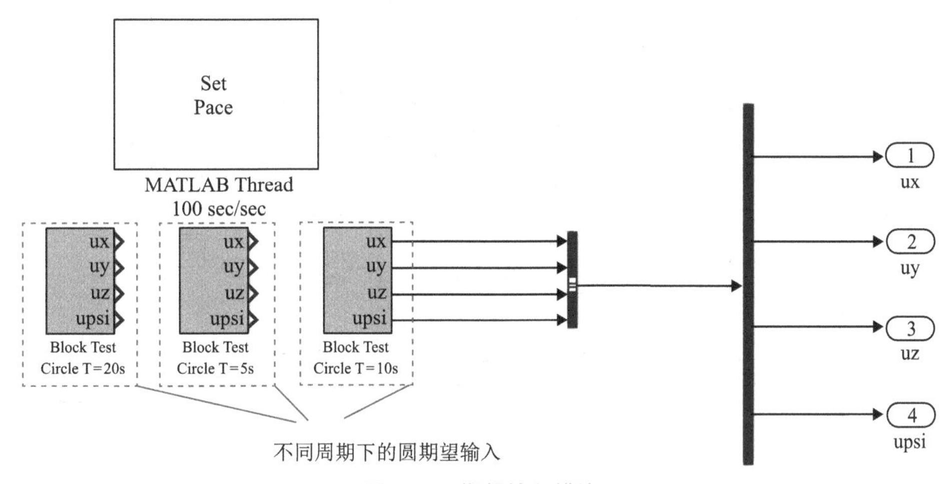

图 6.34 期望输入模块

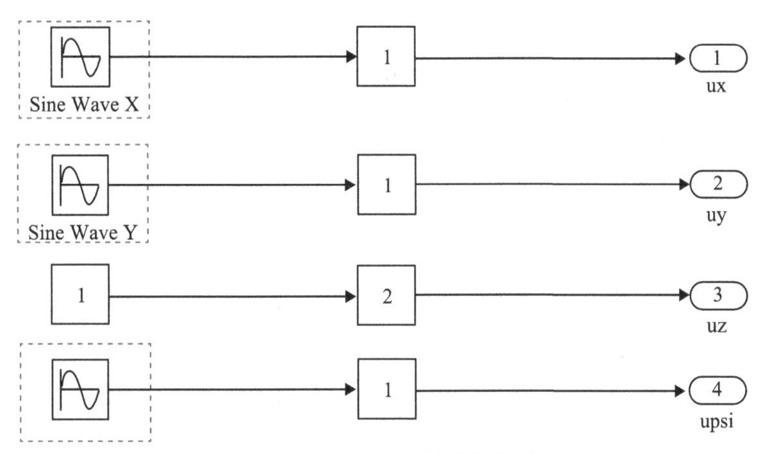

图 6.35 $T=10$s 圆轨迹期望输入

3）步骤三：控制器模块

高度通道和偏航通道是独立的，并不会与其他通道产生耦合。因此，不需要再设计新的基于加性分解的动态逆控制器。只需针对水平方向的两个通道进行控制器设计。加入加性分解控制器的控制器模块整体如图 6.36所示。除水平通道的控制器外，其他模块与分析实验均相同，不再赘述。对于水平通道的控制器设计，根据 6.4.2.2 节中的原理，首先需要将原来的位置期望转化为速度期望，之后再根据速度期望设计相应的加性分解控制器。所设计加性分解控制器模块示意图如图 6.37所示。对于将位置期望转换为

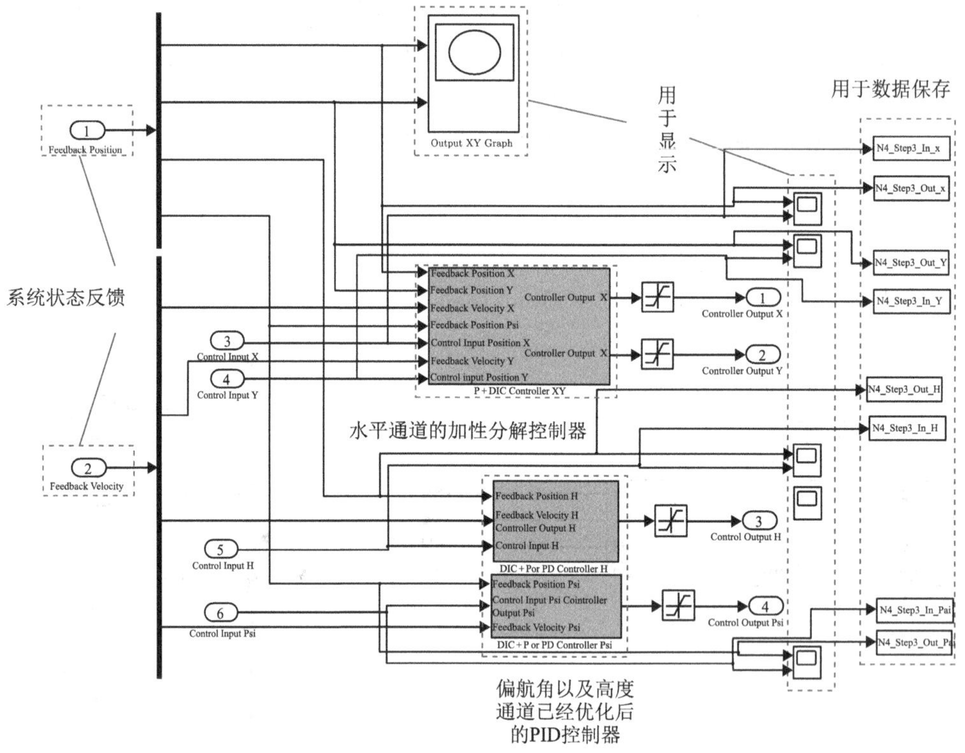

图 6.36　加入加性分解控制器的控制器模块示意图

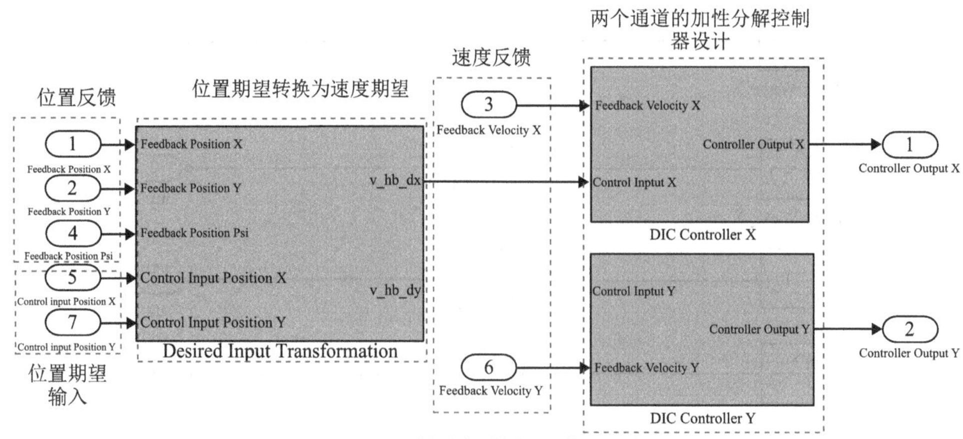

图 6.37　加性分解控制器模块示意图

速度期望的模块，其内部如图 6.38所示。以水平前向通道为例，引入位置反馈，并加入一个比例控制器，其内部如图 6.39所示。之后引入偏航角的影响，这里使用的是多旋翼实时的偏航角反馈。其内部代码如表 6.1所示。此外，为防止瞬时值过大，加入饱和上限。得到速度期望后，加性分解控制器的设计如图 6.40所示。

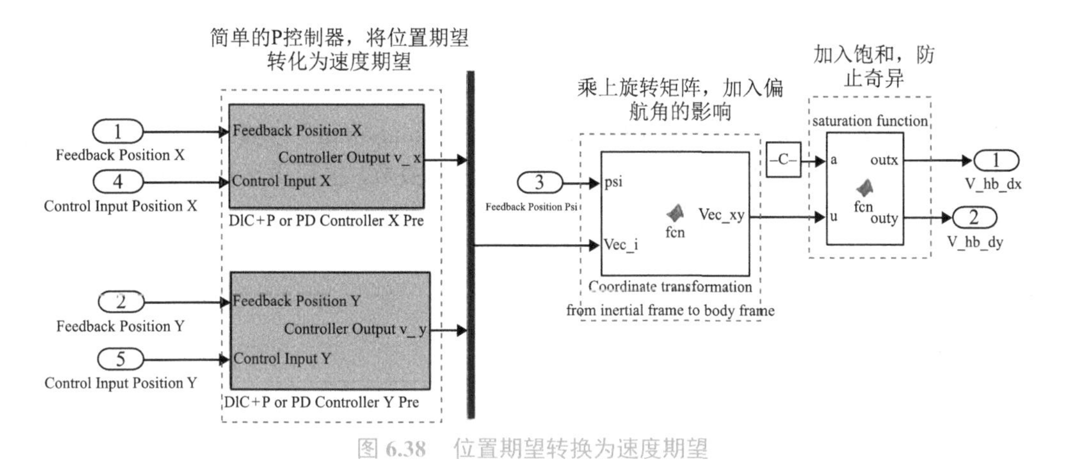

图 6.38 位置期望转换为速度期望

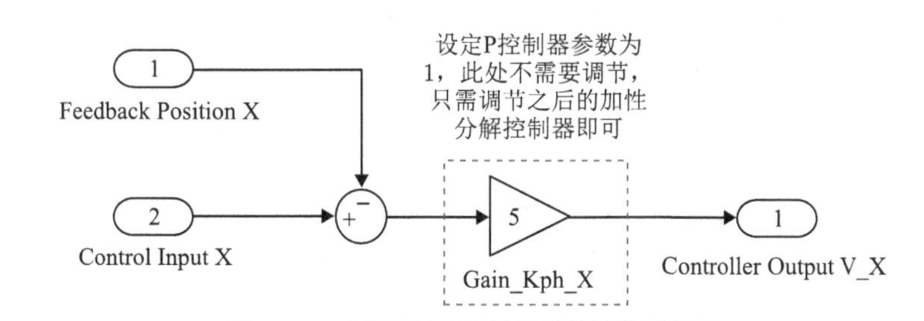

图 6.39 水平前向通道比例控制器示意图

表 6.1 偏航反馈代码

```
function Vec_xy  = fcn( psi,Vec_i )
T = [cos(psi) -sin(psi) ; sin(psi) cos(psi)] ;
Kph=eye(2);
Vec_xy = inv(T)*Vec_i(1:2,1);
```

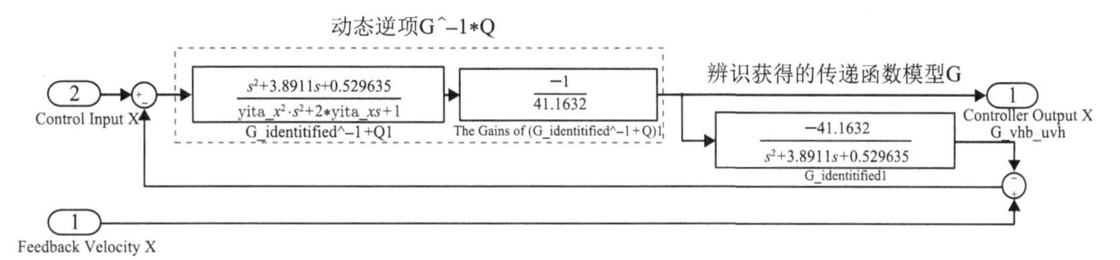

图 6.40 加性分解控制器的设计

4）步骤四：滤波器模块

对于加性分解控制器所需要的滤波器，考虑二阶低通滤波器即可，即

$$\mathbf{Q}_{\mathbf{v}_{\mathrm{h_b}}\mathbf{u}_{\mathbf{v}_{\mathrm{h}}}}(s)=\begin{bmatrix}\dfrac{1}{(\eta_x s+1)^2} & 0\\ 0 & \dfrac{1}{\left(\eta_y s+1\right)^2}\end{bmatrix}$$

其中，两个参数 η_x 和 η_y 可在“e3\e3.3\sim1.0\startSimulation.m”中修改，具体代码如表6.2所示。运行模型文件之前，首先设定合适的滤波器系数，之后再运行模型文件观察控制效果，找到一个合适的滤波器系数。

表 6.2 滤波器系数修改

```
1  yita_x=0;
2  yita_y=0;
```

6.4.3.2 仿真 1.0

运行“e3\e3.3\sim1.0\startSimulation.m”进行参数初始化。在设计的控制器下，水平方向两通道以及偏航通道在不同周期下的响应结果如图 6.41至图 6.49所示，将每次的实验数据保存，可以看到，设计的控制器具有较好的控制效果。

利用保存的输入/输出数据，对三种不同周期下的圆轨迹进行综合对比，轨迹响应如图 6.50所示。从该图可以更直观地看出，当周期 T = 20s 时，控制效果接近理想。随着周期的缩短，控制效果是逐渐变差的，这符合理论：一般而言，根据伯德积分原理[15]，反馈系统不可能兼顾所有频段，只能满足带宽内的频率信号跟踪。在这里，频率越高，控制效果越差。

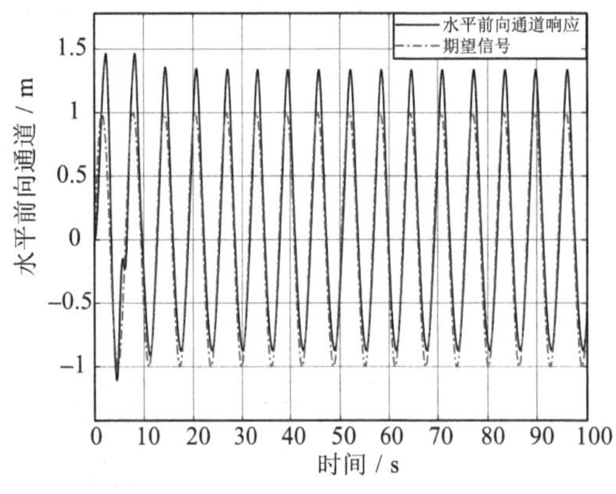

图 6.41 水平前向通道 T = 5s 输入/输出对比图

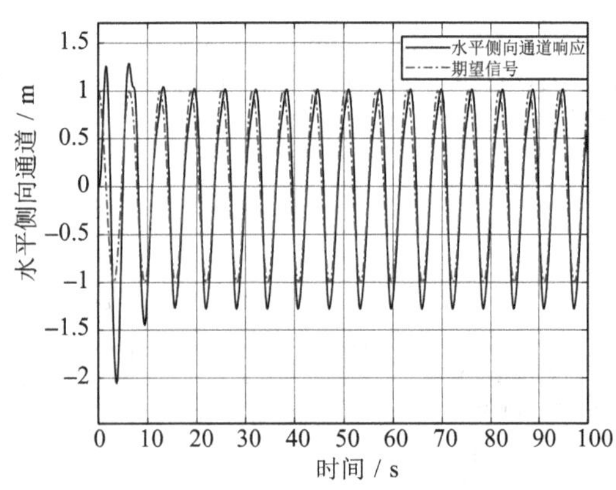

图 6.42 水平侧向通道 T = 5s 输入/输出对比图

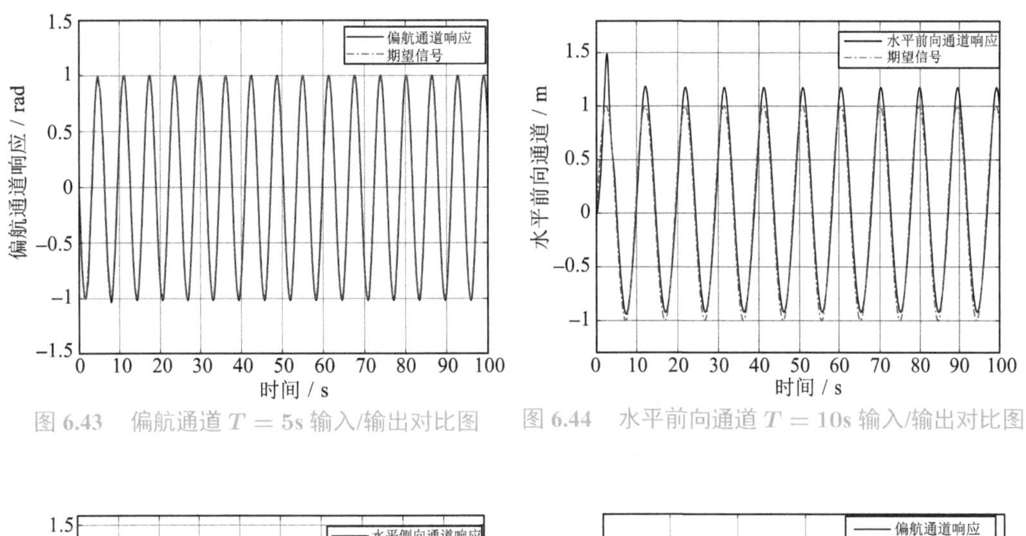

图 6.43 偏航通道 $T = 5\text{s}$ 输入/输出对比图

图 6.44 水平前向通道 $T = 10\text{s}$ 输入/输出对比图

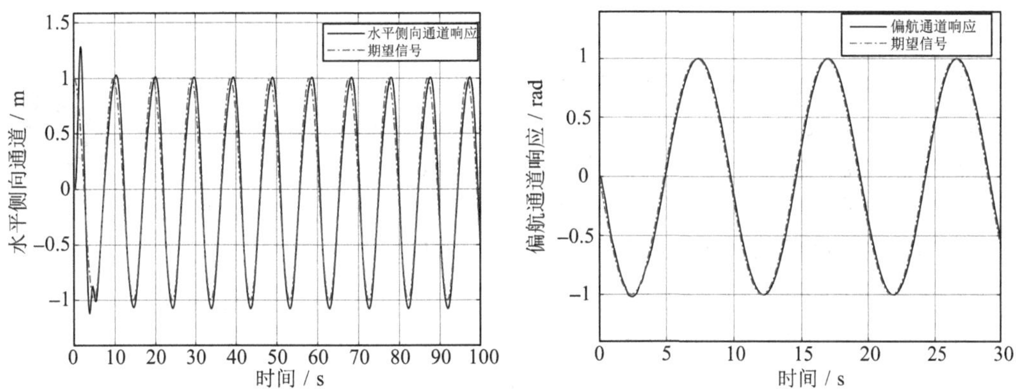

图 6.45 水平侧向通道 $T = 10\text{s}$ 输入/输出对比图

图 6.46 偏航通道 $T = 10\text{s}$ 输入/输出对比图

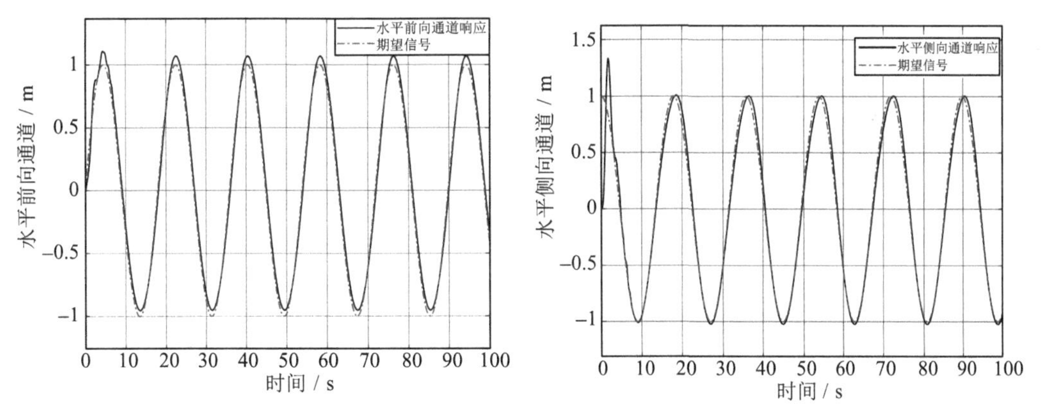

图 6.47 水平前向通道 $T = 20\text{s}$ 输入/输出对比图

图 6.48 水平侧向通道 $T = 20\text{s}$ 输入/输出对比图

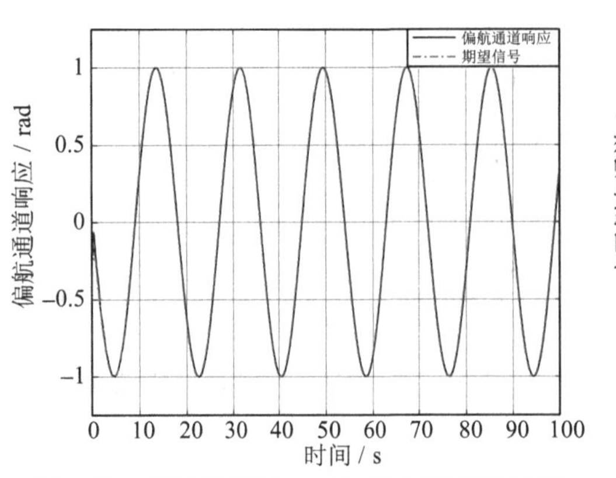

图 6.49 偏航通道 $T = 20s$ 输入/输出对比图

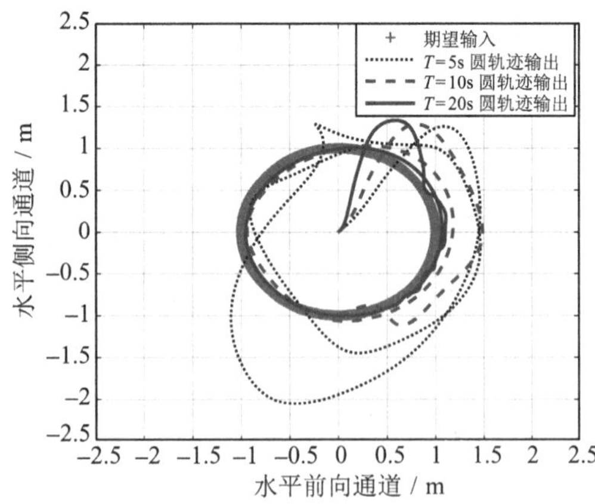

图 6.50 不同周期圆轨迹曲线对比图

6.4.3.3 仿真 2.0

打开“e3\e3.3\sim2.0”，其中的闭环系统结构与“e3\e3.3\sim1.0”类似，区别在于采用的模型为非线性模型。采用与传递函数模型实验中完全相同的实验步骤，得到结果并进行对比。从对比结果图 6.51可以看出，我们基于系统辨识获得的传递函数模型进行实验时，可以产生与基于非线性模型设计非常接近的效果。同时也可以在 FlightGear 中查看仿真飞行效果。

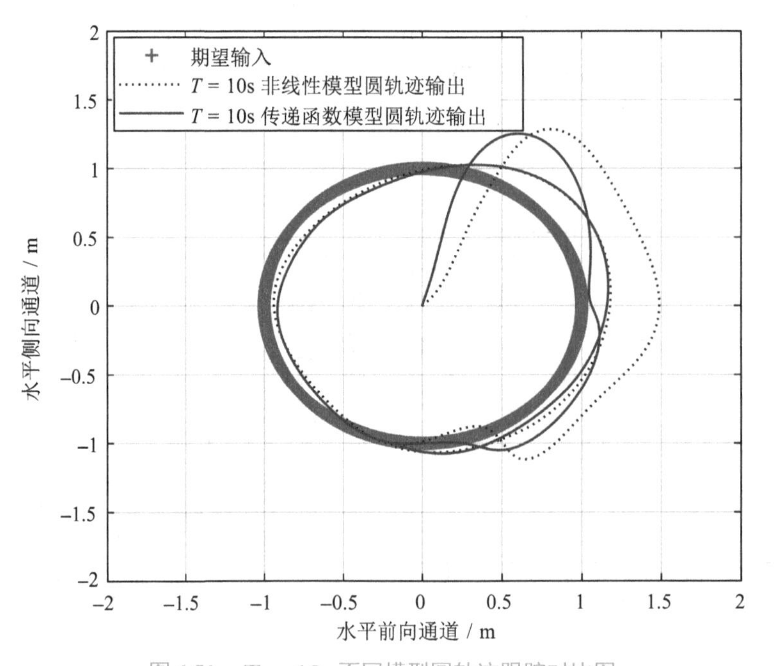

图 6.51 $T = 10s$ 不同模型圆轨迹跟踪对比图

6.4.3.4 硬件在环仿真

首先准备好自驾仪，打开 RflySim，同时打开 MATLAB，运行“startSimulation.m”初始

化文件。之后，再打开并运行 Simulink 模型文件“e3_Model_TrajectoryFollowing_HTIL_2017b.slx”，便可以在 RflySim3D 软件中看到硬件在环仿真的效果，具体硬件在环仿真实验步骤可以参考第 3 章 3.2.2.3 节。实验数据记录在“Pos”文件中，结果如图 6.52 所示。

硬件在环仿真实验分别实现了周期 20s、10s 和 5s 的飞行实验。从实验结果可以看出，随着周期的延长，多旋翼对水平两通道的期望曲线的跟踪效果随着周期的变长而愈加理想，当 T = 20s 时结果相比于 10s 和 5s 更加理想。说明随着周期的缩短，控制效果越来越差。其原因与 6.4.3.2 节分析一致。注意：每运行完一次 Simulink 模型，都要将自驾仪重新插拔，并重新启动 RflySim，避免出现 RflySim 接收不到指令的问题。

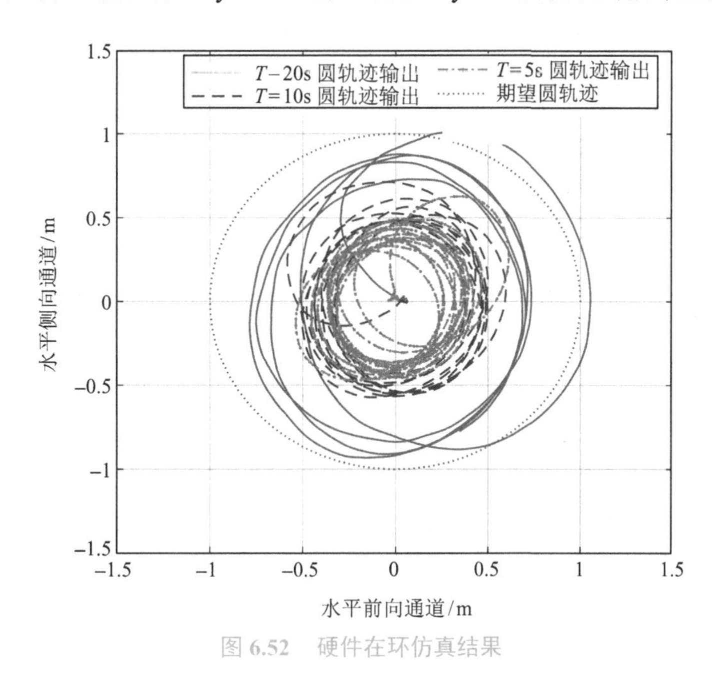

图 6.52 硬件在环仿真结果

6.5 实飞实验

6.5.1 实验目标

1）准备

（1）软件：MATLAB R2017b 及以上版本；基于 Simulink 的控制器设计与仿真平台和实验指导包“e3.4”，详见第 2 章 2.1.2节。

（2）硬件：计算机；OptiTrack 室内定位系统；带半自主飞控的多旋翼，详见第 2 章 2.1.1节。

2）目标

（1）使用第 4 章中实飞实验辨识出来的模型，设计 PID 控制器，达到好的控制效果。

（2）基于以上调节出的 PID 控制器，应用到真实的多旋翼上验证控制器效果。

6.5.2 实验步骤

6.5.2.1 仿真 1.0

运行“e3\e3.4\sim1.0\start.m”，“e3_4_trajectory_following.slx”模型文件会自动打开，如图 6.53所示，这里的传递函数模型为第 4 章 4.5节辨识出来的模型，如图 6.54所示。按照基础实验中相同的步骤调节 PID 控制器，得到较好的控制效果，相应的圆轨迹如图 6.55所示。

6.5.2.2 实飞实验

以 Tello 飞行器和 OptiTrack 室内定位系统为例，这里我们给出一个设计好的例子，见文件“e3\e3.4\Rfly\e3_4_trajectory_planning.slx”。

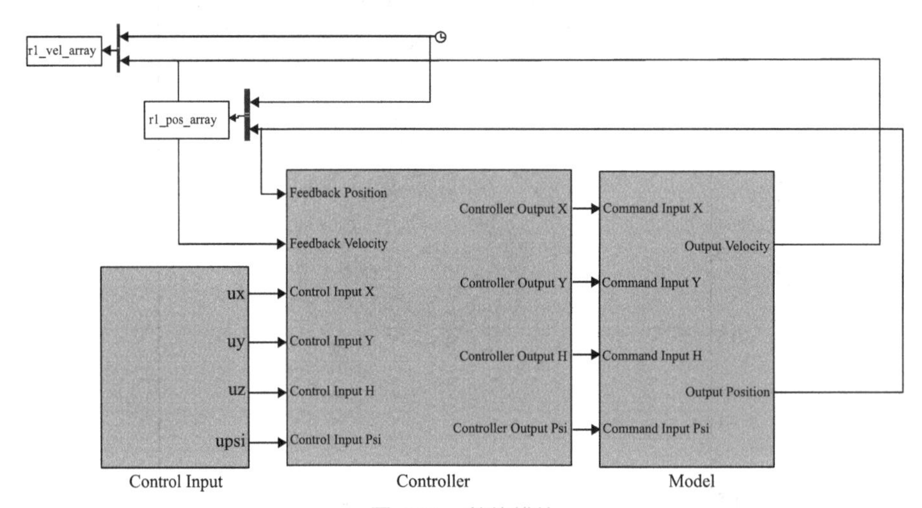

图 6.53　整体模块

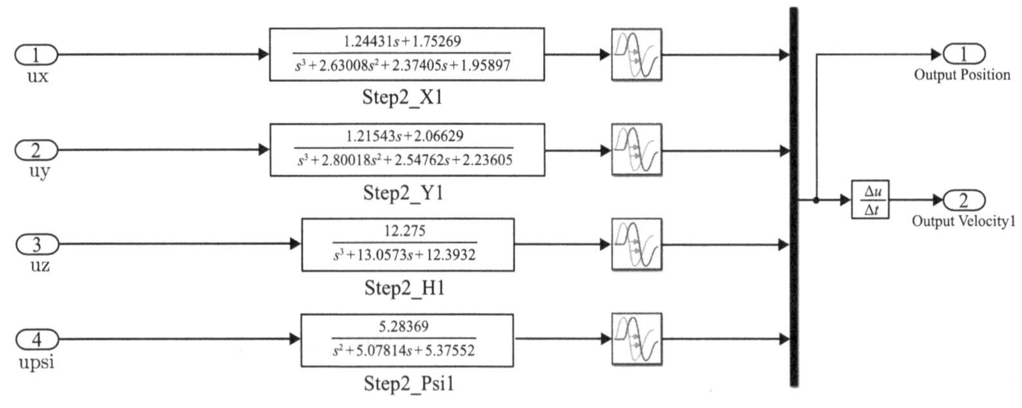

图 6.54　传递函数模型

1）步骤一：整体模块介绍

在 MATLAB 中单击运行“start_tello.m”文件，进行初始化以及启动相应的 Simulink 程序“e3_4_trajectory_planning.slx”，模型如图 6.56所示。控制模型由七个部分组成，每个模块具体作用可参考第 2 章 2.3节。

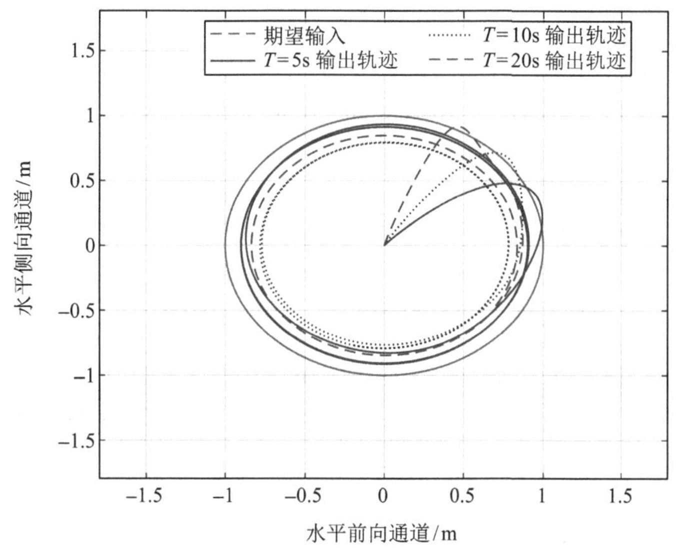

图 6.55　圆轨迹跟踪结果

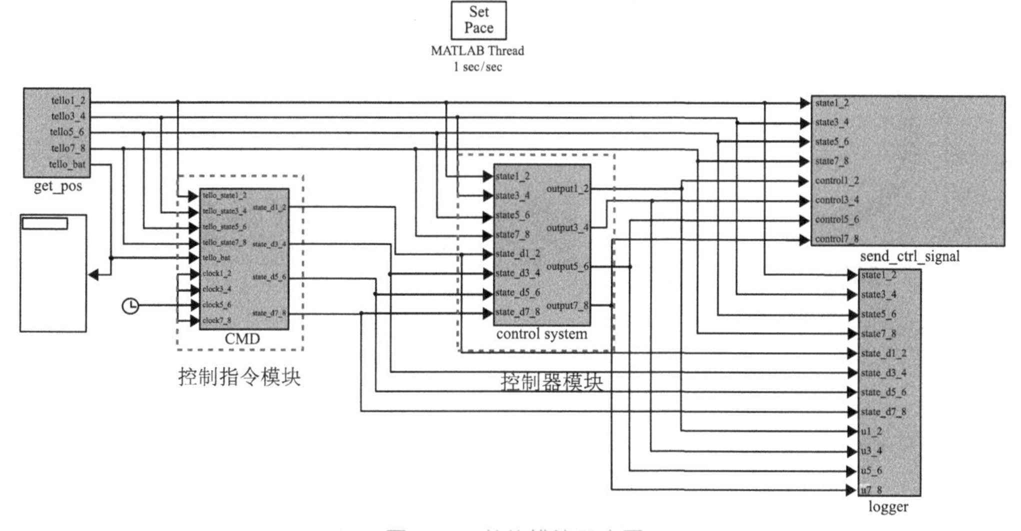

图 6.56　整体模块示意图

2）步骤二：系统启动流程

（1）启动 OptiTrack 室内定位系统

打开一个新终端，运行命令“roslaunch mocap_optitrack multi_rigidbody8.launch”。

（2）启动 tello_driver

打开一个新终端，运行命令“roslaunch tello_driver tello_node.launch”。

（3）起飞 Tello

打开一个新终端，运行命令“rosrun tello Tello_takeoff_all”，可以看到四旋翼起飞并保持悬停在正上方高度为 1m 的位置。

（4）运行 MATLAB 控制程序

单击运行“e3_4_trajectory_planning.slx”文件。

（5）降落 Tello

打开一个新终端，运行命令“rosrun tello Tello_land_all”，在多旋翼降落后，结束所有终端。

3）步骤三：实验结果分析

“e3_4_trajectory_planning.slx”文件中包含数据存储模块用于记录结果，见工作区变量“tello3_states”和“tello3_states_d”代表四旋翼飞行过程的期望指令和实际反馈结果。运行“tello_plot.m”模型文件，即可得到如图 6.57所示的实飞结果。

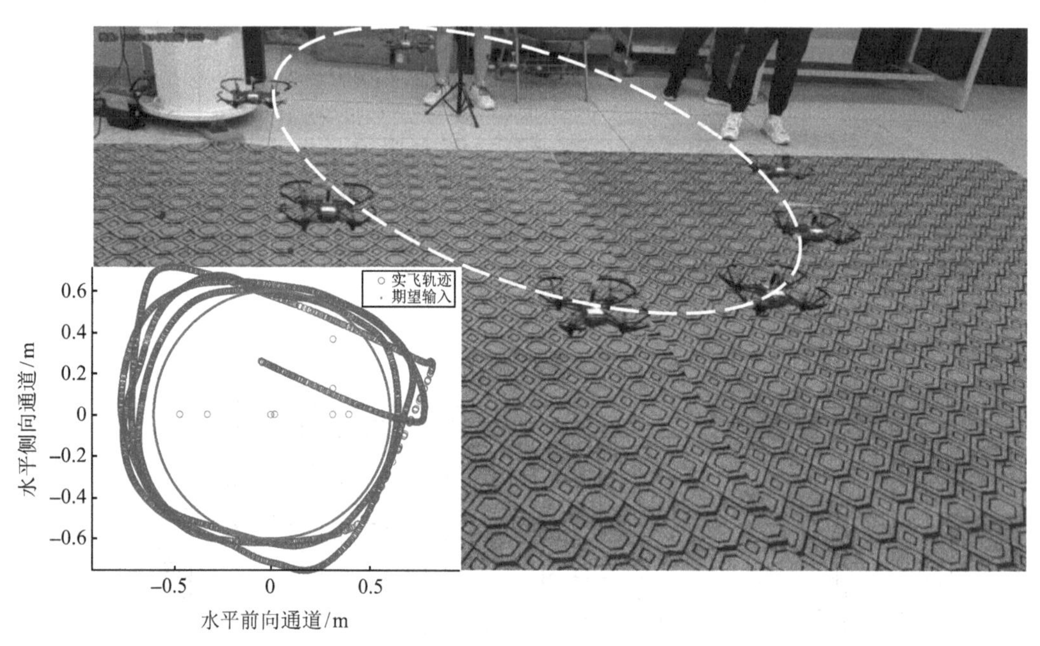

图 6.57　实飞结果（影像进行了叠加）

6.6　本章小结

（1）通过基础实验，读者可以了解跟踪控制器的整体模块框架，并利用 PID 控制器达到良好的控制效果。

（2）通过分析实验，读者可以使用频率域方法设计控制器，达到良好的控制效果。

（3）在设计实验中，读者可以了解加性分解控制器的设计原理，并设计相应的加性分解控制器达到跟踪圆轨迹的目的。

（4）通过实飞实验，读者可以掌握实际中 PID 控制器的调参方法，并利用 PID 控制方法跟踪圆轨迹，实现较好的控制效果。

（5）以上实验，可以让读者较为深入地掌握不同跟踪控制器的设计方法。

如有疑问，请到 https://rflysim.com/docs/#/5_Course/Content 查询更多信息。

第7章

Chapter 7

路径跟随控制器设计实验

在第6章设计的跟踪控制器的基础上，本章主要介绍如何设计算法使多旋翼跟随特定的路径。路径规划问题是多旋翼决策层面的一个重要问题，在现实生活中应用十分广泛。本章分为由浅至深的四个实验，即基础实验、分析实验、设计实验和实飞实验，读者可逐步掌握路径跟随控制器的知识。在基础实验中，读者将复现直线路径跟随实验，了解控制器的各个模块和基本思路。在分析实验中，读者可以改变算法的参数来进一步理解算法。在设计实验中，读者可以自主设计圆路径跟随算法，并进行硬件在环仿真验证算法。在实飞实验中，读者首先根据辨识出的传递函数模型验证算法，然后在真机上验证。

7.1 实验原理

为了让本章能够自包含，实验原理借鉴了《多旋翼飞行器设计与控制》[12] 第 13 章的部分内容。

7.1.1 基本介绍

多旋翼的路径规划是指，在满足多旋翼机动性能及飞行环境的约束下，寻找从起始点到目标点的最优飞行轨迹。它是多旋翼任务规划系统的关键技术，也是多旋翼实现自主飞行的技术保障。其主要功能包括：在飞行前，帮助任务规划人员为即将执行任务的多旋翼选择一条最优的路径；在飞行过程中，能够在一定程度上根据现场情况进行在线路径重规划。规划出来的路径作为多旋翼飞行的参考路径，引导多旋翼在控制律的作用下完成飞行任务。在不考虑任何约束条件时，生成一条从起始点到终点的路径并不难。但实际中路径规划要考虑许多约束条件，例如来自多旋翼本身飞行性能参数或环境中的障碍物。根据给出的航路点，本章基于人工势场法给出了一种较为简单实用的算法进行路径规划。在本章中，人工势场法的总体思路可粗略描述如下：认为多旋翼是带正电的粒子，航路点是带负电的粒子，指定路径是带负电的导线。根据同性相斥、异性相吸的原则，航路点和航线对多旋翼产生一种吸引的势场。势场可以等价于多旋翼的受力。但为了与目前自驾仪能够兼容，我们将它最终等价于目标位置。将该位置输入自驾仪，就能够完成给定的复杂任务。这种做法的优点是：可以不用改变自驾仪内部的控制器代码，只需做顶层设计。

7.1.2 飞向航行点并沿航线飞行原理

在多旋翼执行喷洒药物或者电线巡线任务时，会要求多旋翼能够严格压着航线进行飞行，如图 7.1 所示。该问题可以描述为：当前多旋翼水平位置为 $\mathbf{p} \in \mathbb{R}^2$，当前航路点为 $\mathbf{p}_{\mathrm{wp}} \in \mathbb{R}^2$，上一个航路点为 $\mathbf{p}_{\mathrm{wp,last}} \in \mathbb{R}^2$，点 $\mathbf{p}_{\mathrm{wp,last}}$ 和点 $\mathbf{p}_{\mathrm{wp}}$ 可以构成一条直线；设计出实时航路点 $\mathbf{p}_{\mathrm{d}} \in \mathbb{R}^2$ 引导多旋翼到达该直线并沿直线飞行，最终到达目标航路点 $\mathbf{p}_{\mathrm{wp}}$。

可以将多旋翼视为质点，其满足牛顿第二定律：

$$\begin{aligned}\dot{\mathbf{p}} &= \mathbf{v} \\ \dot{\mathbf{v}} &= \mathbf{u}\end{aligned} \tag{7.1}$$

其中，$\mathbf{u} \in \mathbb{R}^2$ 表示虚拟控制量。如图 7.1 所示，多旋翼位置 $\mathbf{p}$ 到这条航线的距离为 $\left\|\mathbf{p} - \mathbf{p}_{\mathrm{wp,perp}}\right\|$，其中 $\mathbf{p}_{\mathrm{wp,perp}}$ 表示垂足，为

$$\mathbf{p}_{\mathrm{wp,perp}} = \mathbf{p}_{\mathrm{wp}} + \left(\mathbf{p}_{\mathrm{wp,last}} - \mathbf{p}_{\mathrm{wp}}\right) \frac{\left(\mathbf{p} - \mathbf{p}_{\mathrm{wp}}\right)^{\mathrm{T}} \left(\mathbf{p}_{\mathrm{wp,last}} - \mathbf{p}_{\mathrm{wp}}\right)}{\left\|\mathbf{p}_{\mathrm{wp}} - \mathbf{p}_{\mathrm{wp,last}}\right\|^2} \tag{7.2}$$

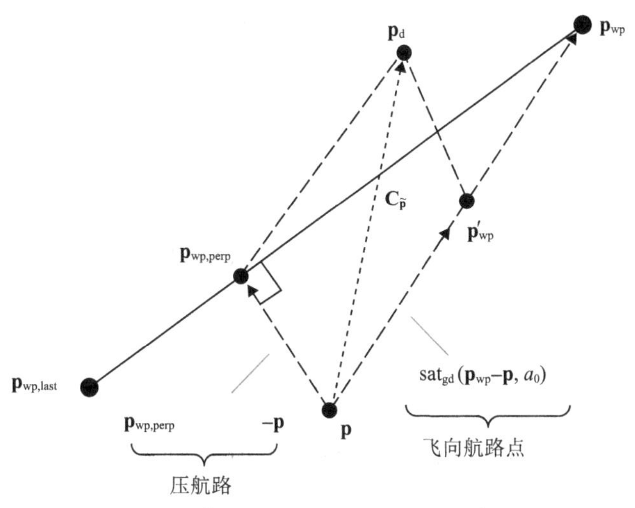

图 7.1　基于人工势场压航线的路径规划

那么

$$\mathbf{p}-\mathbf{p}_{\mathrm{wp,perp}}=\mathbf{A}\left(\mathbf{p}-\mathbf{p}_{\mathrm{wp}}\right) \tag{7.3}$$

其中

$$\mathbf{A}=\mathbf{I}_2-\frac{\left(\mathbf{p}_{\mathrm{wp,last}}-\mathbf{p}_{\mathrm{wp}}\right)\left(\mathbf{p}_{\mathrm{wp,last}}-\mathbf{p}_{\mathrm{wp}}\right)^{\mathrm{T}}}{\left\|\mathbf{p}_{\mathrm{wp}}-\mathbf{p}_{\mathrm{wp,last}}\right\|^2} \tag{7.4}$$

为一个半正定矩阵。因为 $\mathbf{A}\left(\mathbf{p}_{\mathrm{wp,last}}-\mathbf{p}_{\mathrm{wp}}\right)=0$，所以 $\mathbf{A}$ 也是奇异矩阵。可以定义如下的 Lyapunov 函数：

$$V_1=\underbrace{k_0\tilde{\mathbf{p}}_{\mathrm{wp}}^{\mathrm{T}}\tilde{\mathbf{p}}_{\mathrm{wp}}}_{\text{靠近期望航路点}}+\underbrace{k_1\tilde{\mathbf{p}}_{\mathrm{wp}}^{\mathrm{T}}\mathbf{A}\tilde{\mathbf{p}}_{\mathrm{wp}}}_{\text{靠近期望路径}}+\frac{k_2}{2}\mathbf{v}^{\mathrm{T}}\mathbf{v} \tag{7.5}$$

其中，$k_0,k_1,k_2>0$。Lyapunov 函数 $V_1\to 0$ 意味着多旋翼能同时靠近目标航路点和期望路径。考虑到控制量的饱和，需要对 Lyapunov 函数 V_1 进行修改。

定义 $\mathrm{sat}_{\mathrm{gd}}\left(k_0\tilde{\mathbf{p}}_{\mathrm{wp}}+k_1\mathbf{A}\tilde{\mathbf{p}}_{\mathrm{wp}},a_0\right)$ 为沿着 $\mathbf{C}_{\tilde{\mathbf{p}}}$ 分布的向量场，其中，$\mathbf{C}_{\tilde{\mathbf{p}}}$ 表示由 $\tilde{\mathbf{p}}_{\mathrm{wp}}$ 参数化的平滑曲线。于是修改 Lyapunov 函数 V_1 为

$$V_1'=\int_{\mathbf{C}_{\tilde{\mathbf{p}}}}\mathrm{sat}_{\mathrm{gd}}\left(k_0\tilde{\mathbf{p}}_{\mathrm{wp}}+k_1\mathbf{A}\tilde{\mathbf{p}}_{\mathrm{wp}},a_0\right)^{\mathrm{T}}\mathrm{d}\tilde{\mathbf{p}}_{\mathrm{wp}}+\frac{k_2}{2}\mathbf{v}^{\mathrm{T}}\mathbf{v} \tag{7.6}$$

这里饱和函数定义如下

$$\mathrm{sat}_{\mathrm{gd}}(\mathbf{x},a)=\begin{cases}\mathbf{x}, & \|\mathbf{x}\|_\infty\leqslant a\\ a\dfrac{\mathbf{x}}{\|\mathbf{x}\|_\infty}, & \|\mathbf{x}\|_\infty>a\end{cases} \tag{7.7}$$

其中，$\mathbf{x}=[\,x_1\ \ \cdots\ \ x_n\,]^{\mathrm{T}}\in\mathbb{R}^n$ 和 $\|\mathbf{x}\|_\infty=\max\left(|x_1|,\cdots,|x_n|\right)$。函数 $\mathrm{sat}_{\mathrm{gd}}(\mathbf{x},a)$ 为保方向的饱和函数。

这里沿式 (7.1) 的解对 Lyapunov 函数求导，得到

$$\dot{V}_1' = \text{sat}_{\text{gd}}\left(k_0\tilde{\mathbf{p}}_{\text{wp}} + k_1\mathbf{A}\tilde{\mathbf{p}}_{\text{wp}}, a_0\right)^{\text{T}}\mathbf{v} + k_2\mathbf{v}^{\text{T}}\mathbf{u} \tag{7.8}$$

如果虚拟控制 $\mathbf{u}$ 满足

$$\mathbf{u} = -\frac{1}{k_2}\text{sat}_{\text{gd}}\left(k_0\tilde{\mathbf{p}}_{\text{wp}} + k_1\mathbf{A}\tilde{\mathbf{p}}_{\text{wp}}, a_0\right) - \frac{1}{k_2}\mathbf{v} \tag{7.9}$$

那么，V_1' 变为

$$\dot{V}_1' = -\mathbf{v}^{\text{T}}\mathbf{v} \tag{7.10}$$

进一步，当且仅当 $\mathbf{v} = \mathbf{0}_{3\times 1}$ 时，$V_1' = 0$。方程 $\mathbf{v} = \mathbf{0}_{2\times 1}$ 意味着

$$-\frac{1}{k_2}\text{sat}_{\text{gd}}\left(k_0\tilde{\mathbf{p}}_{\text{wp}} + k_1\mathbf{A}\tilde{\mathbf{p}}_{\text{wp}}, a_0\right) = \mathbf{0}_{2\times 1} \tag{7.11}$$

于是

$$(k_0\mathbf{I}_3 + k_1\mathbf{A})\tilde{\mathbf{p}}_{\text{wp}} = \mathbf{0}_{2\times 1} \tag{7.12}$$

因此，根据文献 [12] 第 10 章介绍的**不变集**原理，系统将全局收敛到状态 $(\mathbf{p}, \mathbf{0}_{2\times 1})$，其中 $\mathbf{p}$ 是式 (7.12) 的解。

式 (7.9) 中的参数 k_0、k_1 和 k_2 可以用来调节收敛到期望路径的速度和收敛到目标航路点的速度。考虑两个极端情况，当 $k_0 = 1, k_1 = 0, k_2 > 0$ 时，意味着 $\lim\limits_{t\to\infty}\left\|\tilde{\mathbf{p}}_{\text{wp}}(t)\right\| = 0$，$\lim\limits_{t\to\infty}\left\|\mathbf{v}(t)\right\| = 0$，多旋翼将直接飞向 $\mathbf{p}_{\text{wp}}$；而当 $k_0 = 0, k_1 = 1, k_2 > 0$ 时，意味着 $\lim\limits_{t\to\infty}\left\|\mathbf{A}\mathbf{p}_{\text{wp}}(t)\right\| = 0, \lim\limits_{t\to\infty}\left\|\mathbf{v}(t)\right\| = 0$，多旋翼将直接飞往期望路径。如果 $k_0, k_1 > 0$，那么趋近航线和到达 $\mathbf{p}_{\text{wp}}$ 是同时进行的。k_0 越大，到达 $\mathbf{p}_{\text{wp}}$ 的优先级会越大；k_1 越大，压航线的优先级会越大。

将式 (7.8) 写成 PD 控制器的形式，可以得到

$$\mathbf{u} = -\frac{1}{k_2}(\mathbf{p} - \mathbf{p}_{\text{d}}) - \frac{1}{k_2}\mathbf{v} \tag{7.13}$$

此时

$$\mathbf{p}_{\text{d}} = \mathbf{p} + \text{sat}_{\text{gd}}\left(k_0\left(\tilde{\mathbf{p}}_{\text{wp}} - \mathbf{p}\right) + k_1\left(\tilde{\mathbf{p}}_{\text{wp,perp}} - \mathbf{p}\right), a_0\right) \tag{7.14}$$

为了清楚观测其物理意义，我们令 $k_0 = k_1 = 1$，那么

$$\mathbf{p}_{\text{d}} = \mathbf{p} + \text{sat}_{\text{gd}}\left(\mathbf{p}_{\text{wp}} - \mathbf{p}\right) + \left(\mathbf{p}_{\text{wp,perp}} - \mathbf{p}, a_0\right) \tag{7.15}$$

其中，$\mathbf{p}_{\text{d}}$ 的物理含义可参见图 7.1。这样，$\mathbf{p}_{\text{d}}$ 计算后可以直接传给底层控制（自驾仪）进行实现。

7.2 基础实验

7.2.1 实验目标

1）准备

（1）软件：MATLAB R2017b 及以上版本；基于 Simulink 的控制器设计与仿真平台和实验指导包“e4.1”；FlightGear，详见第 2 章 2.1.2 节。

（2）硬件：计算机，详见第 2 章 2.1.1 节。

2）目标

给定多旋翼传递函数模型，该模型已经包含第 6 章设计的跟踪控制器。设计路径跟随控制器让传递函数模型输出进行直线路径跟随。直线初始点为 (5, −3)，终点为 (5, 10)，多旋翼初始位置随机，可以定为 (0, 0)。此外，偏航角通道需要始终保持为 0，高度始终保持在 2m。

（1）学习并掌握路径跟随的理论基础及原理；

（2）实现多旋翼直线路径跟随控制。

7.2.2 实验步骤

1）实验模型介绍

（1）整体模型。打开 Simulink 文件“e4\e4.1\sim1.0\e4_1_TF_TrajectoryPlanning_Segment.slx”，得到整体模型，如图 7.2 所示。

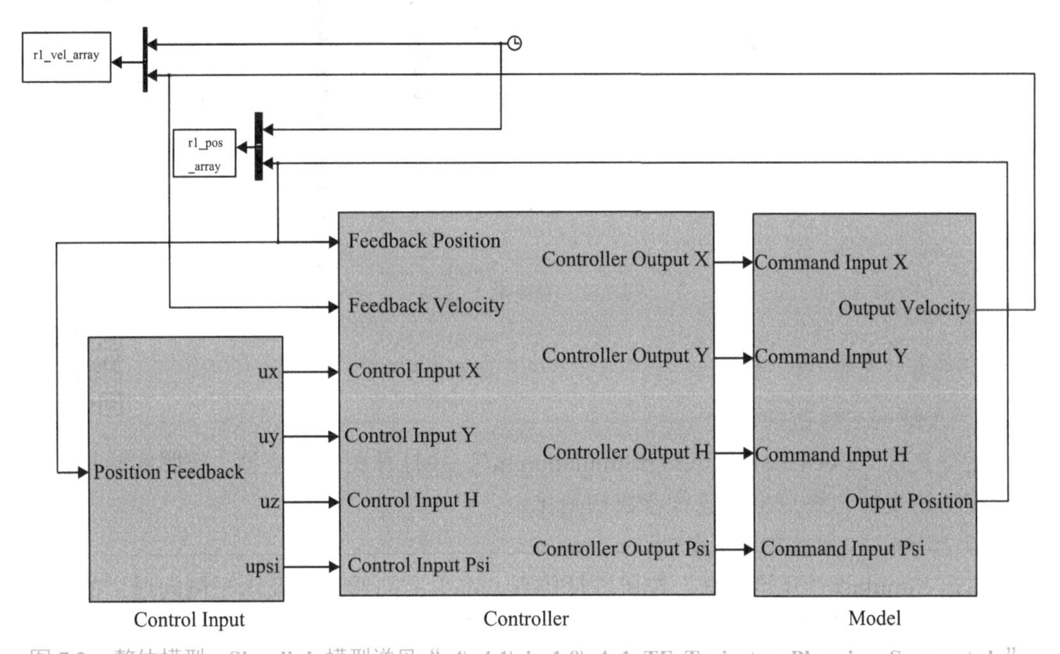

图 7.2 整体模型，Simulink 模型详见“e4\e4.1\sim1.0\e4_1_TF_TrajectoryPlanning_Segment.slx”

（2）控制输入模块。打开控制输入模块，其内部结构如图 7.3 所示。进一步打开路径跟随控制器模块，可以看到如图 7.4 所示的内部结构。对于四通道中的每个通道，都设计了独立的路径跟随控制器。由于四个通道的设计几乎相同，这里仅以水平前向通道为例进行介绍。图 7.4 中加入了位置反馈，并且可以设置多旋翼需要跟随路径的初始坐标与终点坐标。设置完之后，将它们传入路径跟随控制器，产生位置期望，输出到路径跟踪控制器模块。此外这里还需要一些数据的保存与显示。关于路径跟随控制器的内部设计，可以单击该模块查看完整代码，其中的关键代码如表 7.1 所示，对应实验原理中的式 (7.2) 和式 (7.15)。

表 7.1 路径跟随控制器关键代码

```
1  P_perp = P_final+(P_init-P_final)*((P_static-P_final)'*(P_init-P_final))/(norm(P_
       final-P_init + 0.000001))^2;
2  temp  = k1_x*satgd(((k0_x/k1_x)*(P_final - P_static)+(P_perp-P_static)),a0);
3  P_d = P_static + temp;
```

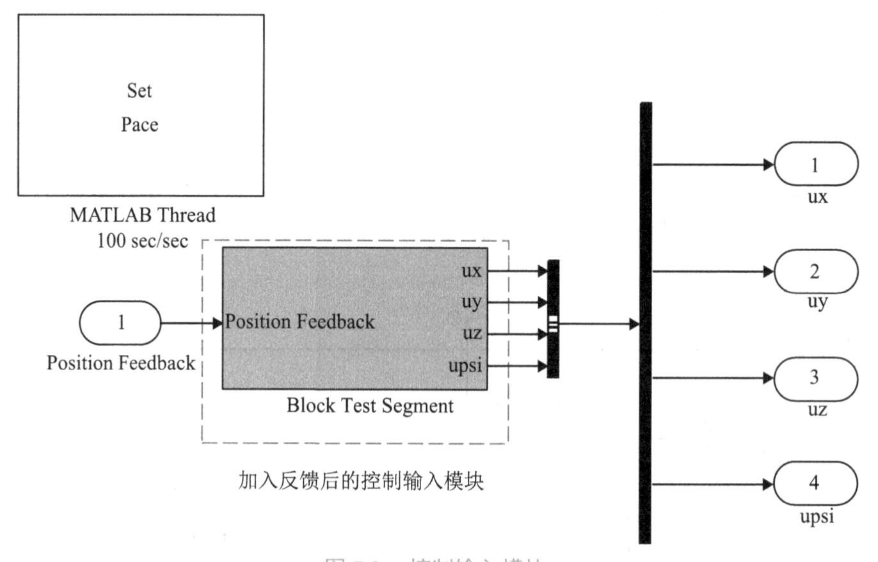

图 7.3 控制输入模块

7.2.2.1 仿真 1.0

1）步骤一：参数初始化

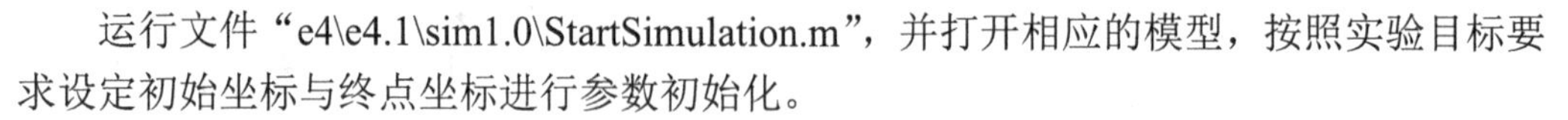

运行文件“e4\e4.1\sim1.0\StartSimulation.m”，并打开相应的模型，按照实验目标要求设定初始坐标与终点坐标进行参数初始化。

2）步骤二：实验数据及分析

单击 Simulink“开始仿真”按钮进行仿真，水平前向通道以及水平侧向通道的路径跟随控制器响应时间曲线如图 7.5 所示。从图中可以看出，多旋翼水平两通道轨迹都是从初始位置开始，然后逐渐逼近期望的轨迹，最终到达目标终点。此外，路径跟随控制器输出轨迹与期望轨迹对比图如图 7.6 所示。从图中可以看到，从初始位置开始，多旋翼非常迅速地逼近了期望轨迹，可以认为路径跟随控制器的设计是可行的。

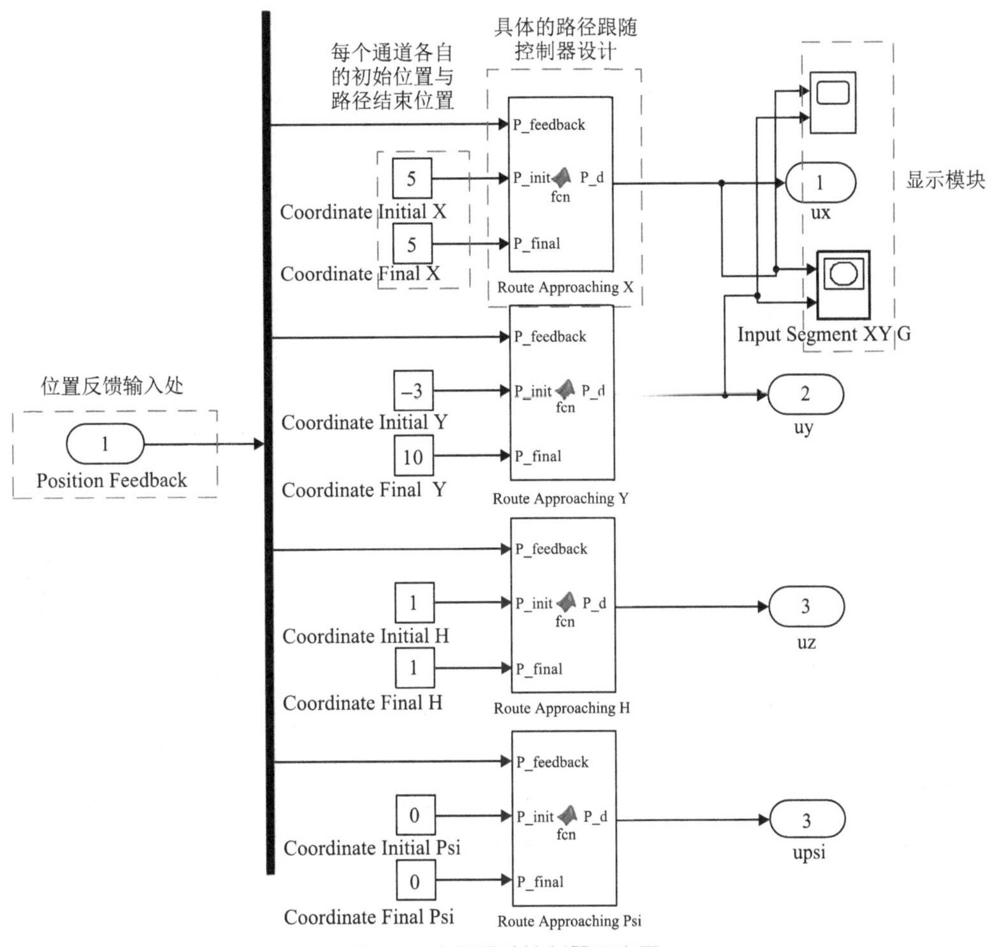

图 7.4　路径跟随控制器示意图

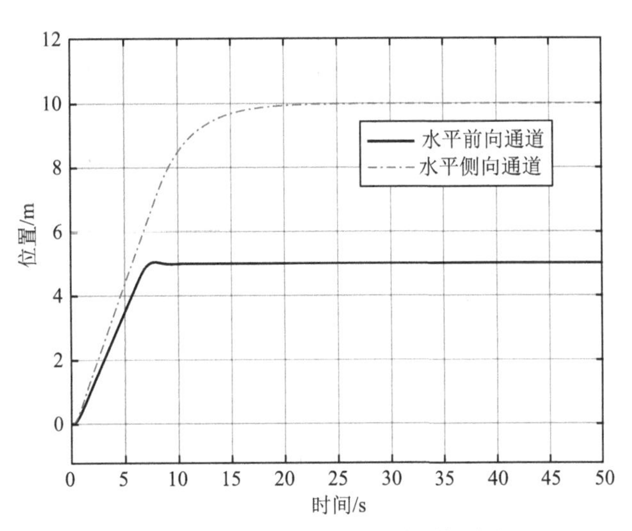

图 7.5　路径跟随控制器响应时间曲线

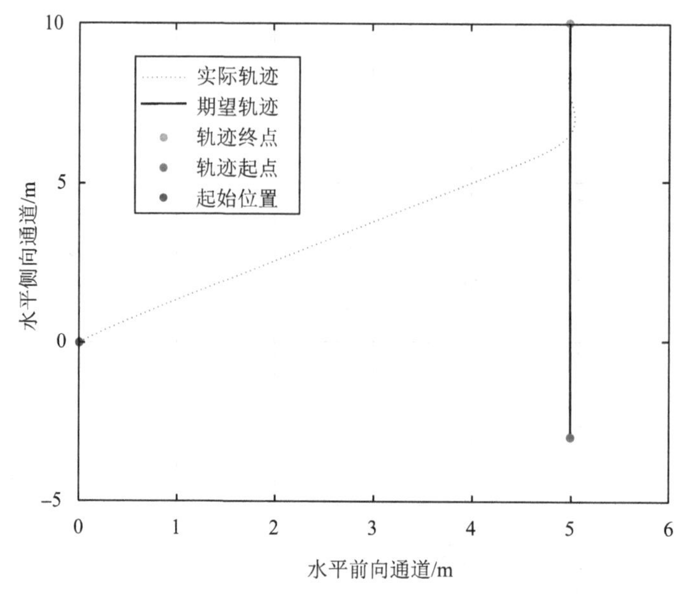

图 7.6　输出轨迹与期望轨迹对比图

7.2.2.2　仿真 2.0

打开 Simulink 文件“e4\e4.1\sim2.0”，其中的文件与“e4\e4.1\sim1.0”基本相同，区别在于这里替换多旋翼模型为非线性模型。采用与仿真 1.0 完全相同的实验步骤，将两种模型的关键结果进行对比，对比结果如图 7.7 所示。从对比结果可以看出，我们采用系统辨识获得的传递函数模型进行路径跟踪控制器设计，可以产生与基于非线性模型设计非常接近的效果。同时，也可以在 FlightGear 中查看仿真飞行效果。

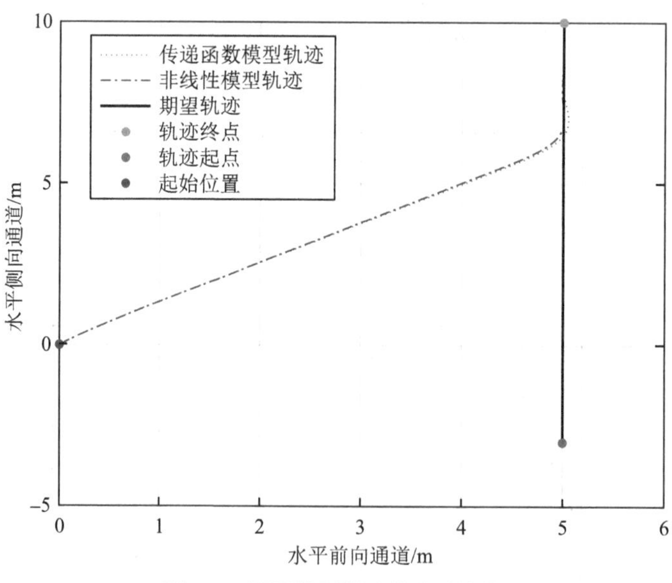

图 7.7　不同模型跟随轨迹对比图

7.3 分析实验

7.3.1 实验目标

1）准备

（1）软件：MATLAB R2017b 及以上版本；基于 Simulink 的控制器设计与仿真平台；实验指导包“e4.2”；FlightGear，详见第 2 章 2.1.2 节。

（2）硬件：计算机，详见第 2 章 2.1.1 节。

2）目标

对于直线路径跟随，修改参数 a_0 和 k_1，对比所获得的路径跟随轨迹的变化，总结规律并得出结论。此处仍采用与基础实验相同的路径跟随控制器。直线初始点为 (5, −3)，终点为 (5, 10)，多旋翼初始位置随机，可以定为 (0, 0)。此外偏航角需要始终保持为 0，高度始终保持在 2m。

7.3.2 实验步骤

7.3.2.1 仿真 1.0

1）步骤一：参数初始化

运行“e4\e4.2\sim1.0\StartSimulation.m”进行参数初始化。

2）步骤二：参数修改

（1）改变参数 a_0

选取如下参数进行实验，分别为 $k_0 = 0.2, k_1 = 1, a_0 = 0.1$、0.5、2（对应表 7.1 代码中的 k0_x, k1_xx, a0）。每次运行模型前改变表 7.1 中的 a_0 参数，得到水平前向通道和水平侧向通道的路径跟随控制器响应，如图 7.8 至图 7.10 所示。从图中可以看出，在保持其

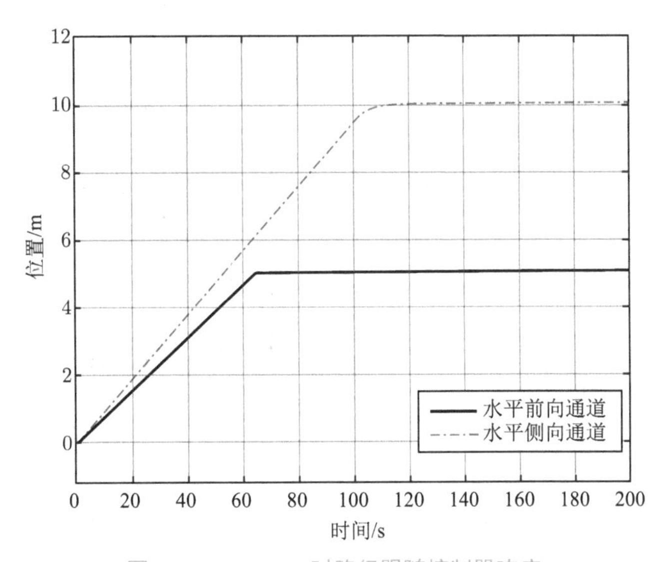

图 7.8 $a_0 = 0.1$ 时路径跟随控制器响应

他两个参数不变的情况下，改变饱和上限 a_0 的值，多旋翼贴合到期望轨迹上的速度越来越快。三种不同饱和上限的情况下，路径跟随控制器输出与期望轨迹对比图如图 7.11 所示。另外，随着饱和上限的增大，多旋翼靠近期望轨迹的斜率增加，甚至在 $a_0 = 2$ 时出现了一种类似“超调”的现象。

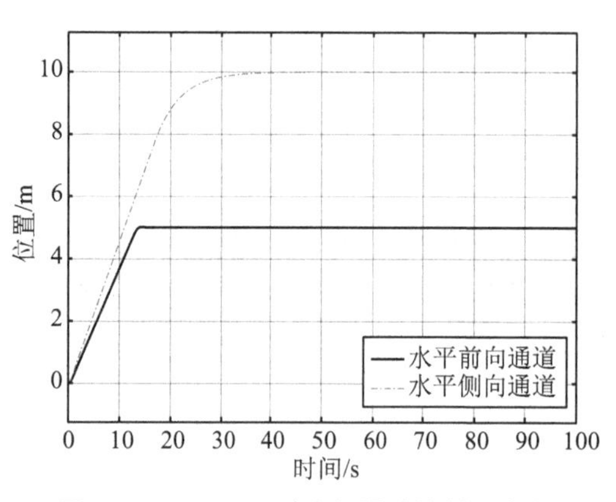

图 7.9　$a_0 = 0.5$ 时路径跟随控制器响应

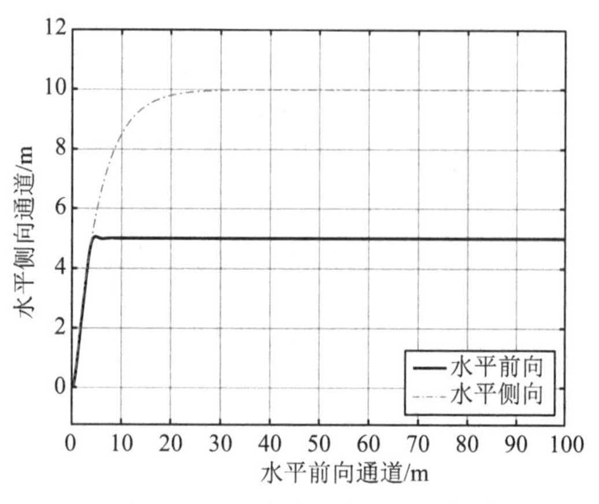

图 7.10　$a_0 = 2$ 时路径跟随控制器响应

（2）改变参数 k_1

选取如下参数进行实验，分别为 $k_0 = 0.1, a_0 = 2, k_1 = 0.1$、0.5、1。每次运行模型前改变表 7.1 中的 k1_x 参数，得到水平前向通道和水平侧向通道的路径跟随控制器响应，如图 7.12 至图 7.14 所示。从图中可以看出，在保持其他两个参数不变的情况下，改变参数 k_1 的值，多旋翼可以更“直接”地贴合到期望轨迹上。这也就说明参数 k_1 的作用便是使多旋翼更快地靠近期望轨迹。在三种不同参数 k_1 的情况下，路径跟随控制器输出与期望轨迹对比图如图 7.15 所示，该图也说明了这个规律。

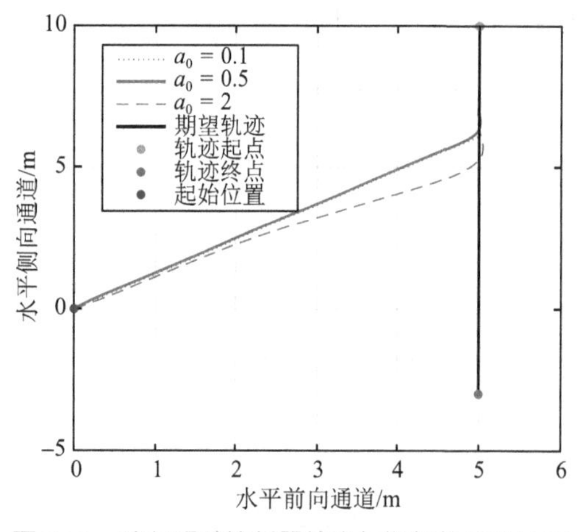

图 7.11　路径跟随控制器输出与期望轨迹对比图

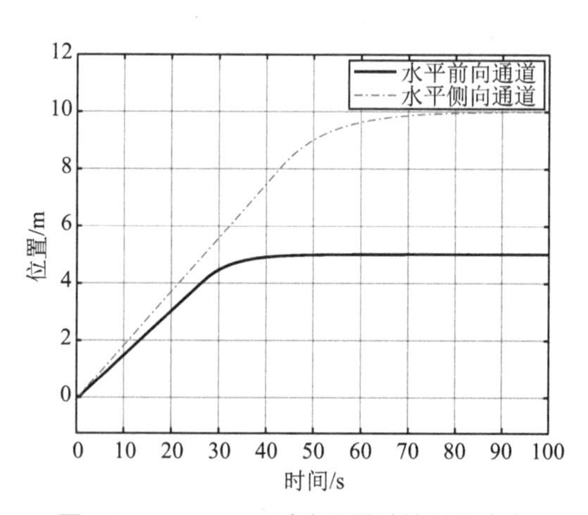

图 7.12　$k_1 = 0.1$ 时路径跟随控制器响应

（3）小结

在对结果进行分析后，可以得出如下结论。首先，在保持其他两个参数的不变的情况下，饱和上限 a_0 值越大，多旋翼靠近轨迹的速度会越来越快，直到到达最大速度，但

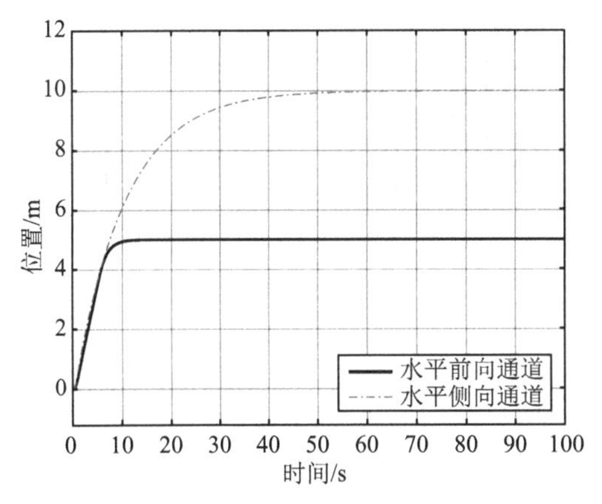

图 7.13 $k_1 = 0.5$ 时路径跟随控制器响应

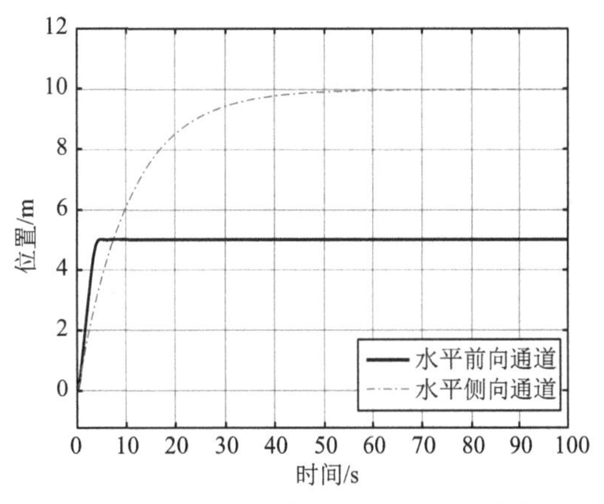

图 7.14 $k_1 = 1$ 时路径跟随控制器响应

靠近终点时会因速度太大而产生超调。其次，在保持其他两个参数值不变的情况下，参数 k_1 越大，多旋翼靠近轨迹的程度越“直接”，也就是说多旋翼更倾向于以优先靠近“当前位置在期望轨迹上的垂足”的方式靠近期望轨迹，这与式 (7.14) 是一致的。这里，参数 k_1 是 $\tilde{\mathbf{p}}_{\mathrm{wp,perp}} - \mathbf{p}$ 的系数，其值越大，多旋翼就会越倾向于靠近垂足。另外，参数 k_0 是 $\mathbf{p}_{\mathrm{wp}} - \mathbf{p}$ 的系数，其值越大，多旋翼就会越倾向于靠近目标终点。

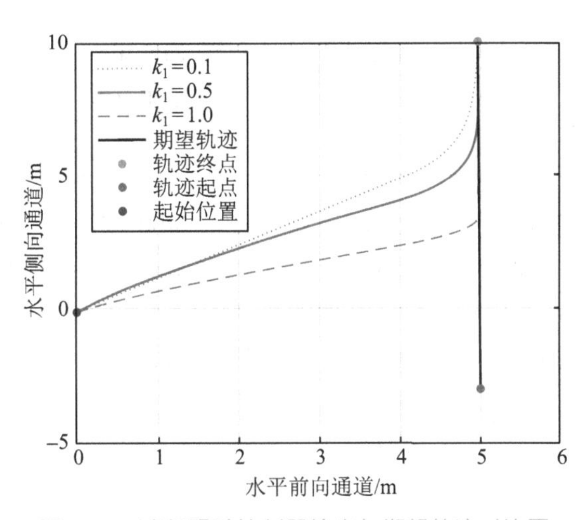

图 7.15 路径跟随控制器输出与期望轨迹对比图

7.3.2.2 仿真 2.0

打开文件夹“e4\e4.2\sim2.0”，其中的文件与“e4\e4.2\sim1.0”相同，区别在于其中的模型为非线性模型。采用与传递函数模型实验中完全相同的实验步骤，将两种模型的关键结果进行对比。为了尽可能简略且清楚地显示对比效果，这里选取 $a_0 = 2$ 与 $k_1 = 1$ 时的跟随轨迹情况进行对比。从对比结果图 7.16 和图 7.17 可以看出，我们采用系统辨识获得的传递函数模型进行实验时，可以产生与基于非线性模型设计非常接近的效果，同时也可以在 FlightGear 中查看仿真飞行效果。

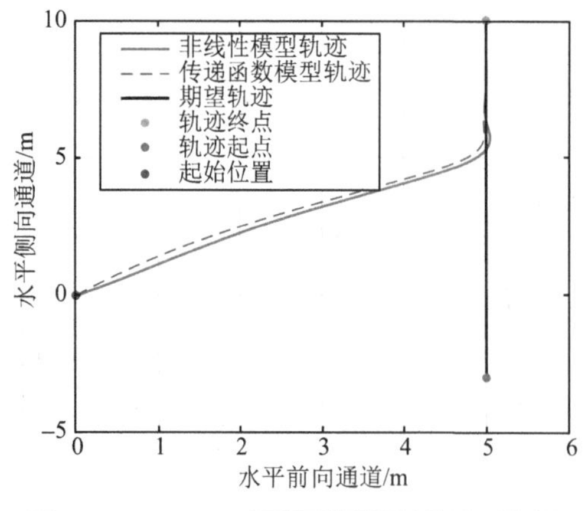

图 7.16 $a_0 = 2$ 时不同模型跟随轨迹对比图

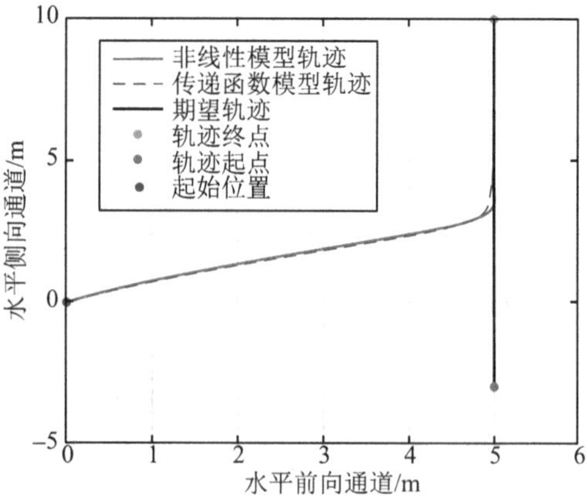

图 7.17 $k_1 = 1$ 时不同模型跟随轨迹对比图

7.4 设计实验

7.4.1 实验目标

1）准备

（1）软件：MATLAB R2017b 及以上版本；基于 Simulink 的控制器设计与仿真平台和实验指导包“e4.3”；CopterSim 和 RflySim3D，详见第 2 章 2.1.2 节。

（2）硬件：计算机；自驾仪，详见第 2 章 2.1.1 节。

2）目标

在直线路径跟随理论的基础上，设计圆轨迹路径跟随算法。已知所跟随圆的圆心位于点 $(0,0)$，半径为 3m，多旋翼初始位置可定为点 $(0,0)$。此外偏航角需要始终保持为 0，高度始终保持在 2m。在完成圆轨迹路径跟随算法的设计和验证之后，改变参数 k_1 的值，分析其作用。最后进行仿真 1.0、仿真 2.0 和硬件在环仿真。

7.4.2 实验设计

7.4.2.1 实验原理

该问题可以描述为：当前多旋翼位置为 $\mathbf{p} \in \mathbb{R}^2$，航路轨迹为圆，圆心为 $\mathbf{o} \in \mathbb{R}^2$，半径为 R；设计虚拟控制 $\mathbf{u} \in \mathbb{R}^2$ 使得多旋翼最终能够绕圆周进行逆时针飞行。前两个实验实现了直线的路径跟随，对于圆轨迹路径跟随，也可以采用相同的思路。如图 7.18 所示，$\mathbf{p}_{\text{perp}} \in \mathbb{R}^2$ 表示多旋翼与圆的最近距离点，可以表示为

$$\mathbf{p}_{\text{perp}} = \mathbf{o} + (\mathbf{p} - \mathbf{o}) \frac{R}{\|\mathbf{p} - \mathbf{o}\|} \tag{7.16}$$

那么

$$\mathbf{p} - \mathbf{p}_{\text{perp}} = \lambda (\mathbf{p} - \mathbf{o}) \tag{7.17}$$

其中

$$\lambda = 1 - \frac{R}{\|\mathbf{p} - \mathbf{o}\|} \tag{7.18}$$

令 $\mathbf{p}_{\text{perp}}$ 能够产生吸引多旋翼的引力，这样多旋翼的飞行轨迹就会趋近圆。另外，我们希望多旋翼能够绕圆周进行逆时针飞行，这就需要设计多旋翼绕圆周进行逆时针切向方向的吸引力，同时切向方向引导点 $\mathbf{p}_{\tan}$ 到当前多旋翼的位置具有单位长度，可以得到

$$\mathbf{p}_{\tan} - \mathbf{p} = \mathbf{R}_{\alpha=90^\circ} \frac{\mathbf{p}_{\text{perp}} - \mathbf{o}}{\|\mathbf{p}_{\text{perp}} - \mathbf{o}\|} \tag{7.19}$$

这里，$\mathbf{R}_\alpha$ 表示旋转矩阵，定义为

$$\mathbf{R}_\alpha = \begin{bmatrix} \cos\alpha & -\sin\alpha \\ \sin\alpha & \cos\alpha \end{bmatrix} \tag{7.20}$$

其意义为，一个向量与其相乘后，向量可以逆时针旋转 α 角度。综上所述，设计圆轨迹路径跟随控制器为

$$\mathbf{u} = -\frac{1}{k_2}(\mathbf{p} - \mathbf{p}_{\text{d}}) - \frac{1}{k_2}\mathbf{v} \tag{7.21}$$

其中，$\mathbf{p}_{\text{d}} = \text{sat}_{\text{gd}}\left(k_0(\mathbf{p}_{\tan} - \mathbf{p}) + k_1\left(\mathbf{p}_{\text{perp}} - \mathbf{p}\right), a_0\right)$。参数 $k_0, k_1 > 0$ 分别表示趋向 $\mathbf{p}_{\tan}$ 和 $\mathbf{p}_{\text{perp}}$ 的增益大小，饱和的作用在于限制 $\mathbf{p}_{\text{d}}$ 大小。

（1）若多旋翼离圆很远，那么

$$\mathbf{p}_{\text{d}} \approx \text{sat}_{\text{gd}}\left(k_1\left(\mathbf{p}_{\text{perp}} - \mathbf{p}\right), a_0\right)$$

（2）若多旋翼已经在圆上，那么

$$\mathbf{p}_{\text{d}} = \text{sat}_{\text{gd}}(k_0(\mathbf{p}_{\tan} - \mathbf{p}), a_0)$$

此时多旋翼的绝大部分控制是绕圆飞行。为了更好地理解 $\mathbf{p}_{\text{d}}$ 的物理意义，令 $k_0 = k_1 = 1$，那么

$$\mathbf{p}_{\text{d}} = \text{sat}_{\text{gd}}\left((\mathbf{p}_{\tan} - \mathbf{p}) + \left(\mathbf{p}_{\text{perp}} - \mathbf{p}\right), a_0\right) \tag{7.22}$$

其中，$\mathbf{p}_{\text{d}}$ 的物理意义如图 7.18 所示。由图可见，无论多旋翼在给定的圆内还是圆外，都有趋向圆的趋势。

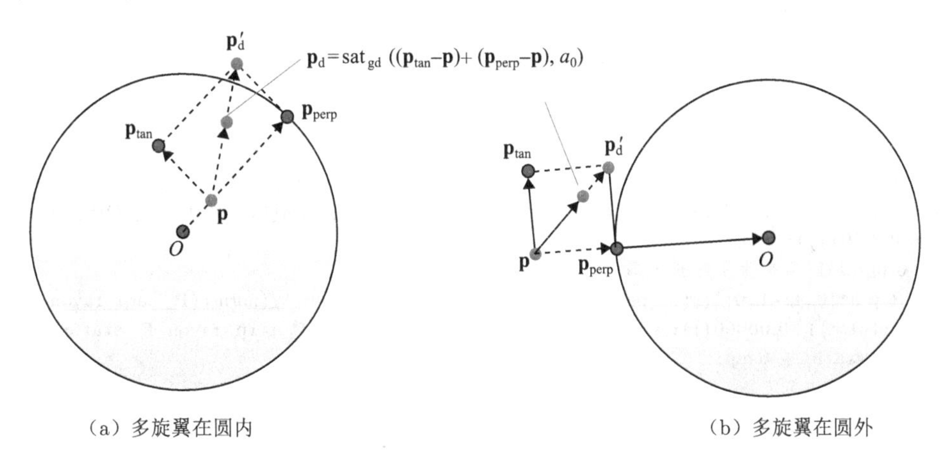

（a）多旋翼在圆内　　（b）多旋翼在圆外

图 7.18　圆轨迹路径跟随过程中实时航路点的物理意义

7.4.2.2 实验模块介绍

1）整体模块

打开 Simulink 文件“e4\e4.3\sim1.0\ e4_3_TF_TrajectoryPlanning_Cercle.slx”，如图 7.19 所示。

2）控制输入模块

高度通道和偏航通道模块与基础实验一致。对于水平方向的两个通道，单击图 7.19 中的“Controller”模块查看完整代码，其中的关键代码如表 7.2 所示。

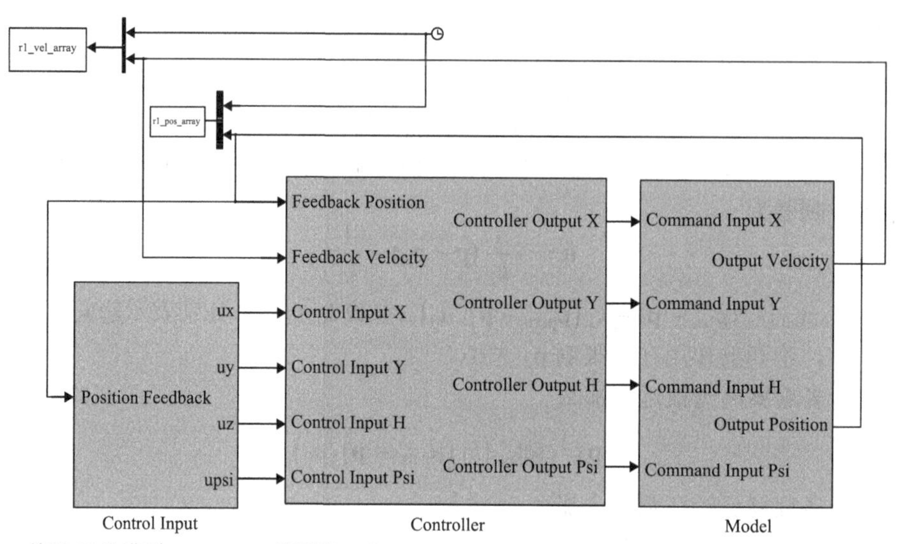

图 7.19 修改后的模型，Simulink 模型详见“e4\e4.3\ sim1.0\e4_3_TF_TrajectoirePlanning_Cercle.slx”

表 7.2 圆轨迹路径跟随控制器参数修改

```
1  function [P_dx,P_dy] = fcn(P_Rayon, P_feedback, P_Origine)
2  % 参数赋值
3  a0  = 3;
4  % PD控制器的参数: 1/k2
5  % 根据《多旋翼飞行器设计与控制》的287页
6  persistent P_static;
7  if isempty(P_static)     P_static=P_init;
8  end
9  P_static = P_feedback;
10 % 除了起始值，其他位置都是反馈得到
11 % 迭代过程
12 P_perp_rayon = P_Origine+(P_static-P_Origine)*(P_Rayon/(norm((P_static-P_Origine)+
       0.000001)));
13 % '+ 0.000001'项是为了防止分母为0
14 A = P_Rayon*[0,1;-1,0]*(((P_perp_rayon - P_static)+0.000001)/(norm((P_perp_rayon -
       P_static))+0.000001));     temp  = satgd(k0_x*A+k1_x*(P_perp_rayon-P_static),a0);
15 P_d0 = P_static + temp;
16 P_dx=P_d0(1);
17 P_dy=P_d0(2);
```

7.4.3 实验步骤

7.4.3.1 仿真 1.0

1）步骤一：参数初始化

运行“e4\e4.3\sim1.0\ StartSimulation.m”和“e4\e4.3\sim1.0\ e4_3_TF_Trajectory-Planning_code.m”，并初始化参数，路径跟随控制器运行的必要参数如表 7.3 所示。然后只需打开模型文件“e4\e4.3\sim1.0\e4_3_TF_TrajectoryPlanning_Cercle.slx”，按照实验目标的要求设定好需要跟随轨迹的原点坐标、半径以及路径跟随控制器中相应的参数值即可。最后运行模型文件。

表 7.3 路径跟随控制器运行必要参数

```
1   %%
2   k2_p_x=1/1;
3   k2_d_x=1/0.3;
4   %%
5   k2_p_y=1/1;
6   k2_d_y=1/0.3;
7   %%
8   k2_p_z=1;
9   k2_d_z=10;
10  %%
11  k2_p_yaw=1;
12  k2_d_yaw=10;
```

2）步骤二：参数修改

选取如下参数进行实验，分别为 $k_0 = 0.3, a_0 = 3, k_1 = 0.3$、0.7、1，获得不同的结果，分别进行保存。水平前向通道以及水平侧向通道的路径跟随控制器输出时间曲线的对比图 7.20 至图 7.22 所示。从图中可以看出，无论参数如何修改，两个通道的期望输出曲线均明显存在大约为半个周期的相位差，达到了实验目标的要求。

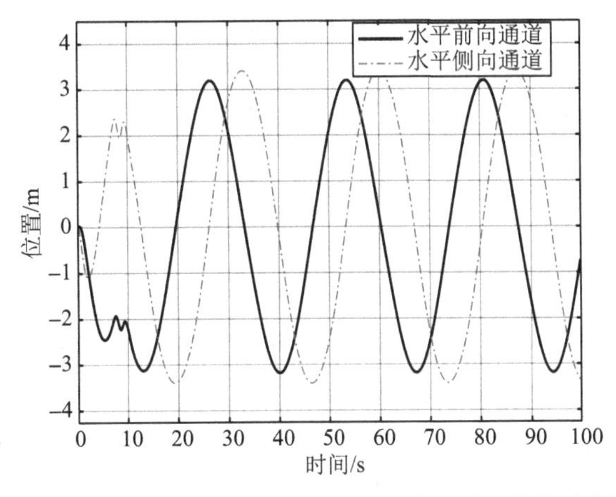

图 7.20 $k_1 = 0.3$ 时路径跟随控制器输出时间曲线对比图

在三种不同参数 k_1 的情况下，路径跟随控制器输出与期望轨迹对比如图 7.23 所示。从图中可以看出，随着参数 k_1 的增大，多旋翼的期望输入轨迹曲线愈加靠近期望圆轨迹；此外，随着参数 k_1 的增大，多旋翼靠近期望圆轨迹也会变得越来越“直接”，靠近轨迹就越精确。更具体地，多旋翼更期望以优先靠近“当前位置在期望圆轨迹上的过圆心直线与圆的交点”的方式靠近期望轨迹。这样的结果与我们设计的控制器的式 (7.22) 是相符的。图 7.24 是 $k_1 = 1$ 时的路径跟随控制器输出与期望轨迹对比图，从该图上可以更加清楚地表明这个规律。

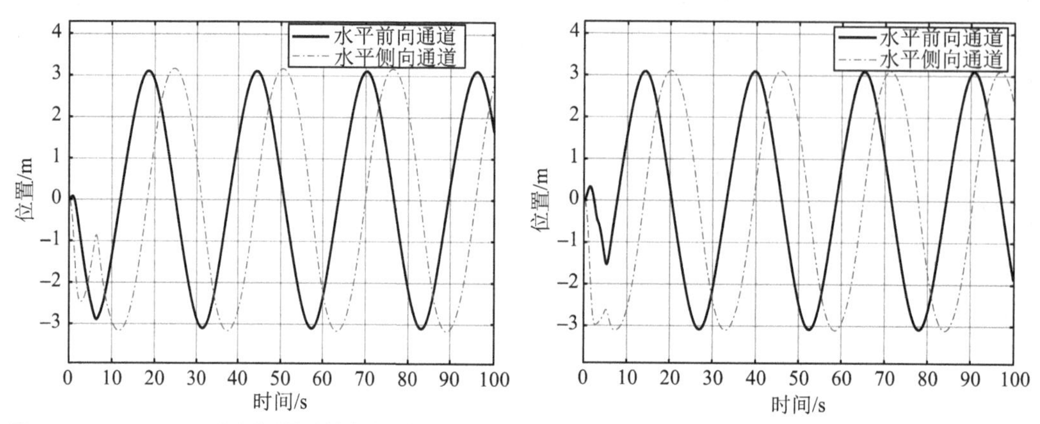

图 7.21　$k_1 = 0.7$ 时路径跟随控制器输出时间曲线对比图

图 7.22　$k_1 = 1$ 时路径跟随控制器输出时间曲线对比图

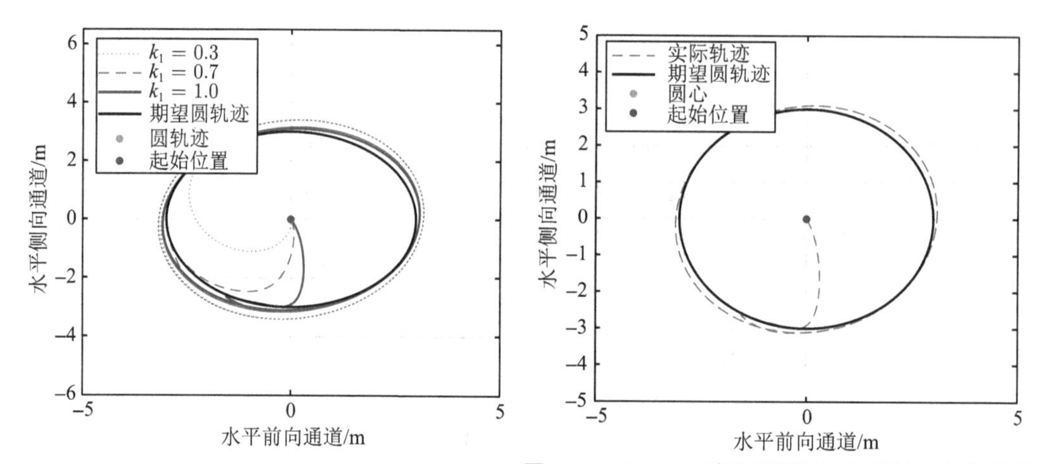

图 7.23　路径跟随控制器输出与期望轨迹对比图

图 7.24　$k_1 = 1$ 时路径跟随控制器输出与期望轨迹对比图

7.4.3.2　仿真 2.0

打开“e4\e4.3\sim2.0”Simulink 文件，其中的闭环系统结构与“e4\e4.3\sim1.0”中的相同，而区别在于其中的模型为非线性模型。采用与传递函数模型实验中完全相同的实验步骤，将两种模型的关键结果进行对比，如图 7.25 所示，从对比结果可以看出，我们采用系统辨识获得的模型进行路径跟随控制器设计，可以产生与基于非线性模型设计非常接近的效果。另外，这里的非线性模型所获得的圆跟随轨迹并不对称，这是因为非线性模型存在着诸多不确定性和限制，同时也可以在 FlightGear 中查看仿真飞行效果。

7.4.3.3 硬件在环仿真

首先准备好自驾仪，打开 RflySim，同时打开 MATLAB，运行“StartSimulation”初始化文件。运行后，再打开并运行 Simulink 模型文件“e4_3_Model_TrajectoryPlanning_HTIL_2017b”，便可以在 RflySim3D 软件中看到硬件在环仿真的效果，具体实验步骤可以参考第 3 章 3.2.2.3 节。

实验数据记录在“Pos1”文件中，结果如图 7.26 所示。硬件在环仿真实验分别实现了 $k_1 = 0.3, 0.7, 1.0$ 的飞行实验，从实验结果可以看出，控制 k_0 不变，改变 k_1 的大小，轨迹随着 k_1 的增大而越来越靠近期望轨迹，但是在期望轨迹附近的抖动也更加明显。这是因为在外加饱和函数的情况下，k_0 决定切向命令的权重大小，k_1 决定径向命令的权重。k_1 增大则径向命令增大，多旋翼会更加逼近期望轨迹，同时切向命令会减小，从而导致了在期望轨迹周围抖动的情况，这也说明了要均衡选取合适的参数从而达到贴合期望轨迹的目的，同时减少抖动。

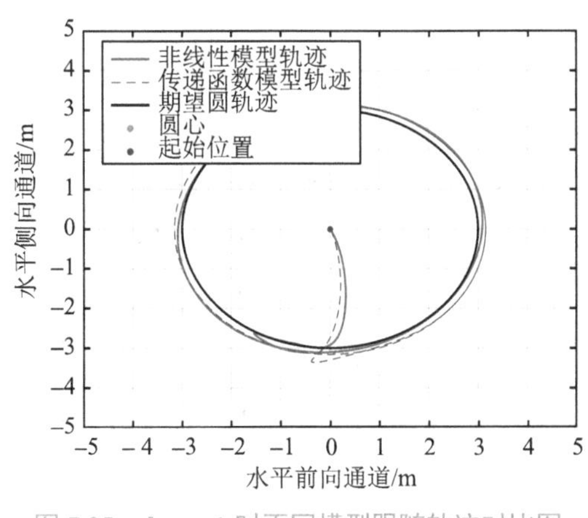

图 7.25 $k_1 = 1$ 时不同模型跟随轨迹对比图

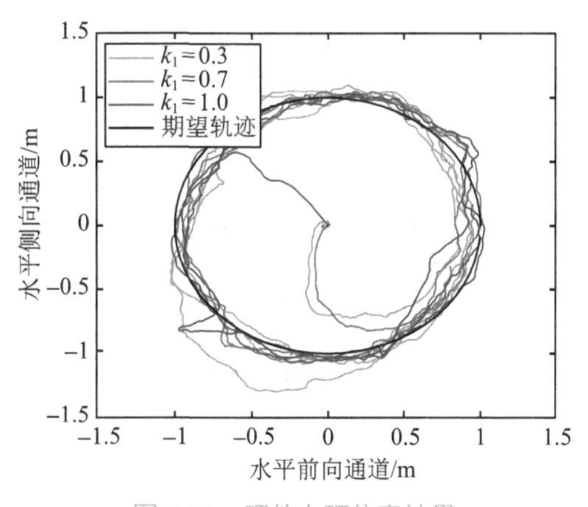

图 7.26 硬件在环仿真结果

7.5 实飞实验

7.5.1 实验目标

1）准备

（1）软件：MATLAB R2017b 及以上版本；基于 Simulink 的控制器设计与仿真平台和实验指导包“e4.4”，详见第 2 章 2.1.2 节。

（2）硬件：计算机；OptiTrack 室内定位系统，带半自主飞控的多旋翼，详见第 2 章 2.1.1 节。

2）目标

（1）基于第 4 章中实飞实验辨识出来的传递函数模型，使用设计实验中设计出的圆轨迹路径跟随控制器，查看仿真效果。

（2）将（1）中设计出的圆轨迹路径跟随控制器应用于真机，查看实验效果。

7.5.2 实验步骤

7.5.2.1 仿真 1.0

运行“e4\e4.4\sim1.0\start.m”，“e4_4_trajectoire_following.slx”模型文件会自动打开。其整体模块如图 7.27 所示，其中传递函数模型为第 4 章 4.5 节辨识出来的传递函数模型，如图 7.28 所示。以基础实验中相同的步骤调节 PID 控制器得到较好的控制效果。获得相应的圆轨迹如图 7.29 所示。

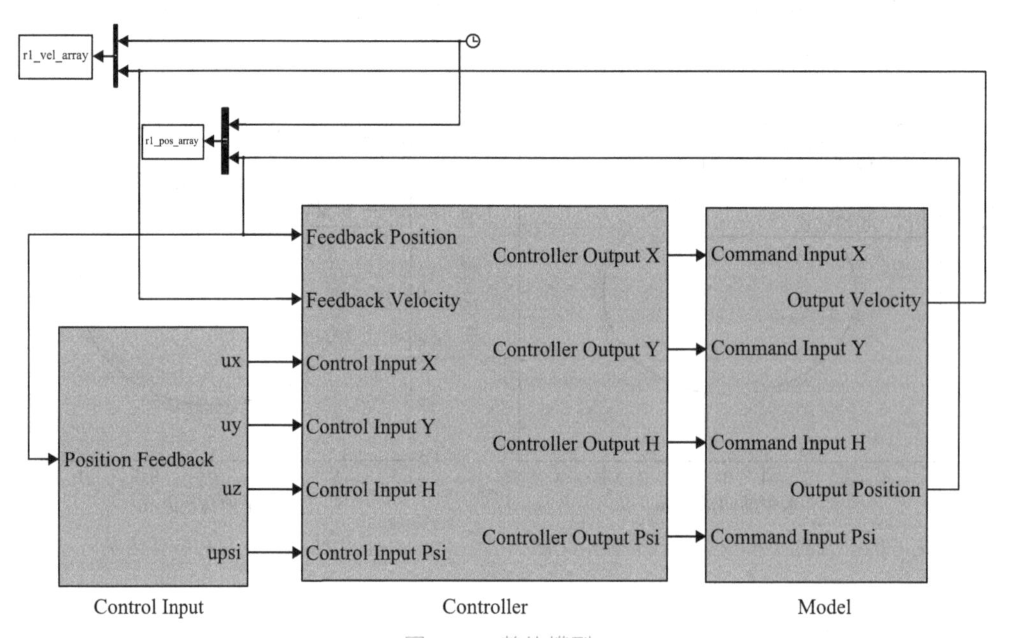

图 7.27 整体模型

7.5.2.2 实飞实验

以 Tello 飞行器和 OptiTrack 室内定位系统为例，这里我们给出一个设计好的例子，见文件“e4\e4.4\Rfly\e4_4_trajectory_planning.slx”。

1）步骤一：整体模块介绍

在 MATLAB 中单击运行“start_tello.m”文件，进行初始化以及启动相应的 Simulink 程序“e4_4_trajectory_planning.slx”文件，模型如图 7.30 所示。控制模型由七部分组成，每个模块具体作用可参考第 2 章 2.3 节。

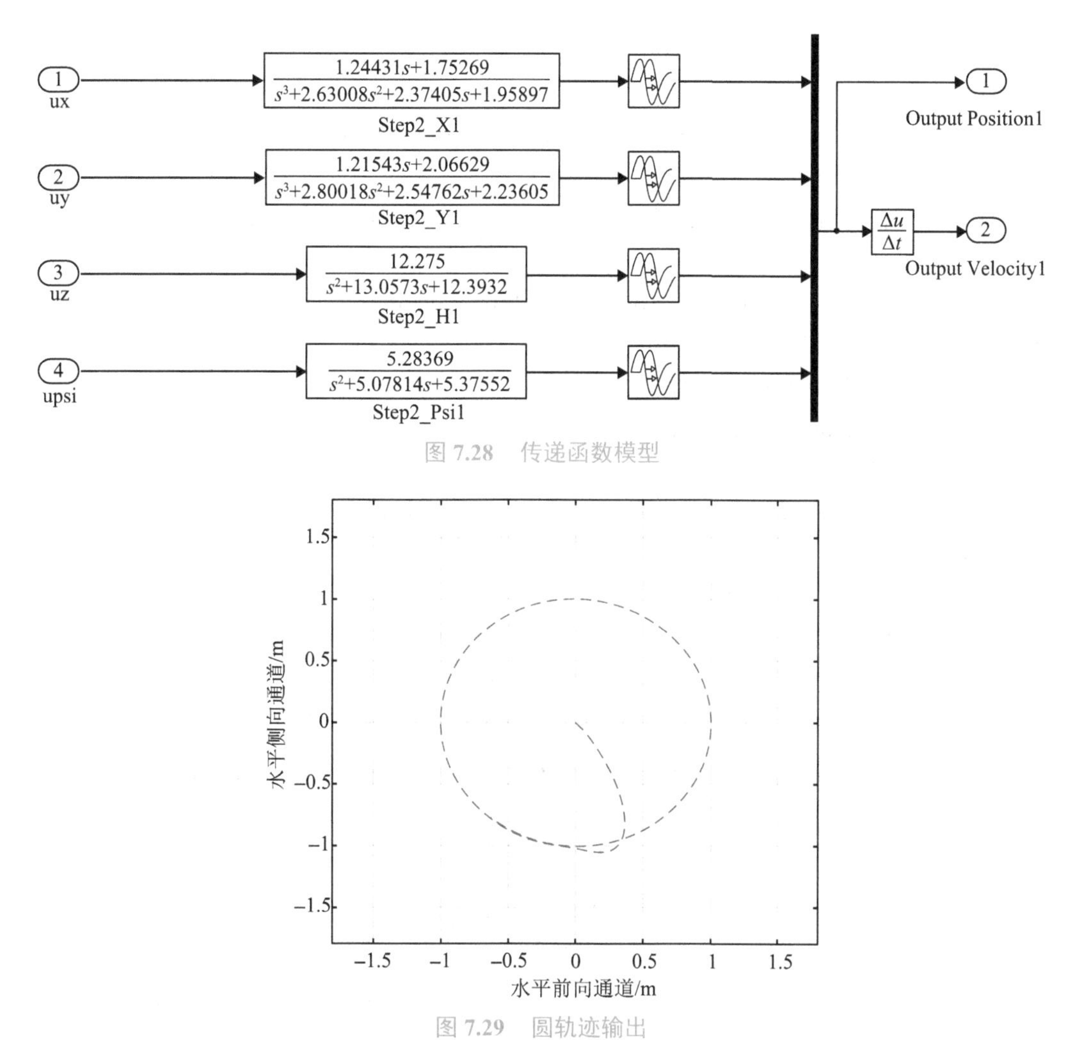

图 7.28 传递函数模型

图 7.29 圆轨迹输出

图 7.30 整体模块示意图

2）步骤二：系统启动流程

（1）启动 OptiTrack

打开一个新终端，运行命令“roslaunch mocap_optitrack multi_rigidbody8.launch”。

（2）启动 tello_driver

打开一个新终端，运行命令“roslaunch tello_driver tello_node.launch”。

（3）起飞 Tello

打开一个新终端，运行命令“rosrun tello Tello_takeoff_all”，可以看到两架多旋翼起飞并保持悬停在正上方高度为 1m 位置。

（4）运行 MATLAB 控制程序

运行“e4_4_trajectory_planning.slx”文件。

（5）降落 Tello

打开一个新终端，运行命令“rosrun tello Tello_land_all”，在多旋翼降落后，结束所有终端。

3）步骤三：实验结果分析

“e4_4_trajectory_planning.slx”文件中包含数据存储模块用于记录结果，见工作区变量。“tello3_states”和“tello3_states_d”代表四旋翼飞行过程的期望指令和实际反馈结果。运行“tello_plot.m”模型文件，即可得到如图 7.31 所示的实飞结果。

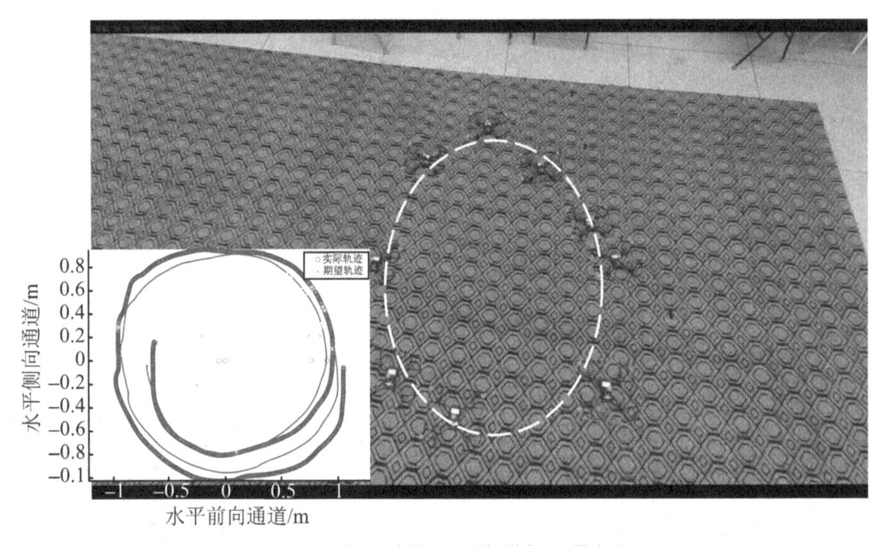

图 7.31　实飞结果（影像进行了叠加）

7.6　本章小结

（1）通过基础实验，读者可以了解直线路径跟随控制器的设计原理，了解整体的模块框架。

（2）通过分析实验，读者可以了解直线路径跟随控制器相关参数对算法性能的影响，并分析原因。

（3）通过设计实验，读者可以根据前面两个实验了解到的原理，设计圆轨迹路径跟随控制器。

（4）通过实飞实验，读者可以验证设计的圆轨迹路径跟随控制器算法的正确性。

（5）通过以上实验，读者可以较为深入地掌握路径跟随控制器的设计。

如有疑问，请到 https://rflysim.com/docs/#5_Course/Content 查询更多信息。

第8章

Chapter 8

避障控制器设计实验

避障问题是多旋翼决策层面的一个重要问题，在现实生活中十分常见。基于第6章设计的跟踪控制器和第7章学习的人工势场法路径规划，本章设计了避障算法，使多旋翼避开障碍物到达目标位置。本章首先介绍了单架多旋翼实现避开单个障碍物的一般原理，然后设计了由浅至深的四个实验。在基础实验中，读者将复现单机避障实验，了解避障控制器的各个模块和基本思路。在分析实验中，读者可以改变算法的参数来理解算法的影响因素。在设计实验中，读者可以自主设计多机合作避障算法。在实飞实验中，读者能将算法应用于真实的多旋翼中，验证算法的性能。

8.1 实验原理

为了让本章能够自包含，实验原理借鉴了《多旋翼飞行器设计与控制》[12] 第 13 章的部分内容，更多内容还可参见论文 [16]。

8.1.1 问题描述

在实际工程中，多旋翼需要具有避开静态障碍物和移动障碍物的能力。因此，这一节将基于已知的航路点和障碍物位置，设计一个避障算法。

问题可以描述为：令 $\mathbf{p} \in \mathbb{R}^2$ 表示多旋翼的当前位置，$\mathbf{p}_{\mathrm{wp}} \in \mathbb{R}^2$ 表示目标航路点，$\mathbf{v} \in \mathbb{R}^2$ 表示多旋翼的速度，$\mathbf{u} \in \mathbb{R}^2$ 表示虚拟控制输入。根据质点模型

$$\begin{aligned}\dot{\mathbf{p}} &= \mathbf{v} \\ \dot{\mathbf{v}} &= \mathbf{u}\end{aligned} \tag{8.1}$$

设计虚拟控制输入 $\mathbf{u}$ 引导多旋翼飞向目标航路点 $\mathbf{p}_{\mathrm{wp}}$，过程中能避开位于 $\mathbf{p}_{\mathrm{o}} \in \mathbb{R}^2$ 处覆盖半径为 $r_{\mathrm{o}} > 0$ 的障碍物。

定义 $\boldsymbol{\xi} \triangleq \mathbf{p} + k_0\mathbf{v}$，其中 $k_0 > 0$。根据式 (8.1)，可得

$$\dot{\boldsymbol{\xi}} = \bar{\mathbf{u}}$$

其中

$$\bar{\mathbf{u}} \triangleq \mathbf{v} + k_0\mathbf{u} \tag{8.2}$$

此外，定义滤波误差

$$\begin{aligned}\tilde{\boldsymbol{\xi}}_{\mathrm{wp}} &\triangleq \boldsymbol{\xi} - \boldsymbol{\xi}_{\mathrm{wp}} \\ \tilde{\boldsymbol{\xi}}_{\mathrm{o}} &\triangleq \boldsymbol{\xi} - \boldsymbol{\xi}_{\mathrm{o}}\end{aligned}$$

这里

$$\begin{aligned}\boldsymbol{\xi}_{\mathrm{wp}} &\triangleq \mathbf{p}_{\mathrm{wp}} + k_0\mathbf{v}_{\mathrm{wp}} \\ \boldsymbol{\xi}_{\mathrm{o}} &\triangleq \mathbf{p}_{\mathrm{o}} + k_0\mathbf{v}_{\mathrm{o}}\end{aligned}$$

其中，$\mathbf{v}_{\mathrm{wp}}, \mathbf{v}_{\mathrm{o}} \in \mathbb{R}^2$。根据上述定义，当 $t \to \infty$ 时，如果 $\left\|\tilde{\boldsymbol{\xi}}_{\mathrm{wp}}(t)\right\| \to 0$，那么 $\left\|\tilde{\mathbf{p}}_{\mathrm{wp}}(t)\right\| \to 0$。为简单起见，提出以下三个假设。

假设 8.1 目标航路点和障碍物的速度满足 $\mathbf{v}_{\mathrm{wp}} = \mathbf{v}_{\mathrm{o}} = \mathbf{0}_{2\times1}$。

假设 8.2 多旋翼的初始位置 $\mathbf{p}(0) \in \mathbb{R}^2$ 和速度满足

$$\begin{aligned}\left\|\tilde{\boldsymbol{\xi}}_{\mathrm{o}}(0)\right\| - r' &> 0 \\ \left\|\mathbf{p}(0) - \mathbf{p}_{\mathrm{o}}\right\| - r' &> 0\end{aligned}$$

其中

$$r' = r_{\mathrm{o}} + k_0 a_0$$

假设 8.3 目标航路点 $\mathbf{p}_{\mathrm{wp}}$ 满足

$$\frac{1}{\left\|\left(\mathbf{p}_{\mathrm{wp}}-\mathbf{p}_{\mathrm{o}}\right)+k_0\left(\mathbf{v}_{\mathrm{wp}}-\mathbf{v}_{\mathrm{o}}\right)\right\|-r'}\approx 0$$

假设 8.1 表示目标航路点和障碍物都是静态的。**假设 8.2** 表示初始时刻多旋翼不位于障碍物的覆盖半径内，且速度很小或者是受限的。根据**假设 8.1** 可知，**假设 8.3** 表示目标航路点 $\mathbf{p}_{\mathrm{wp}}$ 应该距障碍物有一定距离。

8.1.2 主要结果

定理 8.1 根据**假设 8.1~ 假设 8.3**，设计虚拟控制输入为

$$\mathbf{u}=-\frac{1}{k_0}\mathbf{v}-\frac{1}{k_0}\mathrm{sat}_{\mathrm{gd}}\left(a\tilde{\boldsymbol{\xi}}_{\mathrm{wp}}-b\tilde{\boldsymbol{\xi}}_{\mathrm{o}},a_0\right)\tag{8.3}$$

这里 $\mathrm{sat}_{\mathrm{gd}}(\cdot)$ 定义于式 (7.7)，且

$$\begin{aligned}a&=k_1\\ b&=k_2\frac{1}{\left(\left\|\tilde{\boldsymbol{\xi}}_{\mathrm{o}}\right\|-r'\right)^2}\frac{1}{\left\|\tilde{\boldsymbol{\xi}}_{\mathrm{o}}\right\|}\end{aligned}$$

其中，$k_1,k_2>0$。那么对于几乎所有的 $\tilde{\mathbf{p}}_{\mathrm{wp}}(0)$，都有 $\lim_{t\to\infty}\left\|\tilde{\mathbf{p}}_{\mathrm{wp}}(t)\right\|=0$ 并且 $\|\mathbf{p}_{\mathrm{o}}-\mathbf{p}(t)\|\geqslant r_{\mathrm{o}}$①。

证明. 根据**假设 8.1**，滤波误差的一阶导数为

$$\begin{aligned}\dot{\tilde{\boldsymbol{\xi}}}_{\mathrm{wp}}&=\bar{\mathbf{u}}\\ \dot{\tilde{\boldsymbol{\xi}}}_{\mathrm{o}}&=\bar{\mathbf{u}}\end{aligned}\tag{8.4}$$

为了研究多旋翼到达目标航路点的收敛性和避障行为，设计如下函数

$$V_2=\underbrace{\frac{k_1}{2}\tilde{\boldsymbol{\xi}}_{\mathrm{wp}}^{\mathrm{T}}\tilde{\boldsymbol{\xi}}_{\mathrm{wp}}}_{\text{靠近目标航路点}}+\underbrace{k_2\frac{1}{\left\|\tilde{\boldsymbol{\xi}}_{\mathrm{o}}\right\|-r'}}_{\text{避开障碍物}}\tag{8.5}$$

其中，$k_1,k_2>0$。根据**假设 8.2**，式 (8.5) 中的“避开障碍物”项在初始时刻是有界的。如果定义的函数 V_2 能保持有界，那么

$$\left\|\tilde{\boldsymbol{\xi}}_{\mathrm{o}}\right\|-r'\neq 0$$

即

$$\left\|\tilde{\boldsymbol{\xi}}_{\mathrm{o}}\right\|>r'$$

① $\mathbf{p}_{\mathrm{wp}}$ 是依概率 1 几乎稳定的平衡点，其他平衡点依概率 1 不稳定。

沿式 (8.4) 的解对函数 V_2 进行求导可得

$$\begin{aligned}\dot{V}_2 &= k_1\tilde{\boldsymbol{\xi}}_{\mathrm{wp}}^{\mathrm{T}}\bar{\mathbf{u}} - k_2\frac{1}{\left(\left\|\tilde{\boldsymbol{\xi}}_{\mathrm{o}}\right\| - r'\right)^2}\frac{\tilde{\boldsymbol{\xi}}_{\mathrm{o}}^{\mathrm{T}}}{\left\|\tilde{\boldsymbol{\xi}}_{\mathrm{o}}\right\|}\bar{\mathbf{u}} \\ &= \left(a\tilde{\boldsymbol{\xi}}_{\mathrm{wp}} - b\tilde{\boldsymbol{\xi}}_{\mathrm{o}}\right)^{\mathrm{T}}\bar{\mathbf{u}}\end{aligned}$$

根据式 (8.2) 和式 (8.3)，虚拟控制输入满足

$$\bar{\mathbf{u}} = -\mathrm{sat}_{\mathrm{gd}}\left(a\tilde{\boldsymbol{\xi}}_{\mathrm{wp}} - b\tilde{\boldsymbol{\xi}}_{\mathrm{o}}, a_0\right) \tag{8.6}$$

那么 $\dot{V}_2$ 可变为

$$\dot{V}_2 = -\left(a\tilde{\boldsymbol{\xi}}_{\mathrm{wp}} - b\tilde{\boldsymbol{\xi}}_{\mathrm{o}}\right)^{\mathrm{T}}\mathrm{sat}_{\mathrm{gd}}\left(a\tilde{\boldsymbol{\xi}}_{\mathrm{wp}} - b\tilde{\boldsymbol{\xi}}_{\mathrm{o}}, a_0\right) \leqslant 0$$

其中

$$\begin{aligned}a &= k_1 \\ b &= k_2\frac{1}{\left(\left\|\tilde{\boldsymbol{\xi}}_{\mathrm{o}}\right\| - r'\right)^2}\frac{1}{\left\|\tilde{\boldsymbol{\xi}}_{\mathrm{o}}\right\|}\end{aligned} \tag{8.7}$$

接下来，分析多旋翼能避开障碍物的原因。由于 $V_2(0) > 0$ 且 $\dot{V}_2 \leqslant 0$，函数 V_2 满足 $V_2(t) \leqslant V_2(0), t \in [0, \infty)$。这意味着

$$\frac{1}{\left\|\tilde{\boldsymbol{\xi}}_{\mathrm{o}}\right\| - r'} \leqslant \frac{1}{k_2}V_2(0) < \infty$$

上式可重写为

$$0 < \frac{k_2}{V_2(0)} \leqslant \left\|\tilde{\boldsymbol{\xi}}_{\mathrm{o}}\right\| - r'$$

可得 $\left\|\tilde{\boldsymbol{\xi}}_{\mathrm{o}}\right\| > r'$。之后，定义 $\tilde{\mathbf{p}}_{\mathrm{o}} \triangleq \mathbf{p} - \mathbf{p}_{\mathrm{o}}$，我们将证明 $\left\|\tilde{\boldsymbol{\xi}}_{\mathrm{o}}\right\| > r'$ 是 $\|\tilde{\mathbf{p}}_{\mathrm{o}}\| > r_{\mathrm{o}}$ 的充分条件。根据 $\tilde{\boldsymbol{\xi}}_{\mathrm{o}}$ 的定义可得

$$\tilde{\boldsymbol{\xi}}_{\mathrm{o}} = \tilde{\mathbf{p}}_{\mathrm{o}} + k_0\dot{\tilde{\mathbf{p}}}_{\mathrm{o}}$$

进一步可得

$$\begin{aligned}\left\|\tilde{\xi}_{\mathrm{o}}\right\| &= \|\tilde{\mathbf{p}}_{\mathrm{o}} + k_0\mathbf{v}\| \\ &\leqslant \|\tilde{\mathbf{p}}_{\mathrm{o}}\| + \|k_0\mathbf{v}\|\end{aligned} \tag{8.8}$$

依照式 (8.1) 和式 (8.3) 可以得到

$$\dot{\mathbf{v}} = -\frac{1}{k_0}\mathbf{v} - \frac{1}{k_0}\mathrm{sat}_{\mathrm{gd}}\left(a\tilde{\boldsymbol{\xi}}_{\mathrm{wp}} - b\tilde{\boldsymbol{\xi}}_{\mathrm{o}}, a_0\right)$$

这样速度的解为

$$\mathbf{v}(t) = -\frac{1}{k_0}\int_0^t \mathrm{e}^{-\frac{1}{k_0}(t-s)}\mathrm{sat}_{\mathrm{gd}}\left(a\tilde{\boldsymbol{\xi}}_{\mathrm{wp}} - b\tilde{\boldsymbol{\xi}}_{\mathrm{o}}, a_0\right)\mathrm{d}s$$

进一步可以得到

$$\|\mathbf{v}\| \leqslant a_0$$

因为 $r' = r_{\rm o} + k_0 a_0$，所以根据式 (8.8) 可得

$$\|\tilde{\mathbf{p}}_{\rm o}\| > r_{\rm o}$$

这意味着多旋翼在如式 (8.6) 所示的避障控制器下能避开障碍物。最后，分析多旋翼能抵达目标航路点 $\mathbf{p}_{\rm wp}$ 的原因。由于当且仅当 $\bar{\mathbf{u}} = \mathbf{0}_{2\times1}$ 时，$\dot{V}_2 = 0$。这意味着

$$a\left(\mathbf{p} - \mathbf{p}_{\rm wp} + k_0\mathbf{v}\right) + b\left(\mathbf{p} - \mathbf{p}_{\rm o} + k_0\mathbf{v}\right) = \mathbf{0}_{2\times1} \tag{8.9}$$

由于

$$\dot{\mathbf{v}} = -\frac{1}{k_0}\mathbf{v} - \frac{1}{k_0}\bar{\mathbf{u}}$$

系统不会陷入除 $\mathbf{v} = \mathbf{0}_{2\times1}$ 以外的平衡点。因此，根据式 (8.9)，不变集原理 [17] 预示着系统将全局收敛到 $(\mathbf{p}, \mathbf{v})$，其中：

$$a\left(\mathbf{p} - \mathbf{p}_{\rm wp}\right) + b\left(\mathbf{p} - \mathbf{p}_{\rm o}\right) = \mathbf{0}_{2\times1} \tag{8.10}$$

的解而 $\mathbf{v} = \mathbf{0}_{2\times1}$。参数 $k_0, k_1, k_2 \geqslant 0$ 用来调节收敛到目标航路点和避开障碍物的快慢。

根据式 (8.10)，平衡点很显然位于 $\mathbf{p}_{\rm wp}$ 和 $\mathbf{p}_{\rm o}$ 间的直线上。如图 8.1（a）所示，将直线分为“射线 A”、“线段 B” 和 “射线 C”，将吸引势分配给目标航路点 $\mathbf{p}_{\rm wp}$，排斥势分配给障碍物 $\mathbf{p}_{\rm o}$。

事实上，系统存在两个平衡点，一个位于“射线 A”，另一个位于“射线 C”。根据**假设 8.3**，“射线 A” 上的平衡点是 $\mathbf{p} = \mathbf{p}_{\rm wp}$。下面讨论 $\mathbf{p}_{\rm wp}$ 的局部稳定性，根据**假设 8.3**，系统在 $\mathbf{p}_{\rm wp}$ 附近的误差动态方程为

$$\begin{aligned}\dot{\tilde{\mathbf{p}}} &= \mathbf{v}\\ \dot{\mathbf{v}} &= -\frac{1}{k_0}\mathbf{v} - \frac{k_1}{k_0}\tilde{\mathbf{p}}\end{aligned}$$

因此，平衡点 $\mathbf{p}_{\rm wp}$ 是局部指数稳定的。

为了不失一般性，如图 8.1（a）所示，假设“射线 C” 上存在另一个解为 $\mathbf{p} = \bar{\mathbf{p}}_1'$。一方面，如果多旋翼偏离了“射线 C”，例如到达位置 $\mathbf{p} = \bar{\mathbf{p}}'$，那么吸引力和排斥力的合力将使得多旋翼进一步远离“射线 C”。另一方面，如图 8.1（b）所示，当多旋翼沿着“射线 C” 靠近障碍物时，例如到达位置 $\mathbf{p} = \bar{\mathbf{p}}_1'$。由于式 (8.8) 中 $1/\left(\|\tilde{\xi}_{\rm o}\| - r_{\rm o}\right)^2$ 项的存在，排斥力将迅速增大，相对较大的排斥力将会把多旋翼推回位置 $\bar{\mathbf{p}}$。相反地，如果多旋翼到达位置 $\mathbf{p} = \bar{\mathbf{p}}_2'$，排斥力迅速减小，相对较大的吸引力将会把多旋翼拉回位置 $\bar{\mathbf{p}}$。然而，实际中多旋翼不可能严格地位于一条直线上，也就是“射线 C” 在 3 维空间的测度为零或概率为零。因此，平衡点 $\bar{\mathbf{p}}$ 是依概率 1 不稳定的，即相对于“射线 C” 的任何小的偏离都会使得多旋翼远离 $\bar{\mathbf{p}}$。综上所述，位于“射线 A” 上的解 $\mathbf{p} = \mathbf{p}_{\rm wp}$ 是唯一稳定的平

衡点。这个平衡点也称为依概率 1 全局渐进稳定的平衡点，即对于几乎所有的 $\tilde{\mathbf{p}}_{\mathrm{wp}}(0)$ 都有 $\lim_{t\to\infty}\left\|\tilde{\mathbf{p}}_{\mathrm{wp}}(t)\right\|=0$。

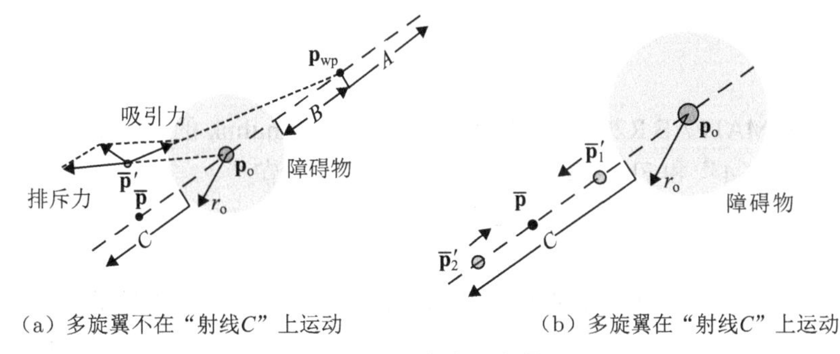

（a）多旋翼不在“射线C”上运动　（b）多旋翼在“射线C”上运动

图 8.1 平衡点示意图

根据上述分析可知，式 (8.3) 能解决避障问题，并且可以写成 PD 控制器的形式

$$\mathbf{u}=-\frac{1}{k_0}(\mathbf{p}-\mathbf{p}_{\mathrm{d}})-\frac{1}{k_0}\mathbf{v} \tag{8.11}$$

其中

$$\mathbf{p}_{\mathrm{d}}=\mathbf{p}+\mathrm{sat}_{\mathrm{gd}}\left(-a\tilde{\boldsymbol{\xi}}_{\mathrm{wp}}+b\tilde{\boldsymbol{\xi}}_{\mathrm{o}},a_0\right) \tag{8.12}$$

为了更好地理解 $\mathbf{p}_{\mathrm{d}}$ 的物理意义，令 $k_0=k_1=k_2=1$，$\mathbf{v}=\mathbf{0}_{2\times1}$，则 $\mathbf{p}_{\mathrm{d}}$ 将化简为

$$\mathbf{p}_{\mathrm{d}}=\mathbf{p}+\mathrm{sat}_{\mathrm{gd}}\left(\mathbf{p}_{\mathrm{wp}}-\mathbf{p}-\frac{1}{(\|\tilde{\mathbf{p}}_{\mathrm{o}}\|-r_{\mathrm{o}})^2}\frac{1}{\|\tilde{\mathbf{p}}_{\mathrm{o}}\|}(\mathbf{p}_{\mathrm{o}}-\mathbf{p}),a_0\right)$$

这里，$\mathbf{p}_{\mathrm{d}}$ 的物理意义如图 8.2（b）所示。在图中，我们有

$$\mathbf{p}_{\mathrm{od}}-\mathbf{p}=-\frac{1}{(\|\tilde{\mathbf{p}}_{\mathrm{o}}\|-r_{\mathrm{o}})^2}\frac{1}{\|\tilde{\mathbf{p}}_{\mathrm{o}}\|}(\mathbf{p}_{\mathrm{o}}-\mathbf{p})$$

式 (8.12) 中的局部期望位置 $\mathbf{p}_{\mathrm{d}}$ 可以作为实时航路点输入给底层跟踪控制器，使多旋翼实现避障。

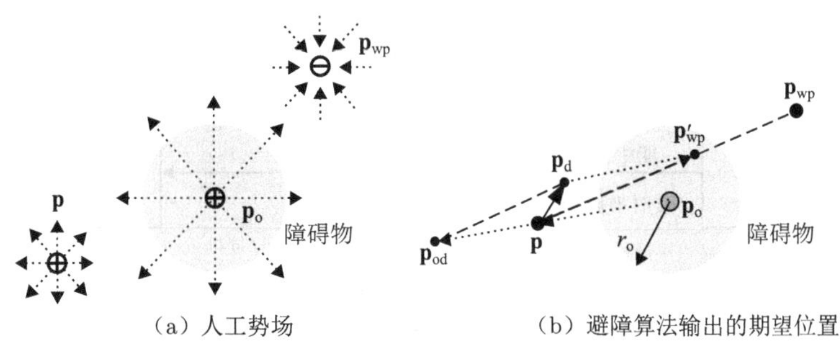

（a）人工势场　（b）避障算法输出的期望位置

图 8.2 避障算法中局部路径规划示意图。这里，$\mathbf{p}'_{\mathrm{wp}}$ 和 $\mathbf{p}_{\mathrm{od}}$ 分别表示由吸引势场和排斥势场产生的虚拟目标航路点

8.2 基础实验

8.2.1 实验目标

1）准备

（1）软件：MATLAB R2017b 及以上版本；基于 Simulink 的控制器设计与仿真平台和实验指导包“e5.1”和 FlightGear，详见第 2 章 2.1.2 节。

（2）硬件：计算机，详见第 2 章 2.1.1 节。

2）目标

给定一个障碍物和一个多旋翼仿真模型，以及第 6 章 6.2 节设计的跟踪控制器，利用人工势场法进行避障控制。假设多旋翼初始位置为 (0,0)，障碍物位置为 (12,0)，障碍物半径为 2m，安全半径为 3m。如图 8.3 所示，目标位置分别设定为 (25,6)、(25,0) 和 (25,−6)，引导多旋翼避开障碍物到达目的地，并记录多旋翼避障轨迹。本实验具体目标包括以下几点：

（1）理解与熟悉人工势场法的理论与推导过程；

（2）实现单架多旋翼趋于不同目标点的避障控制；

（3）使用相同的控制器进行仿真 2.0 实验，即非线性模型实验。

图 8.3 基础实验示意图

8.2.2 实验设计

根据 8.1 节原理分析，需要建立如图 8.4 所示的模型。具体地，“避障控制器”模块用于生成期望位置或实时航路点，“跟踪控制器”模块用于跟踪给定位置，“多旋翼”模块是仿真 1.0 中的线性模型或者仿真 2.0 中的非线性模型。

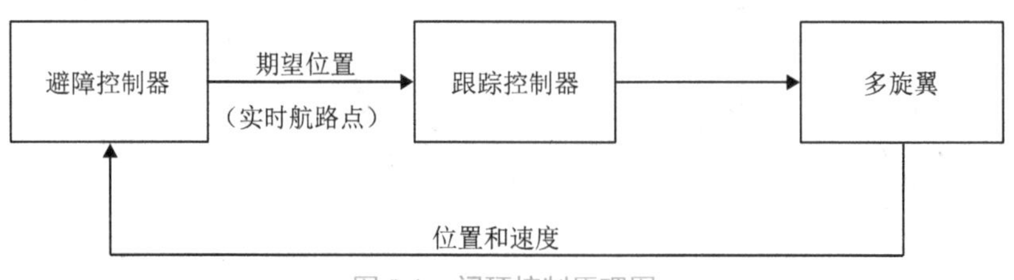

图 8.4 闭环控制原理图

1）整体模型

整体模型如图 8.5 所示，包括控制输入模块、控制器模块和多旋翼模块，分别对应图 8.4 的避障控制器、跟踪控制器和多旋翼。

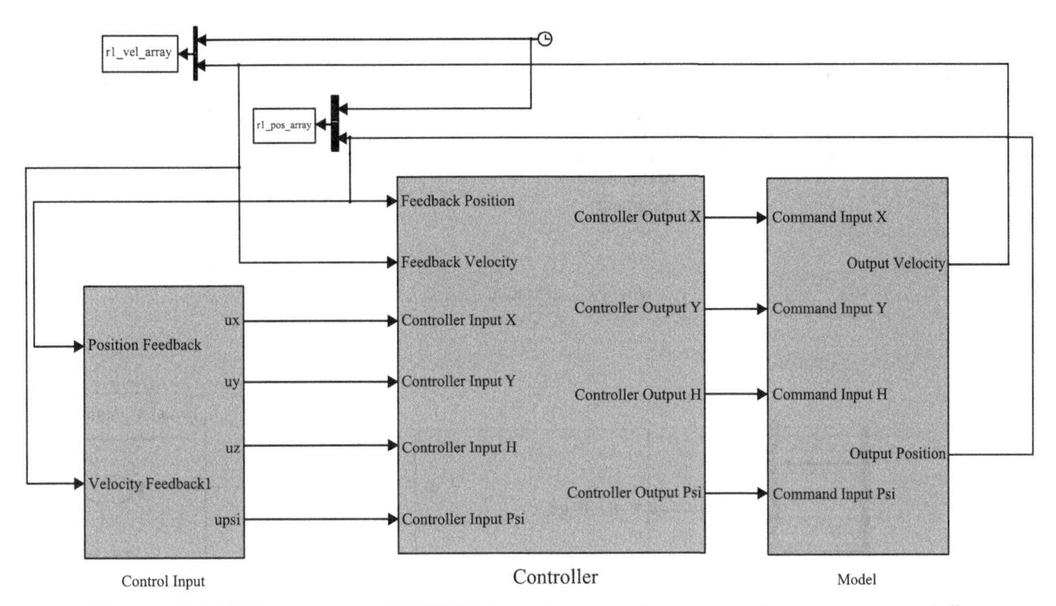

图 8.5 整体模型，Simulink 模型详见“e5\e5.1\sim1.0\ e5_1_Avoidance_Segment.slx”

2）控制输入模块

打开图 8.5 中的“Control Input”模块，控制输入模块内部如图 8.6 所示。进一步打开该控制输入模块，可以看到如图 8.7 所示的内部结构。因为本次实验只考虑二维水平方向的避障问题，并且让机头朝一个方向不变。因此，将高度和偏航设定为固定不变值，再对水平前向通道和水平侧向通道进行控制。

由式 (8.12) 可知，期望位置轨迹方程包含实际速度和位置。于是，在图 8.7 中首先加入了水平前向通道和水平侧向通道的实时位置和速度反馈。打开图中的“X”模块（也称为避障控制器，用于输出期望位置轨迹），关键代码如表 8.1 所示。该代码实现了式 (8.12)，能根据输入不断迭代更新，实时调整水平前向通道和水平侧向通道的期望位置，该位置作为跟踪控制器的输入。该模块还对与期望轨迹方程相关的参数进行赋值，并给定了目标位置、障碍物位置和半径等。此外，为了保证多旋翼到达目标位置后不会因为斥力场的存在出现较大偏差，这里限制了斥力场的作用范围。当多旋翼与障碍物中心的距离超过一定值时，斥力场作用失效。在失效前到完全失效这一中间过程应当尽量平滑，因此设计了一个三阶函数用于过渡，平滑函数关键代码见表 8.2。图 8.7 的“Cache”变量打包需要的数据并发送到工作区，用于绘图显示（见“e5_plot.m”文件）。

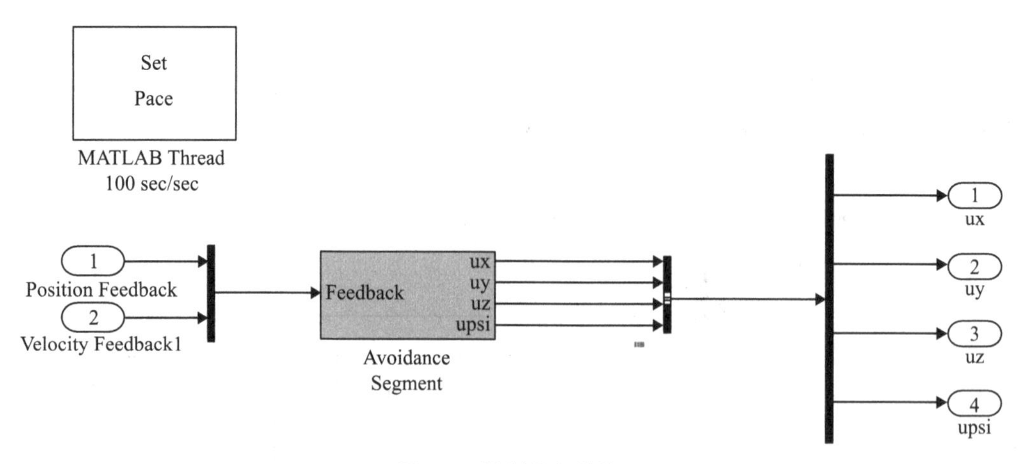

图 8.6 控制输入模块

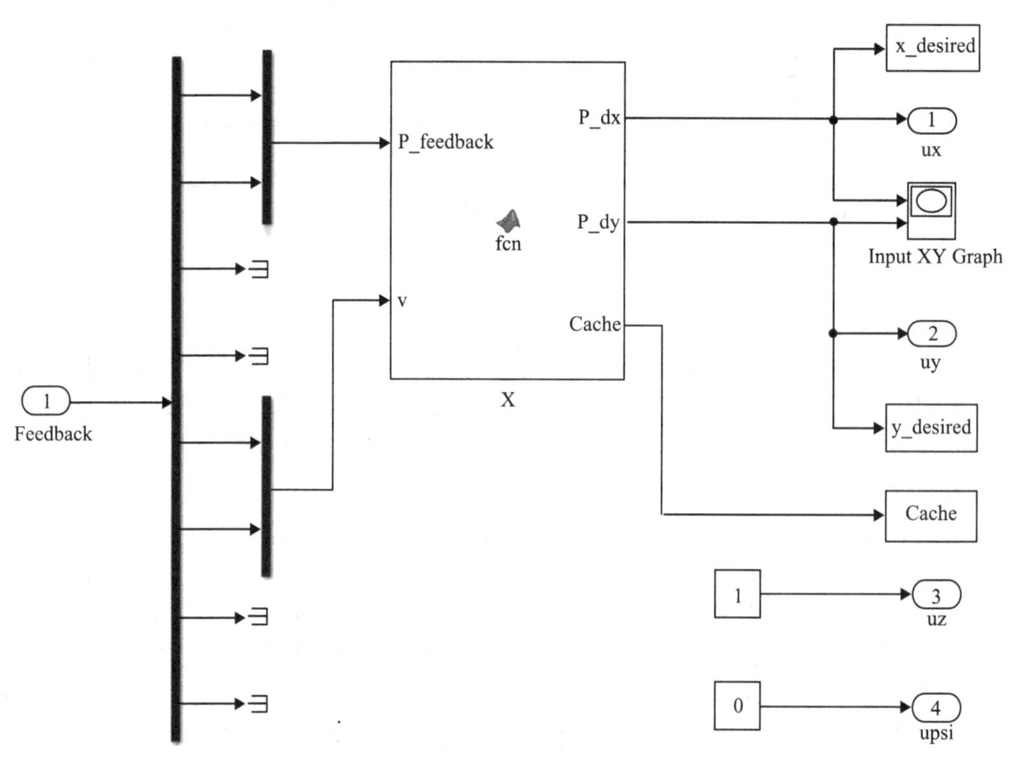

图 8.7 各通道控制输入

表 8.1 路径生成关键代码

```
1  temp = satgd(-a*ksi_wp+b*ksi_0,a0);
2  P_d = P_feedback+ temp;
3  P_dx=P_d(1);
4  P_dy=P_d(2);
```

表 8.2 平滑函数关键代码

```
1  % Smooth transition curve
2  A=-2*d0/(d1-d2)^3;
3  B=-3/2*(d1+d2)*A;
4  C=-3*A*d1^2-2*B*d1;
5  D=d0-A*d1^3-B*d1^2-C*d1;
6  a=k1;
7  % Limit the range of repulsion field
8  if norm(ksi_0)>=d2
9     b=0;
10 elseif norm(ksi_0)<=d1
11    b=k2/((norm(ksi_0)-r_0)^2+0.000001)/(norm(ksi_0)+0.000001);
12 else
13    q=norm(ksi_0);
14    b=A*q.^3+B*q.^2+C*q+D;
15 end
```

3）控制器模块

该模块也称为跟踪控制器，用于跟踪避障控制器的输出。根据实验原理部分的分析可知，式 (8.3) 能解决避障问题，并且可以写成如式 (8.11) 所示的 PD 控制器形式。打开图 8.5 的“Controller”模块，内部结构如图 8.8 所示。打开其中的一个控制器，水平前向通道控制器如图 8.9 所示，该控制器输入为位置反馈和速度反馈，采用的控制器形式与式 (8.11) 一致。相关的变量已经在仿真前运行“startSimulation.m”和“e5_1_Avoidance_Code.m”文件进行了初始化。

4）多旋翼模块

仿真 1.0 使用的多旋翼是各通道的传递函数模型，仿真 2.0 使用的是非线性模型。

8.2.3 实验步骤

8.2.3.1 仿真 1.0

这里我们给出一个设计好的例子，见文件“e5\e5.1\ sim1.0\e5_1_Avoidance_Segment .slx”。

1）步骤一：参数初始化

用 MATLAB 打开文件夹“e5\e5.1\sim1.0”，运行“startSimulation.m”文件对参数进行初始化，然后打开“e5_1_Avoidance_Segment.slx”文件。

2）步骤二：修改目标位置

在仿真之前，打开图 8.7 中的“X”模块，根据实验目标依次修改目标位置变量“P_wp”的值为“[25;6]”，“[25;0]”和“[25;−6]”，然后运行 Simulink 文件进行仿真。每次仿真结束后打开并运行“e5_plot.m”文件，可以绘制期望位置轨迹和实际位置轨迹。若想改变多旋翼的初始位置，需要修改“e5_1_Avoidance_Code.m”文件内的初始位置变量“P0_x”和“P0_y”，然后运行该文件进行 Simulink 仿真。注意，对于仿真 2.0 需要打开“startSimulation.m”文件，修改表 8.3 中的初始位置变量。

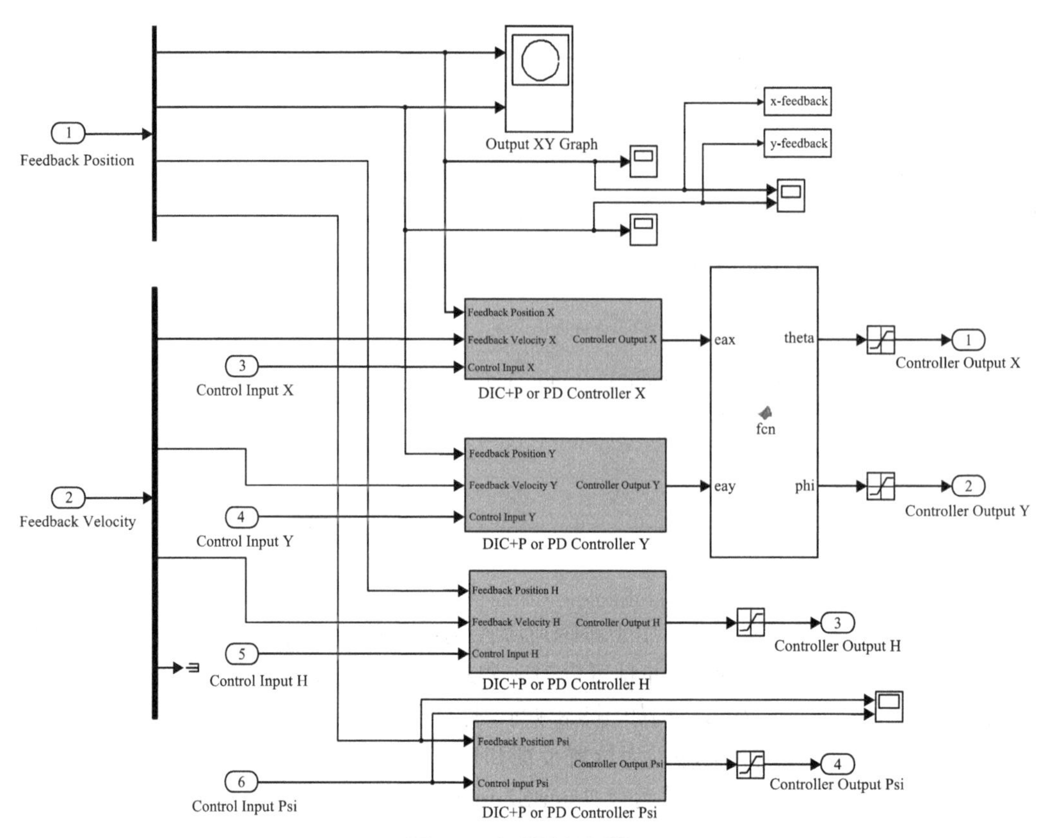

图 8.8　各通道控制器

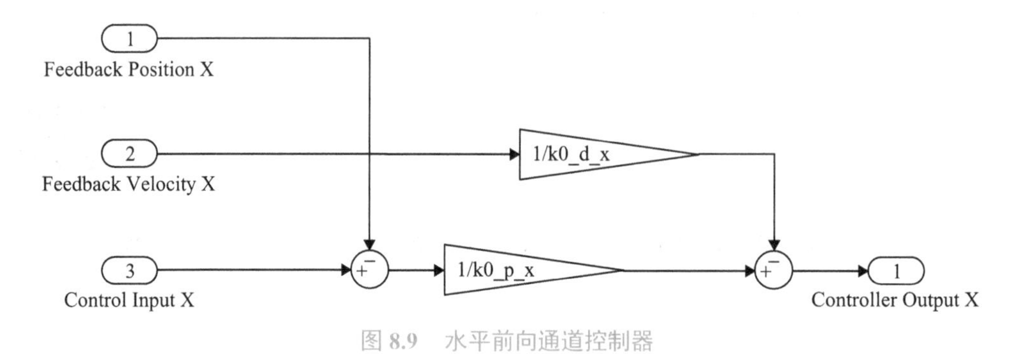

图 8.9　水平前向通道控制器

表 8.3　仿真 2.0 修改初始位置

```
1  %多旋翼初始状态
2  ModelInit.PosE=[0,0,0]; %初始位置（单位：m）
3  ModelInit.VelB=[0,0,0]; %初始速度（单位：m/s）
4  ModelInit.AngEuler=[0,0,0]; %初始角度（单位：rad）
5  ModelInit.RateB=[0,0,0]; %初始角速度（单位：rad/s）
6  ModelInit.RPM=[0 0 0 0]; %电机初始转速（单位：rad/s）
```

3）步骤三：实验数据及分析

Simulink 仿真结束后，可以打开并运行“e5_plot.m”文件，绘制期望位置和实际位置曲线图。曲线以水平前向通道位置值为横坐标，以水平侧向通道位置值为纵坐标，绘制结果如图 8.10 所示。图中包含起点位置、目标位置、障碍物信息、期望位置轨迹与实际位置轨迹。此时，$a_0 = 1, k_1 = 0.5, k_2 = 10$。从图 8.10 可以看出，自初始位置开始，多旋翼的期望位置轨迹与实际位置轨迹十分吻合，并且成功避开障碍物到达目标位置，可以认为该避障算法是可行的。运行文件“e5_plot.m”后，无须关闭生成的 Figure 图。改变不同目标位置进行仿真，再次运行文件“e5_plot.m”，可以将得到的曲线绘制在同一张图，最后得到的结果如图 8.11 所示。从图中可以看出：当起点位置、障碍物中心以及目标位置三点不共线时，多旋翼可以绕过障碍物准确到达目标位置；当三点共线时，会出现死锁情况导致无法到达目标位置，后续的设计实验将对此问题进行详细解释。

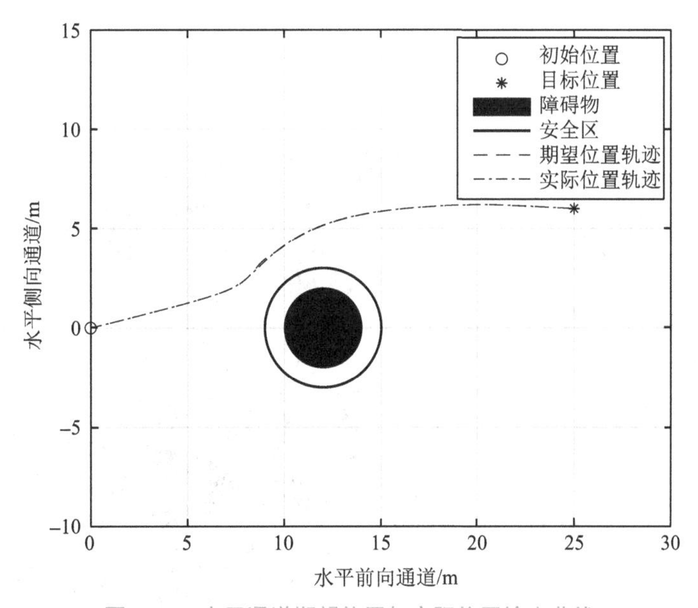

图 8.10 水平通道期望位置与实际位置输出曲线

8.2.3.2 仿真 2.0

打开文件夹“e5\e5.1\sim2.0”，其中的文件与“e5\e5.1\sim1.0”基本相同，只不过将 Simulink 模型“e5_1_Avoidance_Segment.slx”的多旋翼模型替换成了非线性模型。采用与仿真 1.0 实验完全相同的实验步骤，仿真结束后，运行文件“e5_plot.m”即可得到仿真 2.0 结果。如果要对比两个实验结果，需要在仿真 1.0 和仿真 2.0 程序运行之后，运行“SaveData.m”文件保存数据。然后打开文件夹“e5\e5.1\sim1.0_vs_sim2.0”，运行文件“e5_compare_plot.m”即可得到对比图。效果如图 8.12 所示，从图中可以看出，两个实验的期望位置轨迹重合在了一起，这意味着利用系统辨识获得的模型进行实验，所设计的避障算法可以很好地模拟真实模型的避障情况，达到期望的效果。因此，在接下来的实验中，可以利用传递函数模型先进行实验验证算法的可行性。此外，仿真 2.0 可以

在 FlightGear 中查看飞行仿真效果，如图 8.13 所示。

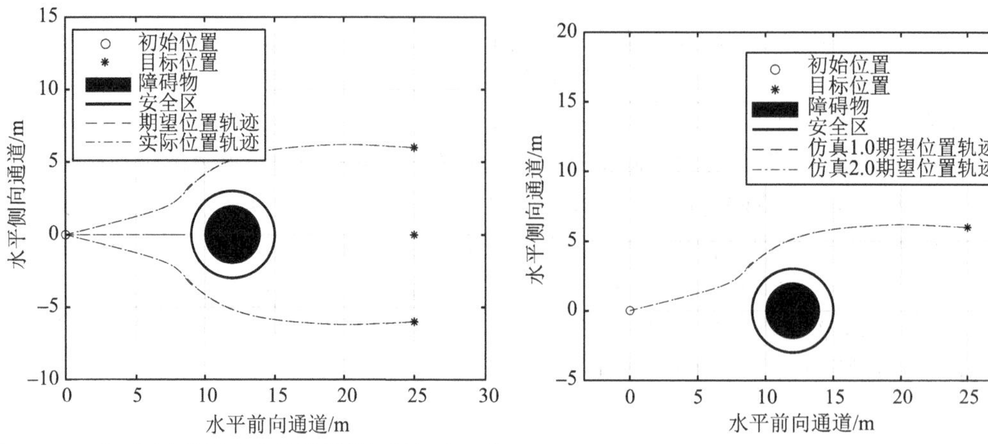

图 8.11　不同目标位置水平通道期望位置与实际位置输出曲线

图 8.12　不同多旋翼模型期望位置轨迹对比

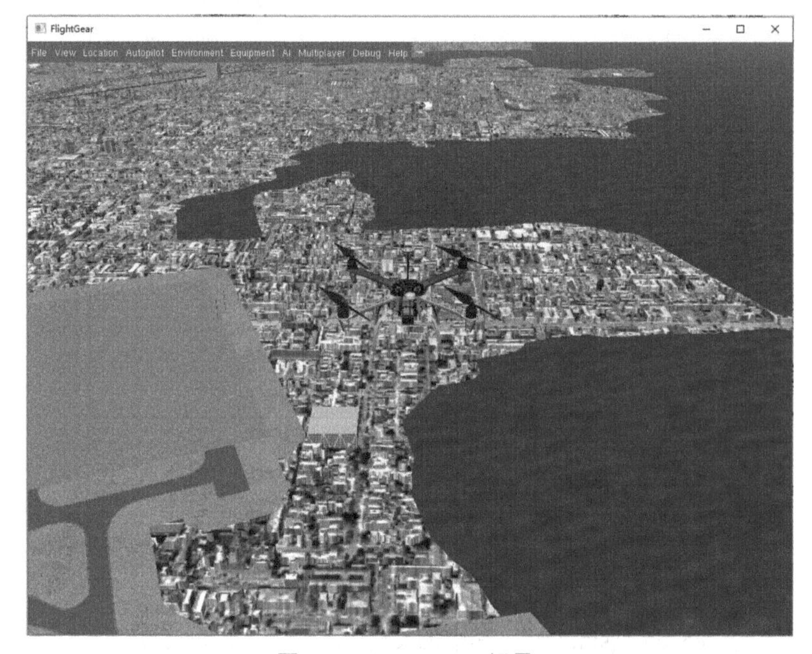

图 8.13　FlightGear 视景

8.3　分析实验

8.3.1　实验目标

1）准备

（1）软件：MATLAB R2017b 及以上版本；基于 Simulink 的控制器设计与仿真平台

和实验指导包“e5.2”和 FlightGear，详见第 2 章 2.1.2 节。

（2）硬件：计算机，详见第 2 章 2.1.1 节。

2）目标

固定避障控制器参数 a_0、k_1 和 k_2 中的两个参数，同时修改另一个参数进行仿真。对比各组避障轨迹，分析规律并得出结论。分析实验仍采用与基础实验相同的避障方案，多旋翼初始位置为 (0, 0)，目标位置为 (25, 6)，障碍物位置为 (12, 0)，障碍物半径为 2m，安全半径设置为 3m。偏航角始终保持为 0，高度始终保持在 1m。本实验具体目标包括以下几点。

（1）理解与熟悉人工势场法的理论与推导过程；

（2）实现多旋翼的单机避障控制并分析各个参数对避障控制的作用；

（3）使用相同的控制器进行仿真 2.0 实验，对比两种模型的仿真结果。

8.3.2 实验设计

1）整体模型

打开 Simulink 文件“e5\e5.2\sim1.0\e5_2_Avoidance_Segment.slx”，如图 8.14 所示，可以看到与基础实验相似的模型，区别在于控制输入模块。

2）控制输入模块

控制输入模块内部如图 8.15 所示，避障算法的实现可以单击该模块查看完整代码。关键代码如表 8.4 第 4~7 行所示，对应式 (8.12) 和式 (8.7)，本质上这是一个局部期望位置的迭代过程。分析实验需要修改参数 a_0、k_1 和 k_2，对应表 8.4前三行代码。需要注意的是，在选取其中一个参数进行实验时，要保证另外两个参数不变并在一个合理的范围，以便尽可能分析出参数的改变对于算法的影响。

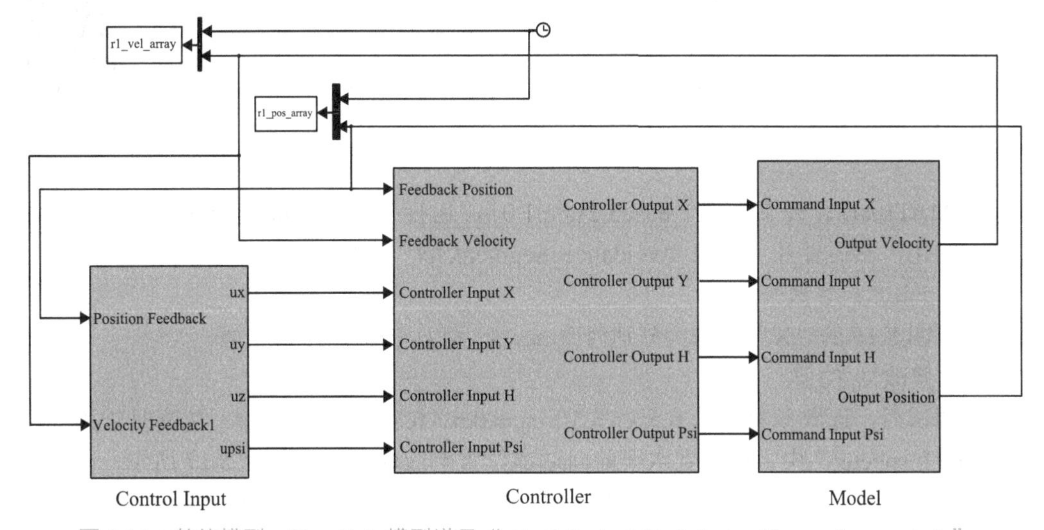

图 8.14 整体模型，Simulink 模型详见“e5\e5.2\ sim1.0\e5_2_Avoidance_Segment.slx”

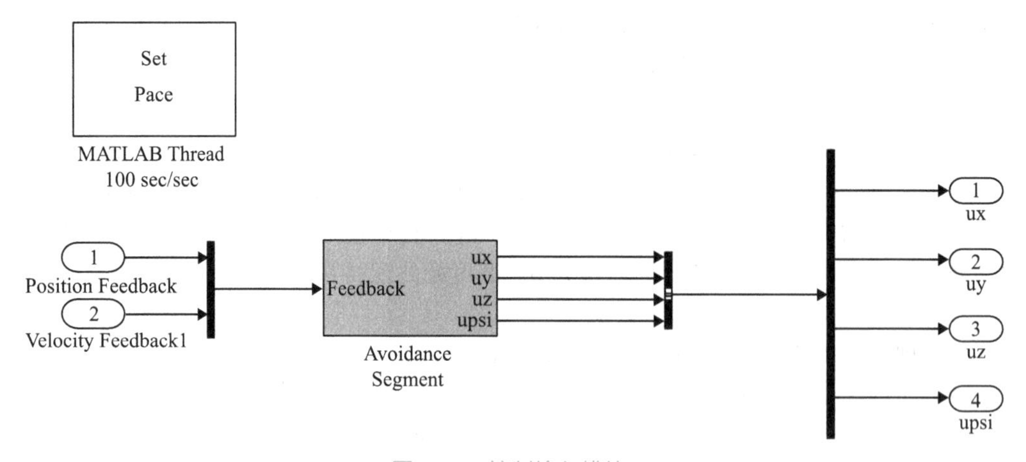

图 8.15 控制输入模块

表 8.4 期望位置生成关键代码及参数

```
1  a0=1;
2  k1=0.5;
3  k2=10;
4  a=k1;  %参数
5  b=k2/((norm(ksi_0)-r_0)^2+0.000001)/(norm(ksi_0)+0.000001);
6  temp = satgd(-a*ksi_wp+b*ksi_0,a0);
7  P_d = P_feedback+ temp; %局部期望位置
```

8.3.3 实验步骤

8.3.3.1 仿真 1.0

这里我们给出一个设计好的例子，见文件“e5\e5.2\sim1.0\e5_2_Avoidance_Segment.slx”。

1）步骤一：参数初始化

用 MATLAB 打开文件夹“e5\e5.2\sim1.0”，运行“startSimulation.m”文件对参数进行初始化，然后打开“e5_2_Avoidance_Segment.slx”文件。

2）步骤二：参数修改

打开图 8.16 的“X”模块，分别修改 a_0、k_1 和 k_2 的值，进行仿真。

（1）修改 a_0 的值

在调试后，选取参数 $k_1=0.5, k_2=10, a_0=0.6$、0.8、1 进行实验，仿真时长为 60s。在“Data Inspector”中，观察到水平前向通道位置响应曲线对比如图 8.17 所示，该图是由所有数据保存至工作区通过“e5_plot_a0_time.m”文件绘制得到的。从图中可以看出，在保持其他两个参数不变的情况下，改变饱和上限 a_0 的值，多旋翼到达目标位置的速度越来越快。这说明饱和上限的作用是控制多旋翼的飞行速度，使之以一个合理的速度靠近轨迹，避免过大或者过小。打开并运行文件“e5_plot_a0_2D.m”得到图 8.18，从图中可以看出，随着饱和上限的增大，多旋翼靠近目标位置的期望输入轨迹曲线愈加陡，甚至在出现一种类似“超调”的现象。这说明 a_0 值越大，多旋翼靠近轨迹的速度越来越快。

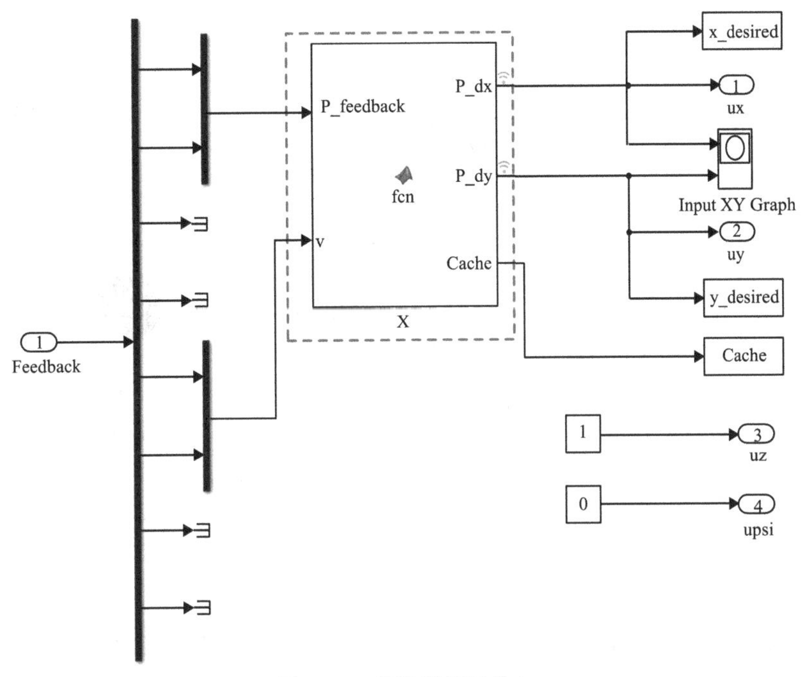

图 8.16 各通道控制输入

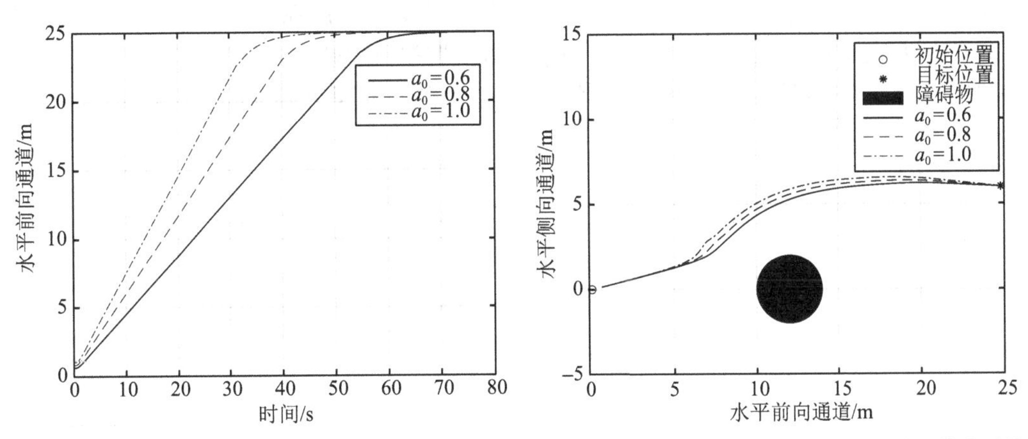

图 8.17 不同 a_0 值下水平通道位置响应曲线对比 图 8.18 不同 a_0 值下水平通道期望位置轨迹对比

（2）修改 k_1 的值

在调试后，选取参数 $a_0 = 1, k_2 = 10, k_1 = 0.5$、2.5、5 进行实验，仿真时长为 40s。在“Data Inspector”中，观察到水平侧向通道位置响应曲线对比如图 8.19 所示，该图是由所有数据保存至工作区通过“e5_plot_k1_time.m”文件绘制得到的。从图中可以看出，在保持其他两个参数不变的情况下，增大参数 k_1 的值，多旋翼更加靠近障碍物。打开并运行文件“e5_plot_k1_2D.m”得到不同 k_1 值下期望位置轨迹对比图，如图 8.20 所示。该图也说明了这个规律：随着参数 k_1 值的增大，多旋翼越晚开始避障，避障过程越靠近障碍物。

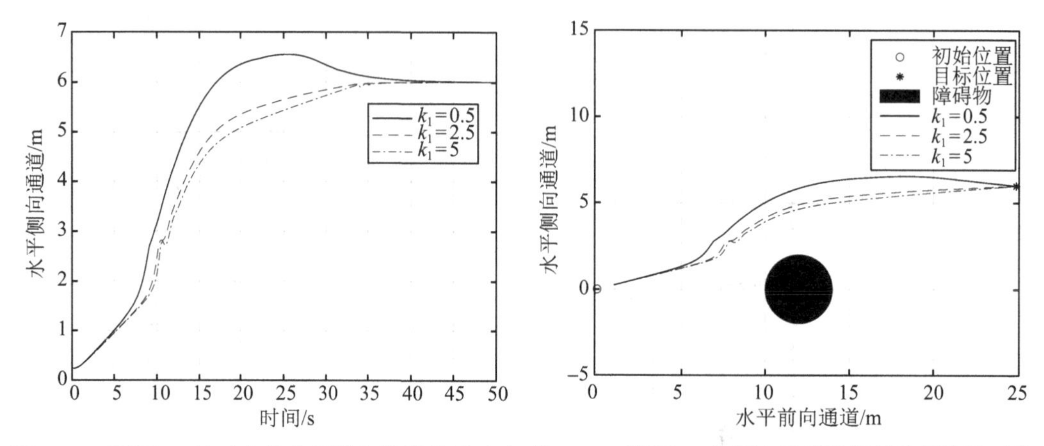

图 8.19　不同 k_1 值对应的水平侧向通道位置响应曲线对比

图 8.20　不同 k_1 值下水平通道期望位置轨迹对比

（3）修改 k_2 的值

在调试后，选取参数 $a_0 = 0.5, k_1 = 0.5, k_2 = 5$、10、20 进行实验，仿真时长为 80s。在“Data Inspector”中，观察到水平侧向通道位置响应曲线对比如图 8.21 所示，该图是由所有数据保存至工作区通过“e5_plot_k2_time.m”文件绘制得到的。从图中可以看出，在保持其他两个参数不变的情况下，增大参数 k_2 的值，多旋翼更加远离障碍物。打开并运行文件“e5_plot_k2_2D.m”得到不同 k_2 值下期望位置轨迹对比图，如图 8.22 所示。该图也说明了这个规律：随着参数 k_2 值的增大，多旋翼越早开始避障，避障过程越远离障碍物。

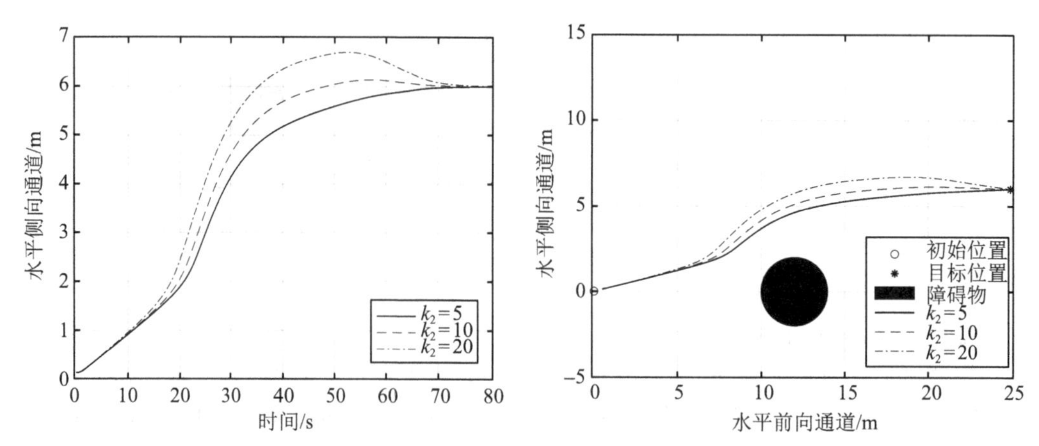

图 8.21　不同 k_2 值下水平侧向通道位置响应曲线对比

图 8.22　不同 k_2 值下水平通道期望位置轨迹对比

（4）小结

在对结果进行分析后可以得出结论。首先，在保持其他两个参数值不变的情况下，饱和上限 a_0 值越大，多旋翼靠近目标位置的速度会越来越快，但速度也不可能无限加快。因此，只是在一定的区间内存在类似正比的关系。其次，在保持其他两个参数值不变的情况下，参数 k_1 的值越大，多旋翼靠近障碍物的程度越“直接”，也就是说，多旋翼在避障过程中更加靠近障碍物；参数 k_2 的值越大，多旋翼远离障碍物的程度越“直接”，也就是说，多旋翼在避障过程更加远离障碍物。从理论上来分析，参数 k_1 是 $(\mathbf{p}-\mathbf{p}_d)$ 的系数，该值越大，多旋翼就会越期望靠近目标位置；参数 k_2 是 $(\mathbf{p}-\mathbf{p}_o)$ 的系数，该值越大，多旋翼就会越期望远离障碍物。进一步，当比值 k_1/k_2 越大时，多旋翼更期望以优先靠近障碍物的方式靠近目标位置；反之，当比值 k_1/k_2 越小时，多旋翼更期望以优先远离障碍物的方式靠近目标位置。

8.3.3.2　仿真 2.0

打开文件夹“e5\e5.2\sim2.0”，其中的文件与“e5\e5.2\sim1.0”基本相同，区别在于“e5_2_TF_Avoidance_Segment.slx”中的模型为非线性模型。采用与仿真 1.0 完全相同的实验步骤，观察获得结果。分别保存数据，将两种模型的关键结果进行对比。为了尽可能简略且清楚地显示对比效果，仿真 1.0 和仿真 2.0 都选取参数 $a_0=0.5$、$k_1=0.5$ 和 $k_2=10$，仿真时长为 80s，其他保持一致进行对比。仿真结束后运行“SaveData.m”保存数据，然后运行“e5\ e5.2\sim2.0\e5_compare_plot.m”得到图 8.23。从图中可以看出，采用系统辨识获得的模型进行实验所获得的避障算法，能够很好地模拟不同参数情况下的真实模型的避障情况，达到期望的效果。此外，仿真 2.0 可以在 FlightGear 中查看飞行仿真效果。

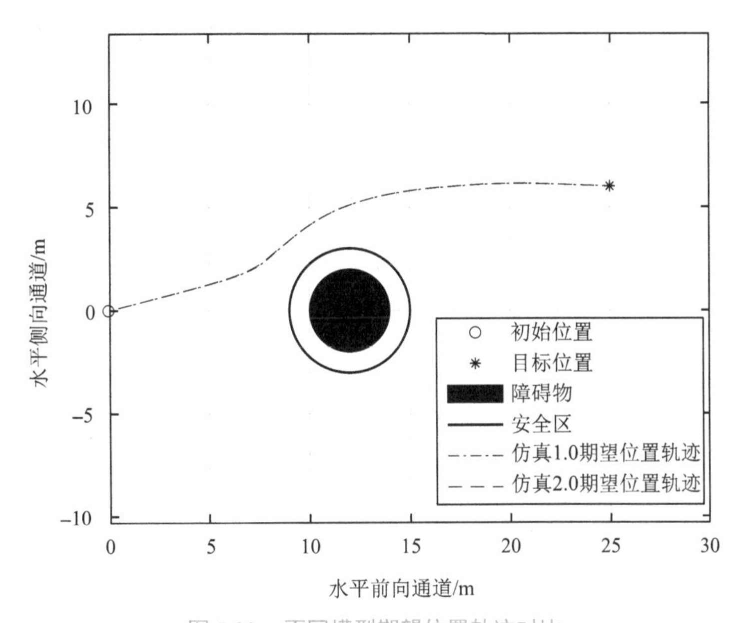

图 8.23　不同模型期望位置轨迹对比

8.4 设计实验

8.4.1 实验目标

1）准备

（1）软件：MATLAB R2017b 及以上版本；基于 Simulink 的控制器设计与仿真平台和实验指导包“e5.3”；CopterSim 和 RflySim3D，详见第 2 章 2.1.2 节。

（2）硬件：计算机和自驾仪，详见第 2 章 2.1.1 节。

2）目标

在第 6 章 6.2 节设计的跟踪控制器以及 8.2 节设计的避障算法基础上，设计多机合作避障算法，完成两个递进的实验。

（1）实验一：给定两架多旋翼，设计控制器引导它们避免碰撞，并飞向对方初始位置，同时记录多旋翼避障轨迹。

（2）实验二：给定两架多旋翼和一个障碍物，设计控制器引导多旋翼避开障碍物飞向对方初始位置，并记录多旋翼避障轨迹。

图 8.24 为两个实验的示意图，给定两架多旋翼初始位置为 (0, 0) 和 (30, 0)，障碍物位置随机摆放，此处可定为 (18, 0)，障碍物半径定为 2m，安全半径定为 3m。此外，偏航角需要始终保持为 0 使机头保持一个方向，高度始终保持在 1m。本实验具体目标包括以下几点。

（1）理解与熟悉人工势场法的理论与推导过程；

（2）实现多旋翼的多机避障控制实验；

（3）使用相同的控制器进行仿真 2.0 实验，对比两种模型的仿真结果，并进行硬件在环仿真。

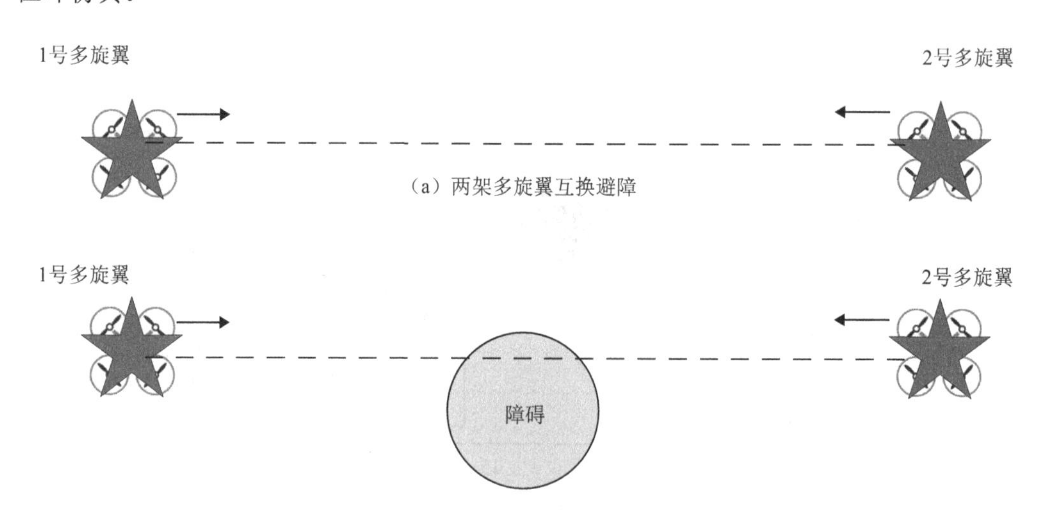

（a）两架多旋翼互换避障

（b）两架多旋翼互换避障以及对静态障碍物避障

图 8.24 多机合作避障设计实验示意图

8.4.2 实验设计

8.4.2.1 实验原理

在给农作物喷洒农药时，使用多架多旋翼可以增加效率。这不仅要求多旋翼能够避开静态障碍物，还要求多机之间合作避障。这个问题可以描述为：基础实验中的静态障碍物具备速度，变成移动的障碍物。

令 $\mathbf{p}_i \in \mathbb{R}^2$ 和 $\mathbf{v}_i \in \mathbb{R}^2$ 表示第 i 架多旋翼的当前位置和当前速度，$\mathbf{p}_{\mathrm{wp},i} \in \mathbb{R}^2$ 表示第 i 架多旋翼的目标航路点，根据质点模型

$$\begin{aligned}\dot{\mathbf{p}}_i &= \mathbf{v}_i \\ \dot{\mathbf{v}}_i &= \mathbf{u}_i\end{aligned} \tag{8.13}$$

设计虚拟控制输入 $\mathbf{u}_i$，引导多旋翼从各自起飞点抵达目标位置 $\mathbf{p}_{\mathrm{wp},i}$，同时避开环境中位于 $\mathbf{p}_{\mathrm{o},j} \in \mathbb{R}^2$，$j = 1,\cdots,m_{\mathrm{o}}$，速度为 $\mathbf{v}_{\mathrm{o},j} \in \mathbb{R}^2$ 且影响半径为 $r_{\mathrm{o},j} > 0$ 的 m_{o} 个障碍物。

全局势场可通过叠加目标航路点和所有障碍物的势场获得，除自身外其他多旋翼视为移动的障碍物。根据势场的叠加结果，可将局部期望位置 $\mathbf{p}_{\mathrm{d},i} \in \mathbb{R}^2$ 表示为

$$\mathbf{p}_{\mathrm{d},i} = \mathbf{p}_i + \mathbf{p}_{\mathrm{d,o}}$$

这里

$$\mathbf{p}_{\mathrm{d,o}} = \mathrm{sat}_{\mathrm{gd}}\left(k_1\left(\mathbf{p}_{\mathrm{wp},i} + k_0\mathbf{v}_{\mathrm{wp},i} - \mathbf{p}_i - k_0\mathbf{v}_i\right) + \sum_{j=1}^{m_{\mathrm{o}}} b_j\left(\mathbf{p}_i + k_0\mathbf{v}_i - \mathbf{p}_{\mathrm{o},k} - k_0\mathbf{v}_{\mathrm{o},j}\right), a_0\right)$$

$$b_j = k_2\frac{1}{\left(\left\|\mathbf{p}_i + k_0\mathbf{v}_i - \mathbf{p}_{\mathrm{o},j} - k_0\mathbf{v}_{\mathrm{o},j}\right\| - r_{\mathrm{o},i} - k_0 a_0\right)^2}\frac{1}{\left\|\mathbf{p}_i + k_0\mathbf{v}_i - \mathbf{p}_{\mathrm{o},j} - k_0\mathbf{v}_{\mathrm{o},j}\right\|}, j = 1,\cdots,m_{\mathrm{o}}$$

其中，$k_0, k_1, k_2 > 0$，并且假设目标航路点是静态的，即 $\mathbf{v}_{\mathrm{wp},i} = \mathbf{0}_{2\times1}$。

虽然本章提出的避障算法简单实用，且能有效地生成平滑的可飞路径，但是在避障方面还存在一些问题。当目标航路点离障碍物较近的时候，多旋翼可能无法抵达目标航路点。当环境中存在多个相近的障碍物，并且这些障碍物的排斥力合力与目标航路点的吸引力大小相等而方向相反时，多旋翼可能会陷入局部稳定点而无法逃离。

8.4.2.2 实验模块介绍

1）整体模型

如图 8.25 所示，整体模型分成两部分，对应 1 号多旋翼和 2 号多旋翼。每个部分都包括控制输入模块、控制器模块和多旋翼模块。

2）控制输入模块

因为两架多旋翼的算法设计几乎一致，因此只考虑其中的 1 号多旋翼。打开图 8.25 中的“Controller Input1”模块，该控制输入模块内部如图 8.26 所示。根据 8.4.2.1 节的

原理，当两架多旋翼对飞时，全局势场可通过叠加目标位置和障碍物势场获得。根据势场的叠加结果，局部期望位置不仅与自身的速度、位置反馈有关，还与移动障碍物（其他的多旋翼）的速度、位置反馈有关。因此，与基础实验不同，这里引入了 2 号多旋翼的位置和速度反馈。进一步打开该控制输入模块，可以看到如图 8.27 所示的内部结构。本次实验只考虑二维水平的避障问题，并且让机头朝一个方向不变，因此，将高度设置为 1m，偏航设置为 0，只对水平通道进行避障控制器设计。

打开图 8.27 中的“X1”函数模块，关键代码如表 8.5 所示。该代码给定了目标位置、障碍物位置和半径，并对期望轨迹方程相关的参数进行了赋值。此外，为了保证多旋翼到达目标位置后不会因为斥力场的存在出现较大偏差，这里限制了斥力场的作用范围。当多旋翼与障碍物中心的距离超过一定值时，斥力场作用失效。在失效前到完全失效这一中间过程应当尽量平滑，因此也设计了一个三阶函数用于过渡。在飞行过程中，局部期望位置不断进行迭代更新，作为图 8.25 中“Controller1”模块的输入。图 8.27的“Cache”变量用来打包需要的数据并发送到工作区，用于作图显示。

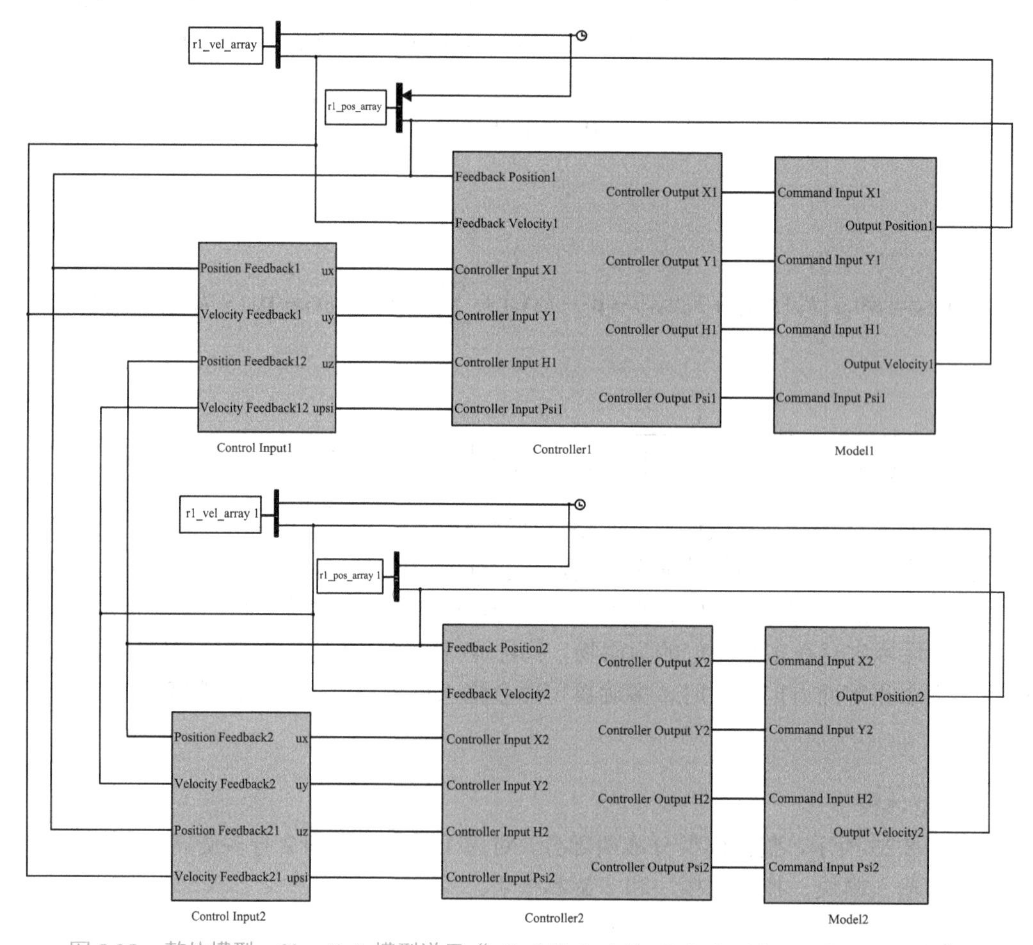

图 8.25 整体模型，Simulink 模型详见“e5\e5.3\sim1.0\ e5_3_Avoidance_Segment.slx”

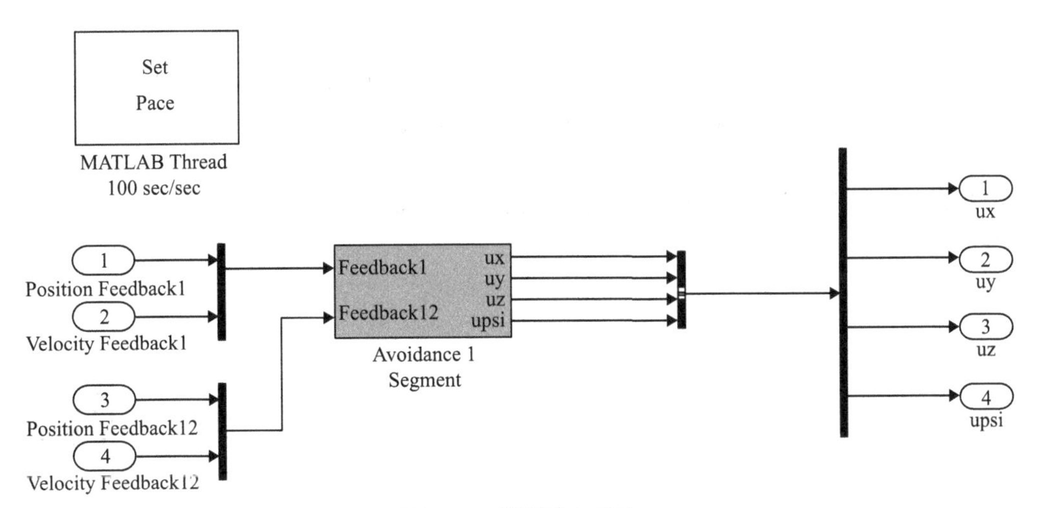

图 8.26　控制输入模块

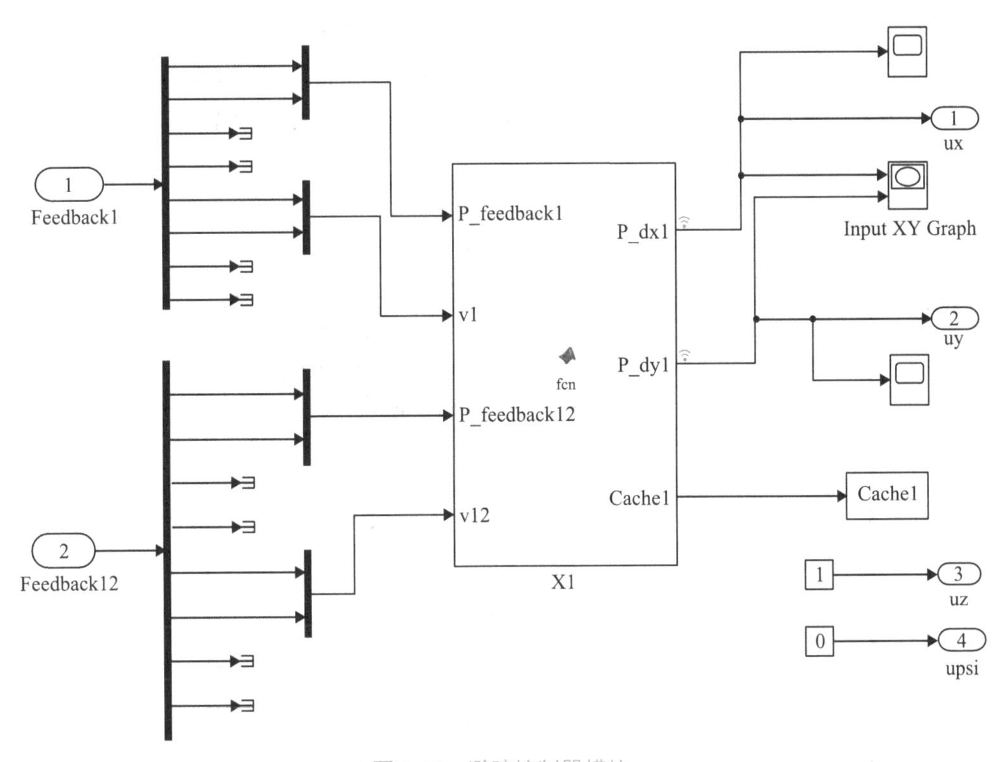

图 8.27　避障控制器模块

表 8.5　避障算法关键代码

```
1  temp1 = satgd(-a*ksi_wp+b*ksi_0,a0);
2  P_d1 = P_feedback1+ temp1; %局部期望位置
3  P_dx1=P_d1(1);
4  P_dy1=P_d1(2);
```

3）控制器模块

打开图 8.25 中的“Controller1”模块，其内部结构如图 8.28 所示。这部分与基础实验一样，不再赘述，读者可根据需要，适当修改参数进行优化。

4）多旋翼模块

仿真 1.0 和仿真 2.0 的多旋翼分别为各通道的传递函数模型以及非线性模型，这部分与基础实验一样。

8.4.3 实验步骤

8.4.3.1 仿真 1.0

1）实验一

（1）步骤一：初始化参数

在完成参数设计之后，可以开始仿真。打开文件夹“e5\e5.3\ sim1.0”，运行“start-Simulation.m”文件初始化参数。同时，“e5_3_Avoidance_code.m”文件也会自动运行，其中含有实验模型所需要的必要参数信息以及多旋翼起始位置信息，具体内容如表 8.6 所示。之后只需要打开模型文件“e5_3_Avoidance_Segment.slx”，按照实验目标设定避障控制器中多旋翼目标位置、障碍物位置及半径。最后，运行该模型文件，获得相应的结果。

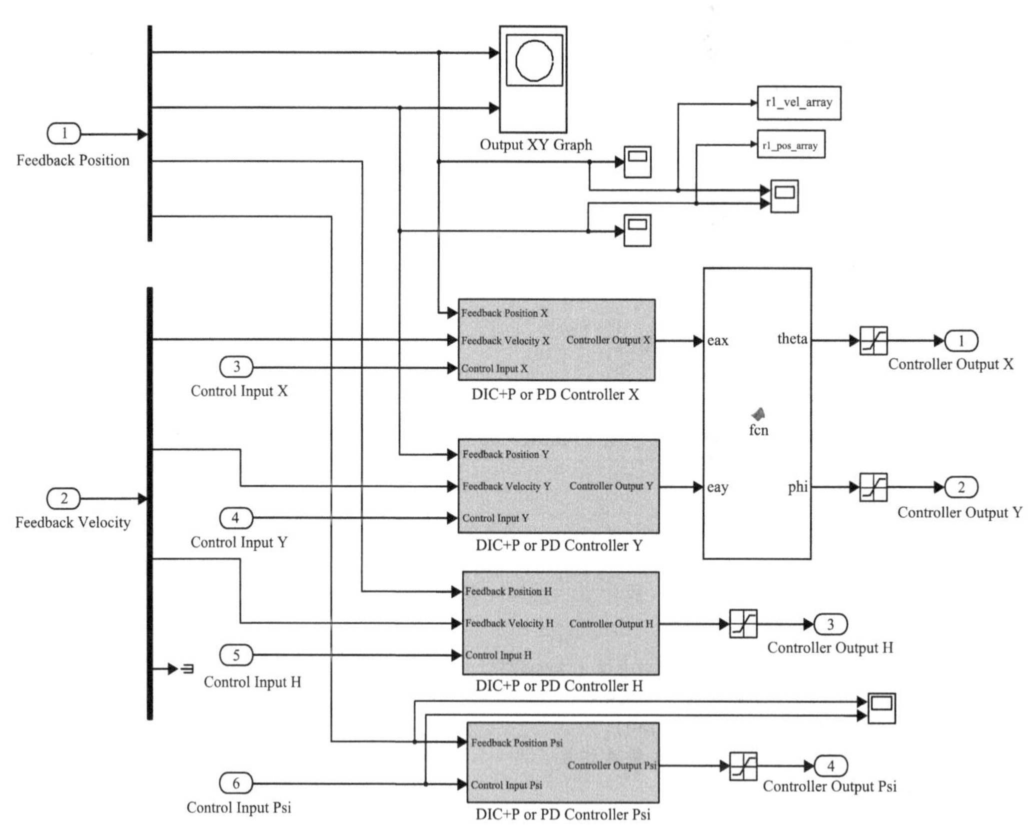

图 8.28 控制器模块

表 8.6 实验一仿真 1.0 部分参数

```
1  e5_3_Avoidance_Segment
2  P0_x1=0; P0_y1=-0.1;  % 1号多旋翼初始位置
3  P0_x2=30; P0_y2=0.1;  % 2号多旋翼初始位置
4  k1_p_x=1/0.8;  k1_d_x=1/1; % 控制器参数
5  k2_p_x=1/0.8; k2_d_x=1/1;
6  k1_p_y=1/0.8;  k1_d_y=1/1;
7  k2_p_y=1/0.8; k2_d_y=1/1;
8  k1_p_z=1; k1_d_z=10;
9  k2_p_z=1; k2_d_z=10;
10 k1_p_yaw=1.6; k1_d_yaw=10;
11 k2_p_yaw=1.6; k2_d_yaw=10;
```

注意，在多旋翼相遇之前，对于每架多旋翼，都与目标位置以及另一架多旋翼处于同一条直线上，理论上存在“死锁”问题，也就是多旋翼稳定到速度为零的状态，但未能到达目标点。但实际上，根据 8.1 节的原理分析可知，多旋翼不会严格在同一条直线上飞行，尤其是在三维测度上，“死锁”问题不可能存在或者说概率为 0。本实验考虑的是二维测度仿真，针对“死锁”情况，将起点位置设置为 $(0,-0.1)$ 和 $(30,0.1)$，目标位置设置为 $(30,-0.1)$ 和 $(0,0.1)$。这样两架多旋翼在两条十分接近的平行线上进行对飞避障。

（2）步骤二：查看结果

修改参数值，获得不同的结果，保存避障效果较好的结果。在调试后，选取参数 $a_0=1$、$k_1=0.2$、$k_2=0.11$ 进行实验，仿真时长为 50s。仿真结束后，通过“e5_plot.m”文件绘制两架多旋翼的轨迹，结果如图 8.29 所示。该图以水平前向通道位置值为横坐标，以水平侧向通道位置值为纵坐标构成二维平面图形。图中包含起点位置 1、起点位置 2、两架多旋翼的期望位置轨迹与实际位置轨迹。从图中可以看出，从初始位置开始，多旋翼的期望位置轨迹与实际位置轨迹十分吻合，并且成功地进行了相互避障到达目标位置，可以认为该避障算法是可行的。

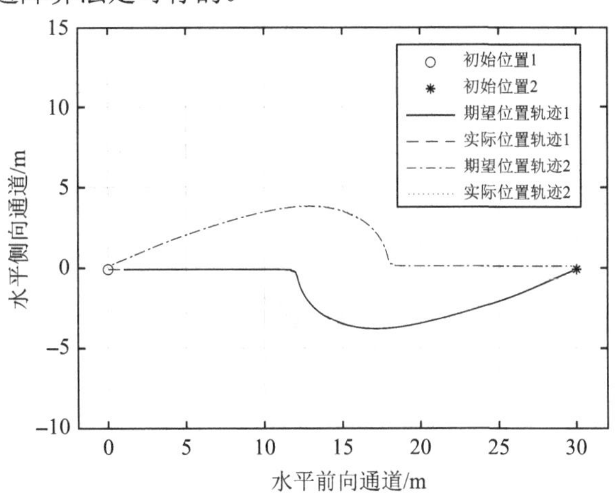

图 8.29 实验一仿真 1.0 期望位置轨迹和实际位置轨迹对比

（3）步骤三：保存结果

Simulink 仿真完成后，可运行文件“SaveData.m”将仿真 1.0 的实验数据保存为

“.mat”格式文件，用于和仿真 2.0 数据对比。

2）实验二

（1）步骤一：初始化参数

在完成了参数设计之后，可以开始仿真。打开文件夹“e5\e5.3\ sim1.1”，运行“startSimulation.m”文件初始化参数，“e5_3_Avoidance_code.m”文件也会自动运行，具体内容如表 8.7 所示。之后打开模型文件“e5_3_Avoidance_Segment.slx”，按照实验目标设定避障控制器中多旋翼目标位置、障碍物位置及半径。最后，运行该模型文件，获得相应的结果。同样地，针对“死锁”情况，将起点位置设置为 $(0, 0.1)$ 和 $(30, -0.1)$，目标位置设置为 $(30, 0)$ 和 $(0, -0.1)$。

表 8.7　实验二仿真 1.0 控制器参数

```
1   e5_3_Avoidance_Segment
2   P0_x1=0; P0_y1=-0.1;               % 1号多旋翼初始位置
3   P0_x2=30; P0_y2=0.1;               % 2号多旋翼初始位置
4   k1_p_x=1/0.8;    k1_d_x=1/0.25;    % 控制器参数
5   k2_p_x=1/0.8; k2_d_x=1/0.25;
6   k1_p_y=1/0.8; k1_d_y=1/0.25;
7   k2_p_y=1/0.8; k2_d_y=1/0.25;
8   k1_p_z=1; k1_d_z=10;
9   k2_p_z=1; k2_d_z=10;
10  k1_p_yaw=1.6; k1_d_yaw=10;
11  k2_p_yaw=1.6; k2_d_yaw=10;
```

（2）步骤二：查看结果

在调试后，选取参数 $a_1 = 0.5$、$k_1 = 0.1$、$k_2 = 10$ 进行实验，仿真时长为 70s。仿真结束后，通过运行“e5_plot.m”文件绘制两架多旋翼的轨迹，结果如图 8.30 所示。从图中可以看出，从初始位置开始，多旋翼的期望位置轨迹与实际位置轨迹十分吻合，并且成功地进行了相互避障，绕开静态障碍物到达目标位置，可以认为该避障算法是可行的。

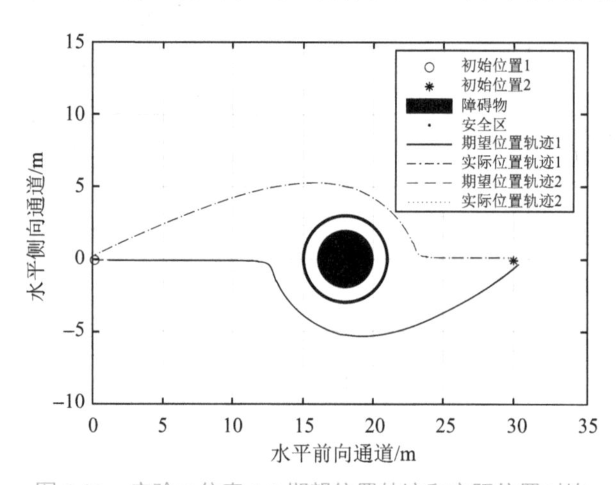

图 8.30　实验二仿真 1.0 期望位置轨迹和实际位置对比

（3）步骤三：保存结果

Simulink 仿真完成后，可运行文件“SaveData.m”将仿真 1.0 的实验数据保存为“.mat”格式文件，用于和仿真 2.0 数据对比。

8.4.3.2 仿真 2.0

1）实验一

打开文件夹“e5\e5.3\sim2.0”，其中的文件与“e5\e5.3\sim1.0”基本相同，区别在于这里替换多旋翼模型为非线性模型。注意，与仿真 1.0 不同，这里需要在初始文件“startSimulation.m”中修改两架多旋翼的初始位置。相关代码见表 8.8。采用与仿真 1.0 完全相同的步骤进行实验，最后运行文件“e5_plot.m”获得如图 8.31 所示结果。

表 8.8 实验一仿真 2.0 两架多旋翼初始位置

```
1  %多旋翼初始状态
2  ModelInit.PosE1=[0,-0.1,0]; %1号多旋翼初始位置（单位：m）
3  ModelInit.PosE2=[30,0.1,0]; %2号多旋翼初始位置（单位：m）
```

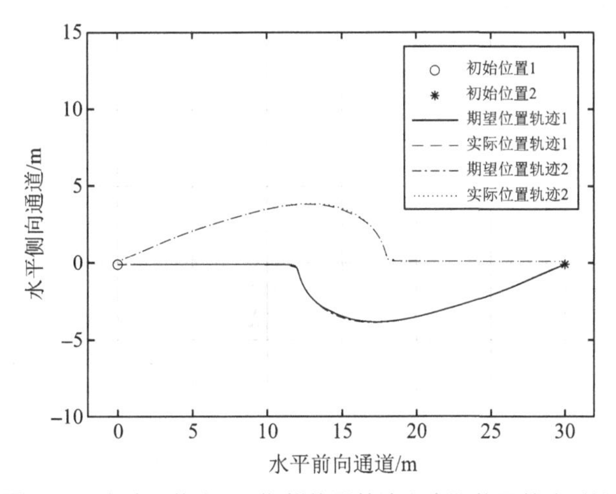

图 8.31 实验一仿真 2.0 期望位置轨迹和实际位置轨迹对比

若要进行对比，运行文件“e5\e5.3\ sim1.0_vs_sim2.0\e5_compare_plot.m”文件即可，对比效果如图 8.32 所示。从图中可以看出，这四条轨迹对应重合在一起，意味着采用系统辨识获得的模型进行实验时，所获得的避障控制器可以很好地模拟真实模型的避障情况，并且可以达到较好的效果，因此在接下来的实验中可以利用传递函数模型进行实验。此外，仿真 2.0 也可以在 FlightGear 中查看仿真飞行效果。

2）实验二

打开文件夹“e5\e5.3\sim2.1”，其中的文件与上面的“e5\e5.3\sim1.1”基本相同，区别在于这里的多旋翼模型为非线性模型。两架多旋翼的初始位置同样需要在初始文件“startSimulation.m”中进行修改。相关代码见表 8.9。采用与仿真 1.0 完全相同的实验步骤，运行文件“e5_plot.m”获得结果如图 8.33 所示。

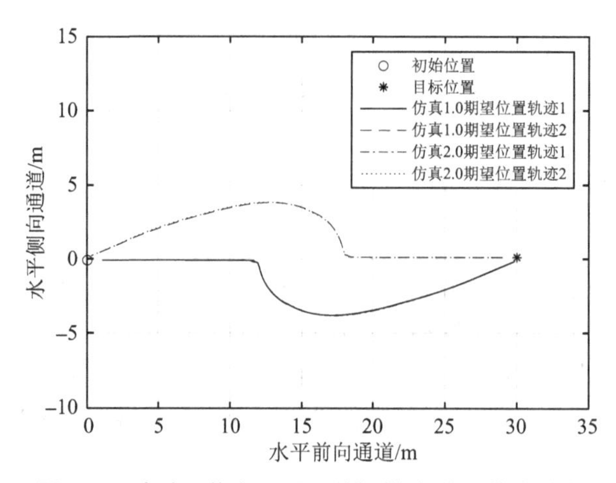

图 8.32 实验一仿真 2.0 不同模型期望位置轨迹对比

表 8.9 实验二仿真 2.0 初始位置设置

```
%多旋翼初始状态
ModelInit.PosE1=[0,-0.1,0]; %1号多旋翼初始位置（单位：m）
ModelInit.PosE2=[30,0.1,0]; %2号多旋翼初始位置（单位：m）
```

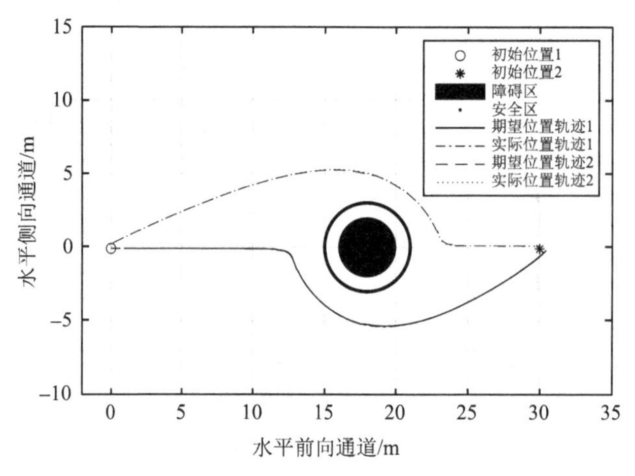

图 8.33 实验二仿真 2.0 期望位置轨迹和实际位置轨迹对比

从图中可以看出，实际位置轨迹跟踪期望位置轨迹，不仅避开了障碍物和另一架多旋翼，而且完美地到达了目标位置。若要进行对比，保存数据后运行文件“e5\e5.3\sim1.1_vs_sim2.1\e5_compare_plot.m”文件即可，对比效果如图 8.34 所示。从图中可以看出，两个实验的轨迹对应地重合在一起。这意味着采用系统辨识获得的模型进行实验时，所设计的避障算法可以很好地模拟真实模型的避障情况，并且达到期望的效果。

8.4.3.3 硬件在环仿真

准备好两个自驾仪并打开 RflySim 平台。注意，此处是多机仿真，因此要打开名称为“HITLRunUdpFull.bat”的文件，在双击打开之前需要修改多旋翼的位置。右击该文件选择编辑，此时该文件将由记事本打开。找到设置多旋翼间距的地方，如表 8.10 所示，将多旋翼间距从 2m 修改为 30m。

表 8.10 实验二仿真 2.0 控制器参数

```
1  % 设置多旋翼间距
2  REM Set the interval between two vehicle , unit:m
3  SET /a VEHICLE_INTERVAL=2
```

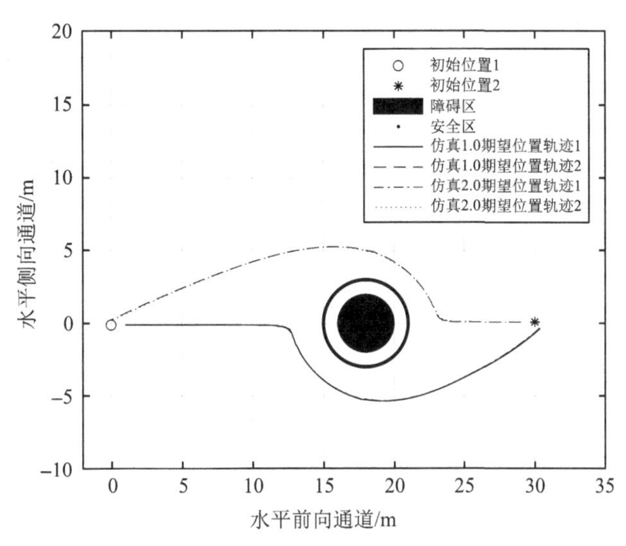

图 8.34 实验二仿真 2.0 不同模型避障轨迹对比

修改完成之后双击打开该文件。运行“startSimulation.m”初始化参数并运行 Simulink 模型文件“e5_3_Avoidance_Segment_HTIL_2017b.slx”开始仿真。此时，可以在 RflySim3D 软件中看到硬件在环仿真的效果，如图 8.35 所示。实验数据保存至工作区中，单击运行“e5_plot.m”文件可以得到如图 8.36 所示的结果。从图中可以看出，两架多旋翼在互相躲避的同时完成了对静态障碍物的避障，实现了预期目标，验证了人工势场法的正确性和可行性。

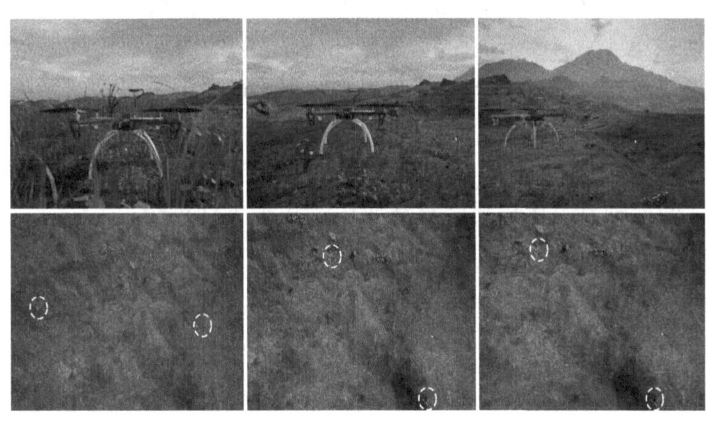

图 8.35 高度通道硬件在环仿真的效果图

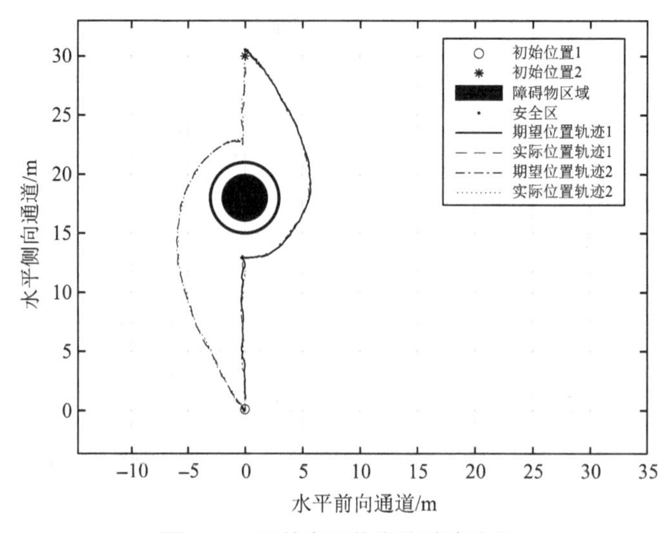

图 8.36　硬件在环仿真的避障结果

8.5　实飞实验

8.5.1　实验目标

1）准备

（1）软件：MATLAB R2017b 及以上版本；基于 Simulink 的控制器设计与仿真平台和实验指导包“e5.4”，详见第 2 章 2.1.2 节。

（2）硬件：计算机；OptiTrack 室内定位系统；带半自主飞控的多旋翼，详见第 2 章 2.1.1 节。

2）目标

如图 8.24（a）所示，在 8.4 节设计的避障算法和第 6 章 6.5.2.1 节设计的跟踪控制器的基础上，实现双机避障的实飞实验。考虑到实飞场地大小有限，本实验将两架多旋翼的起始位置设置为 $(-1.5,-0.1)$ 和 $(1.5,0.1)$，目标位置分别设置为 $(1.5,-0.1)$ 和 $(-1.5,0.1)$。多旋翼模块替换成第 4 章 4.5 节的位置/角度-位置/角度的四通道传递函数模型，设计控制器引导两架多旋翼相互避障，飞向对方初始位置，最后记录多旋翼避障轨迹。本实验具体目标包括以下几点。

（1）进一步理解和熟悉人工势场法的理论与推导过程以及在实际飞行中的具体应用；

（2）将设计的控制器及多机避障算法应用于实际飞行实验。

8.5.2　实验设计

1）整体模型

打开 Simulink 文件“e5\e5.4\sim1.0\ e5_4_Avoidance_Segment.slx”，如图 8.37 所示，从图中可以看到与设计实验相似的模型，有所区别的是多旋翼模块。

2）控制输入模块

控制输入模块内部如图 8.38 所示，打开“Avoidance1 Segment”后得到图 8.39，单击该模块查看避障算法完整代码，其中的关键代码如表 8.11 第 3~6 行所示，本质上这是一个局部期望位置的迭代过程。本实验需要适当修改参数 a_0、k_1 和 k_2，获得效果较好的避障效果。

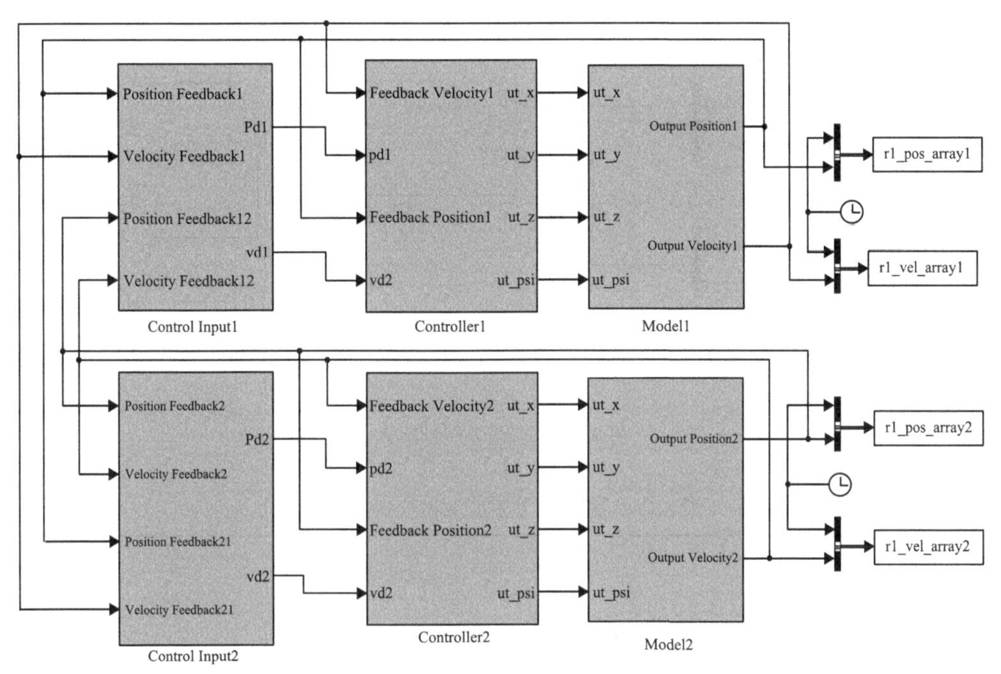

图 8.37 整体模块，Simulink 模型详见“e5\e5.4\ sim1.0\e5_4_Avoidance_Segment.slx”

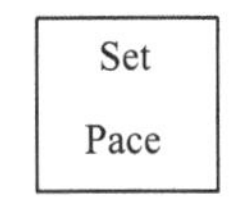

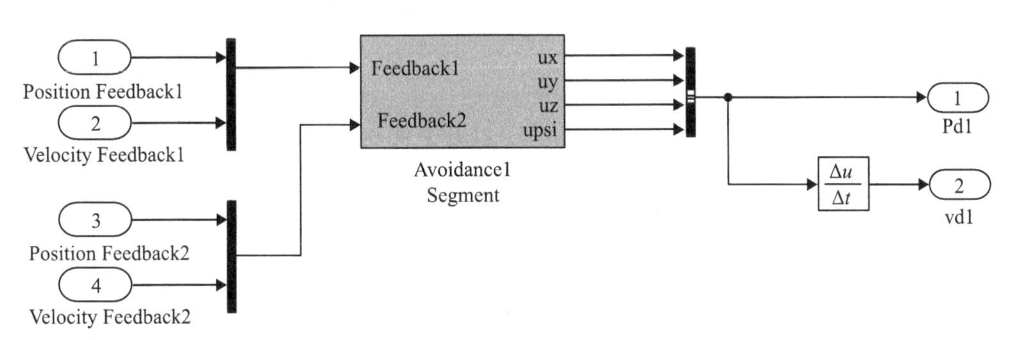

图 8.38 控制输入模块

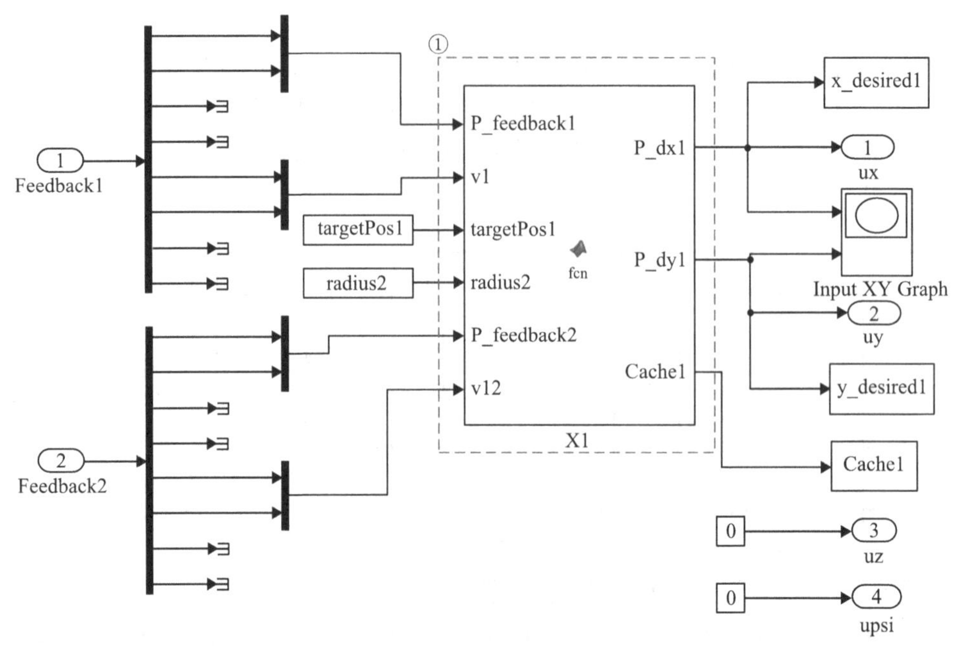

图 8.39　各通道控制输入

表 8.11　期望位置生成关键代码及参数

```
1  a0=1;k0=0.2;
2  k1=0.2;k2=0.11;
3  a=k1;
4  b=k2/((norm(ksi_0)-r_0)^2+0.000001)/(norm(ksi_0)+0.000001);
5  temp = satgd(-a*ksi_wp+b*ksi_0,a0);
6  P_d = P_feedback+ temp; %局部期望位置
```

8.5.3　实验步骤

8.5.3.1　仿真 1.0

这里我们给出一个设计好的例子，见文件“e5\e5.4\ sim1.0\e5_4_Avoidance_Segment.slx”。

1）步骤一：初始化参数

在完成了参数设计之后，可以开始仿真。打开文件夹“e5\e5.4\ sim1.0”，运行“startSimulation.m”文件初始化参数，其中包含实验所需要的控制器参数以及多旋翼起始位置等信息，可以根据需要自行设置。单击 Simulink 的仿真按钮，获得仿真结果。

2）步骤二：查看结果

在调试后，选取参数 $a_0 = 1, k_1 = 0.2, k_2 = 0.11$ 进行实验。仿真结束后通过运行“e5_plot.m”文件轨迹绘制，结果如图 8.40 所示。从图中可以看出，从初始位置开始，多旋翼期望位置轨迹与实际位置轨迹基本吻合，并且成功进行避障到达目标位置。可以认为，设计的避障算法对于使用真实的多旋翼进行辨识得到的模型是可行的。因此，可以根据实际情况微调一些参数，将算法用于实飞实验。

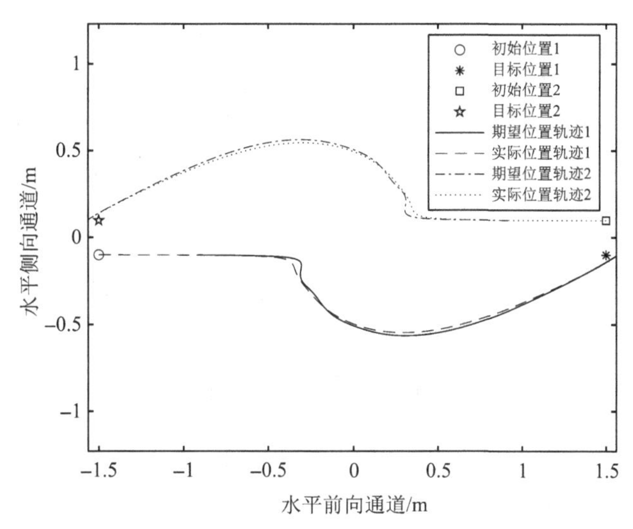

图 8.40 期望位置轨迹和实际位置轨迹对比

8.5.3.2 实飞实验

以 Tello 飞行器和 OptiTrack 室内定位系统为例，这里我们给出一个设计好的例子，见文件“e5\e5.4\Rfly\ e5_4_Avoidance_two.slx”。

1）步骤一：设计 MATLAB 控制模型

在 MATLAB 中单击运行“start_tello_two.m”文件，启动 Tello MATLAB 控制模型“e5_4_Avoidance_two.slx”，如图 8.41 所示。控制模型由七个部分组成，每个模块具体作用可参考第 2 章 2.3 节。

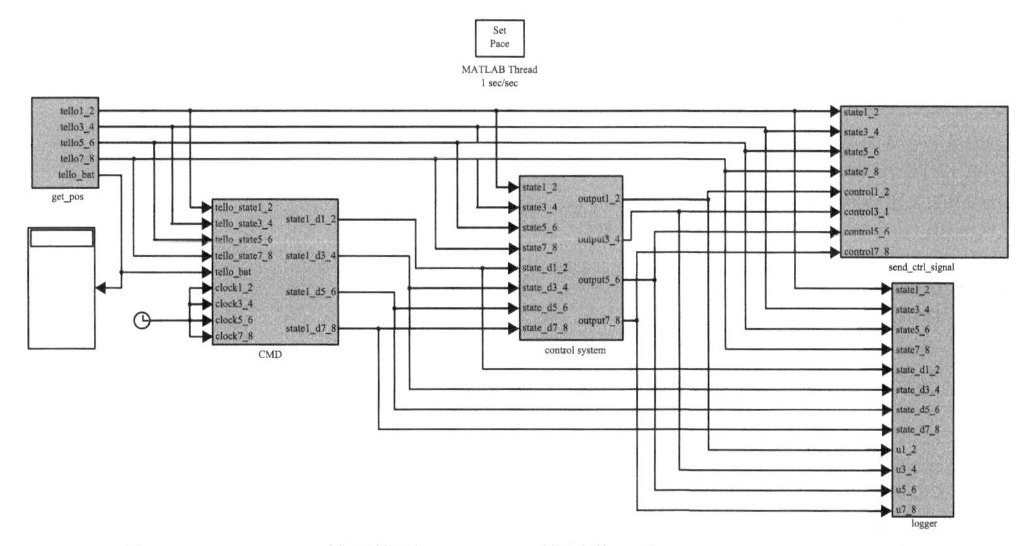

图 8.41 MATLAB 控制模型，Simulink 模型详见“e5_4_avoidance_two.slx”

2）步骤二：增加多旋翼的数量

本实验与其他的实飞实验不同，需要使用多架多旋翼进行实验。具体操作为：打开图 8.41 中的“CMD”模块，选择图 8.42 中的两个多旋翼期望输入模块，例如 3 号和 4 号多旋翼。点开虚线框③，得到图 8.43。根据实验原理，避障实验的避障控制器需要引入自身的速度和位置反馈以及其他多旋翼（4 号多旋翼）的速度和位置反馈，如虚线框①所示。点开虚线框②中的函数模块，可以看到双机避障核心算法，如表 8.12 所示，包括参数设置以及目标位置设置。4 号多旋翼的设置与 3 号多旋翼类似。

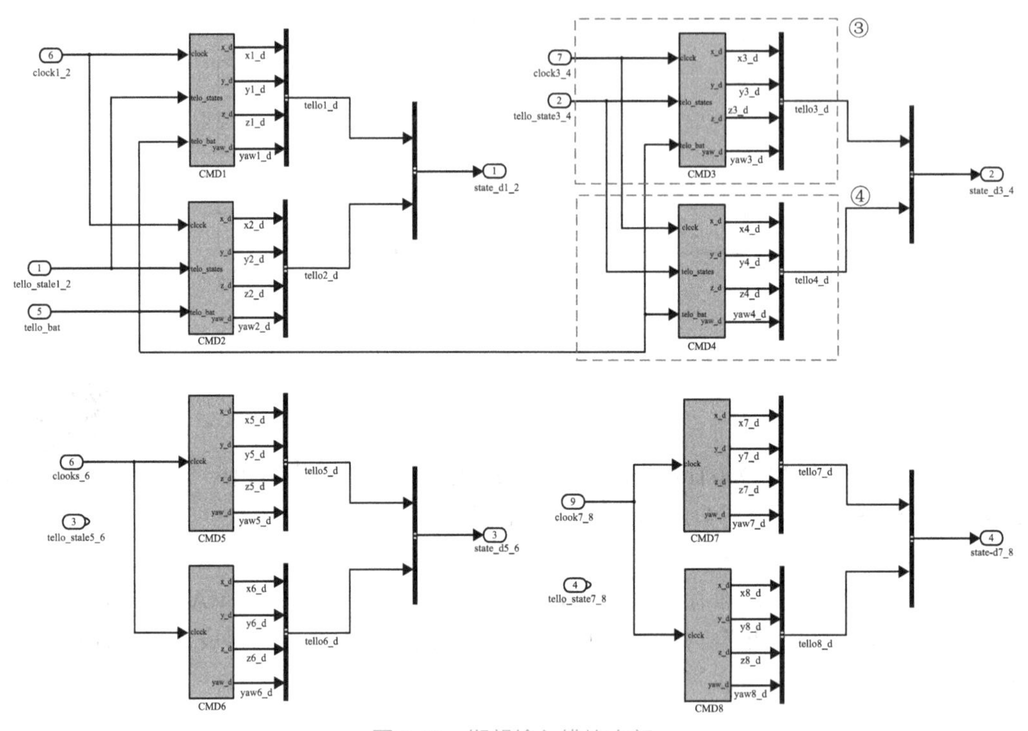

图 8.42 期望输入模块内部

表 8.12 实飞实验双机避障核心算法

```
1   a0=0.8;k0=0.5;
2   k1=0.12;k2=0.04;
3   r0=0.05; r_0_=r0+k0*a0;       % 参数
4   P_wp=[0;-1];                  % 目标位置
5   P2=P_feedback2;
6   ksi=P_feedback1+k0*v1;
7   ksi_wp=P_wp+k0*v_wp;
8   ksi_wp_=ksi-ksi_wp;           % 目标位置的滤波误差
9   ksi_0=P2+k0*v2;
10  ksi_0_=ksi-ksi_0;             % 障碍物位置的滤波误差
11  a=k1;
12  b=k2/((norm(ksi_0_)-r_0_)^2+0.000001)/(norm(ksi_0_)+0.000001);
13  temp1 = satgd(-a*ksi_wp_+b*ksi_0_,a0); % 期望位置
14  P_d1 = P_feedback1+ temp1;
```

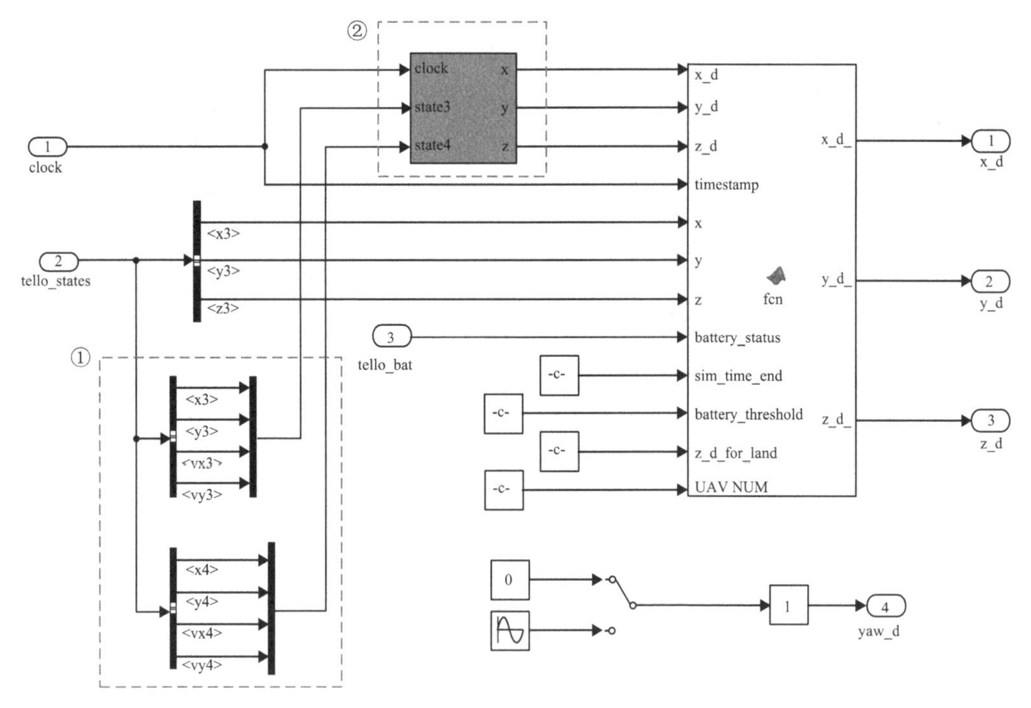

图 8.43　3 号多旋翼期望输入模块内部

3）步骤三：系统启动流程

（1）启动 OptiTrack

打开一个新终端，运行命令“roslaunch mocap_optitrack multi_rigidbody8.launch”。

（2）启动 tello_driver

打开一个新终端，运行命令“roslaunch tello_driver tello_node.launch”。

（3）起飞 Tello

打开一个新终端，运行命令“rosrun tello Tello_takeoff_all”，可以看到两架多旋翼起飞并保持悬停在正上方高度为 1m 的位置。

（4）运行 MATLAB 控制程序

单击运行“e5_4_Avoidance_two.slx”文件，可以看到两架多旋翼趋向目标位置，在此过程中相遇于中间某个位置，然后进行如图 8.40 所示的轨迹避障，最后到达各自的目标位置。

（5）降落 Tello

打开一个新终端，运行命令“rosrun tello Tello_land_all”，在两架多旋翼降落后，结束所有终端。

4）步骤四：实验结果分析

“e5_4_Avoidance_two.slx”文件中包含数据存储模块，可以将实飞数据输出到工作区。如变量“tello3_states”、“tello3_states_d”、“tello4_states”和“tello4_states_d”，分别代表两架多旋翼在飞行过程产生的期望指令和实际位置结果，运行“e5_plot.m”文件，即可得到如图 8.44 所示的实飞结果。

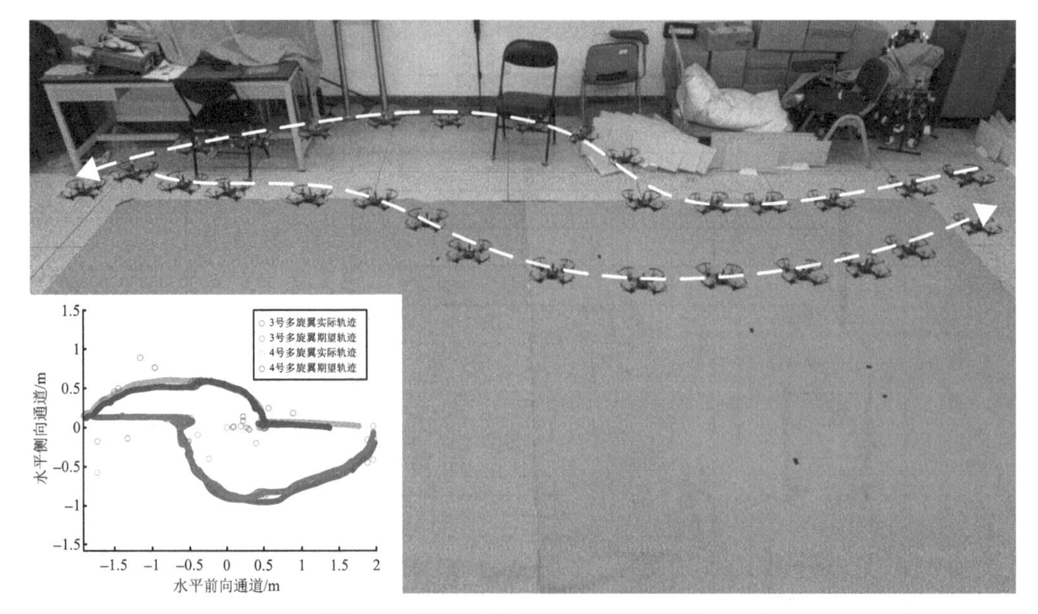

图 8.44 实飞结果（影像进行了叠加）

8.6 本章小结

（1）通过复现基础实验，读者可以了解避障控制的模块组成与实现方法，熟悉单机避障期望路径求解原理。

（2）通过分析实验，读者可以了解避障算法中各参数改变对避障结果的影响，进而可以用来调节多旋翼收敛到目标航路点和避开障碍物的快慢。

（3）在设计实验中，读者可以通过设计多机避障实验，进一步掌握人工势场法用于动态避障，理解局部势场叠加成全局势场的原理。

（4）通过实飞实验，读者可以自主设计双机避障实验进一步掌握设计方法，并对通过实飞数据辨识的模型的正确性加以验证。

如有疑问，请到 https://rflysim.com/docs/#5_Course/Content 查询更多信息。

参考文献

[1] Terry Bahill A, Henderson S J. Requirements development, verification, and validation exhibited in famous failures [J]. Systems Engineering, 2005, 8(1): 1-14.

[2] 贾玉红. 航空航天概论（第 4 版）[M]. 北京：北京航空航天大学出版社, 2017.

[3] Talay T A. Introduction to the aerodynamics of flight [sp-367][M/OL]. Washington, D.C.: Scientific and Technical Information Office, NASA, 1975. https://practicalaero.com/wp-content/uploads/2010/04/NASA-SP-367.pdf.

[4] 樊鹏辉. 多轴飞行器的设计与控制 [D]. 北京：北京航空航天大学, 2010.

[5] 张瑞峰. 面向可靠飞行控制的四旋翼复合直升机研究 [D]. 北京：北京航空航天大学, 2011.

[6] 全权, 付建树, 蔡开元. 复合式多旋翼飞行器: 中国：ZL201220708839.7[P]. 2012.

[7]《世界无人机大全》编写组. 世界无人机大全 [M]. 北京：航空工业出版社, 2004.

[8] NAMEBAY. F3-radio control soaring[EB/OL]. 2019[Accessed January 5, 2022]. https://www.fai.org/page/f3-radio-control-soaring.

[9] Palmer D. The FAA's interpretation of the special rule for model aircraft[J]. Journal of Air Law and Commerce, 2015, 80: 567.

[10] Hanrahan H. The washington accord: history, development, status and trajectory[C]//7th ASEE Global Colloquium on Engineering Education. 2008: 19-23.

[11] Tischler M, Remple R. Aircraft and Rotorcraft System Identification[M]. American Institute of Aeronautics and Astronautics Reston, VA, 2012.

[12] 全权. 多旋翼飞行器设计与控制 [M]. 杜光勋, 赵峙尧, 戴训华, 等译. 北京：电子工业出版社, 2018.

[13] Crassidis J, Junkins J. Optimal Estimation of Dynamic Systems[M]. Chapman and Hall/CRC, 2011.

[14] 秦永元, 张洪钺, 汪叔华. 卡尔曼滤波与组合导航原理 [M]. 西安：西北工业大学出版社, 2012.

[15] Katsuhiko O. Modern Control Engineering[M]. Publishing House of Electronics Industry, 2010: 403-426.

[16] Quan Q, Rao F, and Cai K-Y. Practical control for multicopters to avoid non-cooperative moving obstacles[J]. IEEE Transactions on Intelligent Transportation Systems, 2022. 23[8]: 10839-10857.

[17] Slotine J J E, Li W P. Applied Nonlinear Control[M]. Prentice hall Englewood Cliffs, NJ, 1991.

[18] Tischler M, Remple R. 飞机和旋翼机系统辨识：工程方法和飞行试验案例 [M]. 张怡哲, 左军毅, 译. 北京：航空工业出版社, 2012.

[19] 全权, 戴训华, 王帅. 多旋翼飞行器设计与控制实践 [M]. 北京：电子工业出版社, 2020.

[20] 程鹏. 自动控制原理（第 2 版）[M]. 北京：高等教育出版社, 2010.

附录A

Appendix A

CIFER软件使用指南

CIFER软件是适用于系统辨识的高效专业软件，它采用频域响应来进行系统辨识，获得的结果不仅精确而且符合实际的要求。附录的主要目的在于满足本书第4章“多旋翼系统辨识实验”章节的要求，介绍CIFER软件学生版的简单功能，如果要更加深入地理解CIFER软件以及多旋翼系统辨识方法请参考文献[11]和[18]。本章主要通过数据处理、传递函数辨识以及绘图和实用工具三个部分介绍基于CIFER软件的辨识过程。同时，在CIFER软件各个功能介绍完之后，我们将通过一个实例展示该模块操作的过程和结果。

A.1 CIFER 软件介绍

在第 4 章的实验内容中，我们不需要进行导数辨识以及状态空间模型验证，因此忽略“DERIVID”模块和“VERIFI”模块。简化后的 CIFER 辨识流程如图 A.1 所示，传递函数的操作主要分为数据处理、传递函数辨识以及绘图和实用工具三个部分。下面对三个部分进行简要介绍。

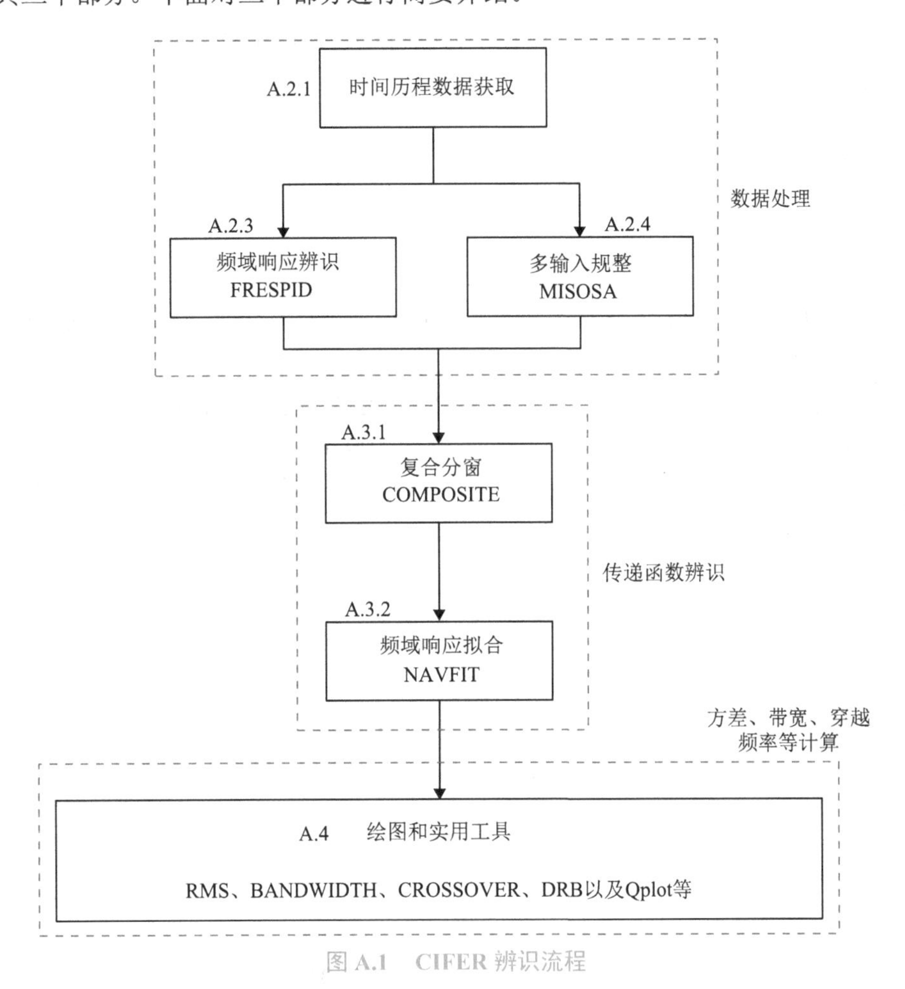

图 A.1 CIFER 辨识流程

1）数据处理

数据处理部分主要包括时间历程数据获取、频域响应辨识“FRESPID”和多输入规整“MISOSA”三个部分。**时间历程**数据包含时间变量、输入变量和输出变量，它是待辨识的多旋翼或者模型生成的单通道或者耦合通道的输入/输出数据。获得时间历程数据之后，如果是单通道的输入/输出，则进入“FRESPID”模块进行频域响应辨识；如果是耦合通道的输入/输出，则进入“MISOSA”模块进行频域响应辨识。

2）传递函数辨识

传递函数辨识部分主要包括复合分窗“COMPOSITE”模块和频域响应拟合“NAVFIT”模块。“COMPOSITE”模块可以获得精确的频域响应辨识结果，主要用来将经过

“FRESPID”模块和“MISOSA”模块处理后的数据加权结合在一起，用于消减数据处理模块各个部分的缺点，同时将各自的优点结合起来，提高辨识的准确度。“NAVFIT”模块是将符合频率范围要求的数据，经过相关操作，辨识得到传递函数模型。

3）绘图和实用工具

绘图和实用工具部分可以分为均方差“RMS”模块、计算频域辨识结果带宽与相移“BANDWIDTH”模块、计算穿越频率“CROSSOVER”模块、干扰抑制带宽“DRB”模块以及绘图“QPlot”模块。通过这些模块，读者可以知道频域辨识的一些图表以及相关数据结果。

A.2 数据处理

A.2.1 时间历程数据获取

利用 CIFER 软件进行辨识的第一步就是获得并保存各待辨识通道的输入/输出时间历程数据。这里，“**时间历程**”数据包括“时间”和“输入”（或者“输出”）一一对应的数据文件，如图 A.2 所示。CIFER 软件可以读取 MATLAB 中的 mat 文件，因此我们不需要再去重新将数据整理成 CIFER 软件自带的文件格式，只需要将 mat 文件导入即可。除此之外，CIFER 软件也支持 Excel 等其他类型数据，这里不做详细介绍，具体操作读者可以自行了解。

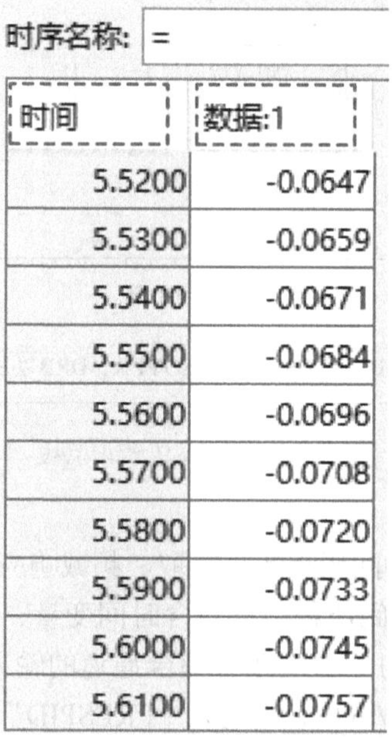

时序名称: =

时间	数据:1
5.5200	-0.0647
5.5300	-0.0659
5.5400	-0.0671
5.5500	-0.0684
5.5600	-0.0696
5.5700	-0.0708
5.5800	-0.0720
5.5900	-0.0733
5.6000	-0.0745
5.6100	-0.0757

图 A.2 时间历程数据格式

对于获得输入/输出时间历程数据，最常用的输入信号形式便是扫频输入。扫频指的是一类控制输入，它具有准正弦曲线的形状，且频率逐渐增加。为了获得扫频信号输入，主要有计算机自动扫频输入和飞控手手动扫频输入两种方法，下面对这两种扫频信号进行简单介绍。

A.2.1.1 操作说明

1）计算机自动扫频输入

计算机自动扫频输入是一种比较容易获得的扫频输入，并且获得的扫频信号各种特征更易控制。可以采用 MATLAB 中的 chirp 函数，此函数可以生成特定时间段、特定频率范围且幅值为定值 1 的自动扫频输入信号。该函数用法如式 (A.1) 所示

$$y = \mathrm{chirp}(t, f_0, t_1, f_2) \tag{A.1}$$

其中，f_0 表示初始时刻 t 的频率，f_2 表示 t_1 时刻的频率。如表 A.1 所示为 chirp 函数代码示例，生成该扫频信号的结果图如图 A.3 所示。

表 A.1 chirp 函数代码示例

```
1  t=0:0.01:3;
2  y=chirp(t,2,10,20);
3  plot(t,y);
```

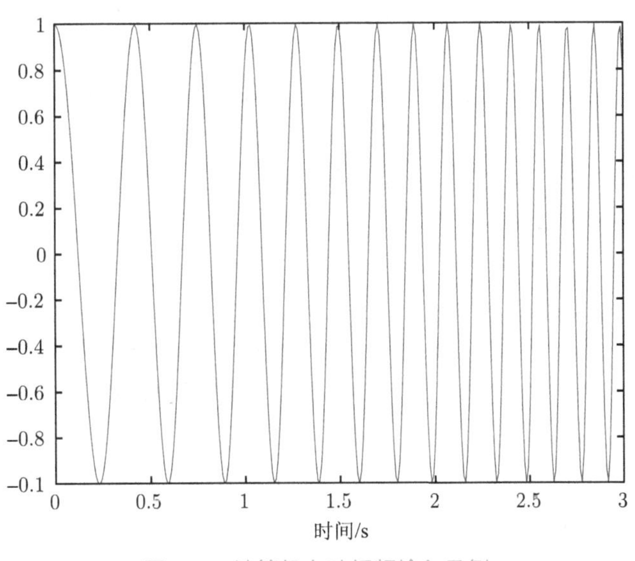

图 A.3 计算机自动扫频输入示例

表 A.1 中第 2 行代码表示初始时刻 t = 0s 时，频率为 2Hz；t = 10s 时，其频率为 20Hz；本示例为 chirp 函数的最基本用法，chirp 函数还有其他详细用法，读者可以进一步进行学习了解。

一般情况下，使用计算机自动扫频输入是有效且高效的。对于此类扫频，我们需要注意以下事项。

（1）生成的自动扫频输入信号需要对进行辨识的通道产生足够的激励。扫频输入信号的频率范围应由先验知识决定，此扫频输入信号与飞行系统通道的可用频率范围越符合，激励的效果就越好，获得的辨识结果也就越精确。对于六自由度的多旋翼飞行系统，一个可行的频率范围为 0.3 ~ 12rad/s。

（2）生成的自动扫频输入信号在开始与结束阶段需要建立配平飞行状态，即输入值需要在开始与结束阶段使得整个待辨识系统保持稳定状态。这样就可以保证在扫频开始时，系统是处于稳态的。这里对于一个几十秒以上单次扫频输入，在开始与结束阶段各保留 3s 左右的配平状态是合适的。

（3）单次扫频是指一个单次的扫频过程，如图 A.3 所示。有时，我们需要的是多个扫频输入信号相互衔接，以获得一个连续的频域响应。这将由 CIFER 软件自动完成，我们需要的只是进行多段不同扫频操作。此处“不同”指的是使得各次扫频的起始与终止频率稍有不同即可，起始/终止频率各相差 0.1Hz 左右，接下来我们会进行详细举例。

（4）生成的自动扫频输入信号需要加入适当的白噪声来丰富其频谱。由于计算机自动扫频太过规律，对于充分激励该待辨识通道的性能没有好处，所以要加入白噪声来获得相对不规律的扫频信号。加入白噪声的幅值需要比扫频信号的幅值要小，如幅值比为 10% 以下的白噪声。此外，需要对白噪声加上低通滤波器，滤掉频率高于扫频最大频率的高频部分来抑制其高频成分，使得白噪声频率范围与扫频输入信号频率范围相匹配。此处有一个需要注意的小地方，为了更精细地处理扫频输入信号，带限白噪声应只添加到扫频部分，对于开始与结束的配平稳定部分则不需要加入白噪声。

（5）对于单个扫频输入信号的持续时间，称为“长度”，有一个经验准则。定义 $T_{\max}$ 为单个扫频输入信号中所存在的最大周期，即信号中频率范围内最小频率信号所对应的周期。定义 T_{rec} 为单个扫频信号的长度，则有 $T_{\text{rec}} \geqslant 5T_{\max}$。

（6）计算机自动扫频输入信号对于信号的幅值没有过多要求，但是一般情况下不应超过该通道的最大输入量。

2）飞控手手动扫频输入

如果有实飞实验的条件，利用飞控手（无人机操控人员）操纵摇杆进行手动扫频输入是更好的方法，这种方法容易实现，并且安全可靠，对于辨识模态激励更充分。因为这样可以获得更真实的输入与输出信号，可以更好地反映待辨识系统的特性与飞行性能。对于此类扫频，我们需要注意以下事项。

（1）与计算机自动扫频输入信号类似，飞控手手动扫频输入信号在开始与结束阶段需要建立配平的飞行状态，即输入值需要在开始与结束阶段使得整个待辨识系统保持稳定状态，且在数据记录中应该包含 3s 稳定的飞行数据。

（2）对飞控手来说，并不一定要保证手动扫频输入信号是正弦信号，但是需要控制输入信号保持对称分布在多旋翼姿态平衡飞行位置附近。与此同时，还应该限定输入信号的幅值，保证多旋翼在安全范围内飞行。

（3）除此之外，飞控手手动扫频输入信号还需要符合上述计算机扫频输入的（1）~（3）。

3）生成 CIFER 软件所用的时间历程文件数据

（1）保持除待辨识通道外的其他通道处于稳定状态，并对待辨识通道进行扫频实验，获得相应通道的输出结果。将扫频输入与获得的输出数据生成为 mat 文件，此 mat 文件将作为辨识所用的时间历程文件数据用于 CIFER 软件。

（2）在保存 mat 文件时，需要有一定的格式。若针对单通道系统辨识，在同一个 mat 文件里要保留以“time”命名的时间数据以及输入和输出的数据。对于输入与输出变量的命名，CIFER 软件没有要求，按照实验的需要命名即可，但只能为数字及字母，且不可超过八个，下画线不可用。若为多通道耦合的系统辨识，需要在一个 mat 文件下保留“time”命名的时间数据以及所有涉及多通道系统辨识的各个通道输入与输出数据。例如，对于实验文件“sample\sample_01.mat”，我们用 MATLAB 将其打开，看到的界面如图 A.4 所示，其中我们可以看到三个变量：虚线框①处为时间变量“time”，虚线框②处为输出变量“outputvx”，虚线框③处为输入变量“ux”。对于多输入/多输出系统，还可以增加输出变量与输入变量。

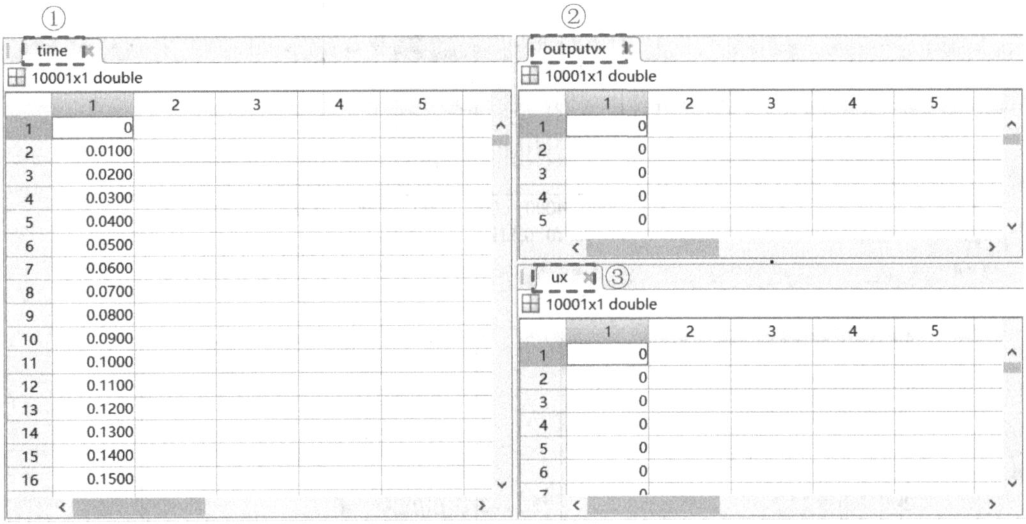

图 A.4　“sample_01.mat”数据图

（3）由前文所述，CIFER 软件可以利用多段数据扫频，其中学生版为三段，专业版为五段。在每次辨识过程中，学生版 CIFER 软件可以一次导入三个时间历程数据文件，并将其进行衔接。因此，在生成 mat 文件时，可以更换扫频的频率范围获得三段不同的扫频输入/输出对数据，也就是格式相同的三个 mat 文件；然后，可以进行下一步的 CIFER 系统辨识过程。具体显示数据将在接下来的 A.2.3 节中进行详细介绍。

A.2.1.2　例程说明

这里我们采用计算机扫频输入的方法获得扫频数据进行举例说明，保存在三个时间历程数据文件“sample\data\sample_01.mat”，“sample\data\sample_02.mat”和“sample\data\sample_03.mat”中。其中，输入信号由式 (A.1) 产生，生成的输入扫频信号如图 A.5 所示，这三个信号的区别是式 (A.1) 中的起始频率和终止频率不一样；输入信号经过多旋翼仿真模型后的相应输出曲线如图 A.6 所示，将这三组时间历程数据用于本章的辨识操作。

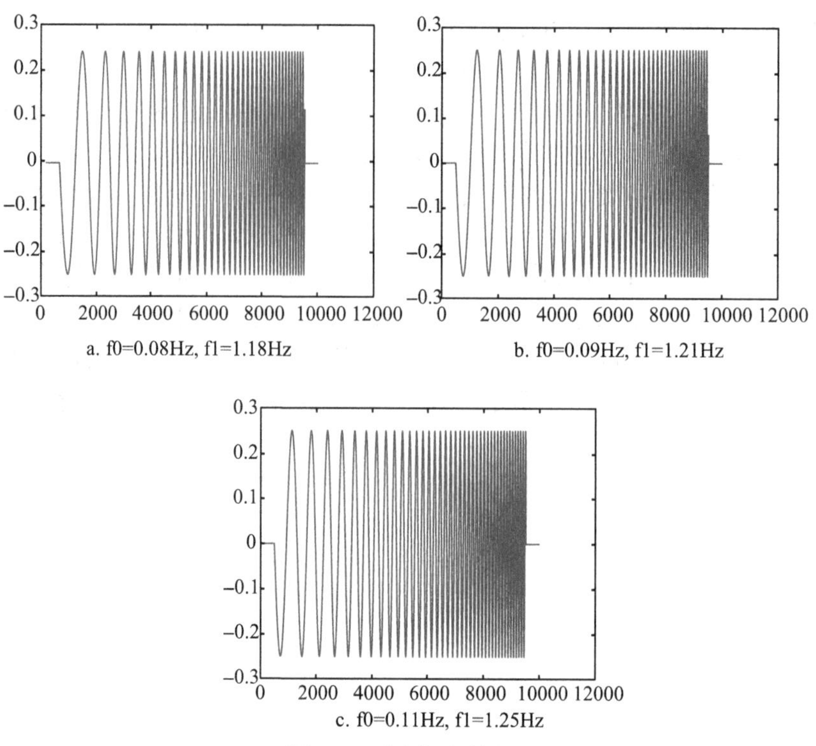

a. f0=0.08Hz, f1=1.18Hz

b. f0=0.09Hz, f1=1.21Hz

c. f0=0.11Hz, f1=1.25Hz

图 A.5 实例扫频输入

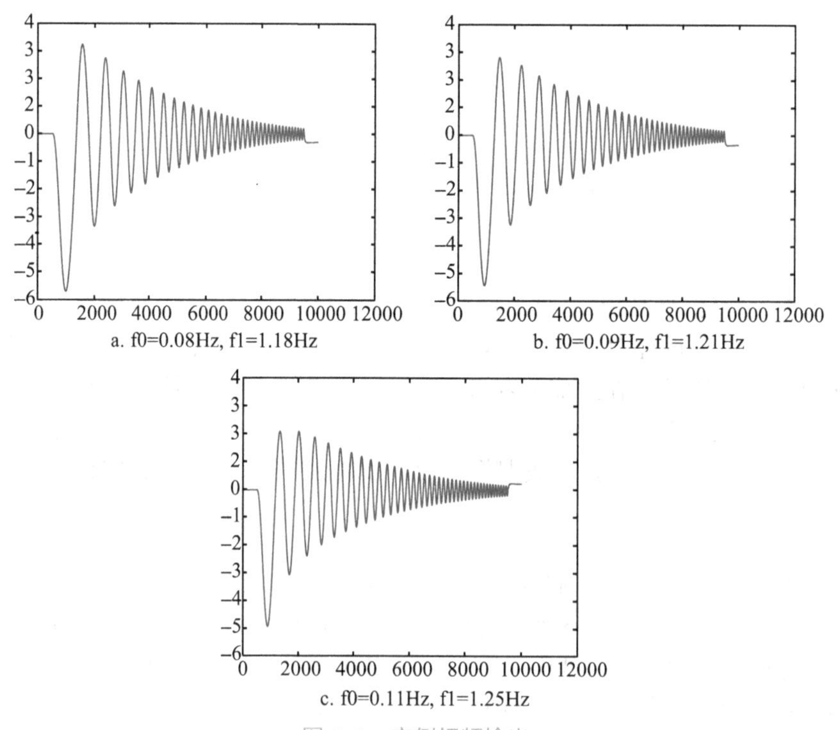

a. f0=0.08Hz, f1=1.18Hz

b. f0=0.09Hz, f1=1.21Hz

c. f0=0.11Hz, f1=1.25Hz

图 A.6 实例扫频输出

A.2.2 建立数据库：Database

首先，建立数据库“Database”。在数据库下，对于每个模块“FRESPID”、“MISOSA”和“COMPOSITE”的操作，需要各自建立案例“Case”，在案例中可以进行相应的具体辨识操作，例如导入mat文件、选择参数、生成结果图等。

A.2.2.1 操作说明

如图A.7所示，在CIFER软件开始界面的菜单栏上依次选择“Database”→“Database Manager”进入数据库管理界面。

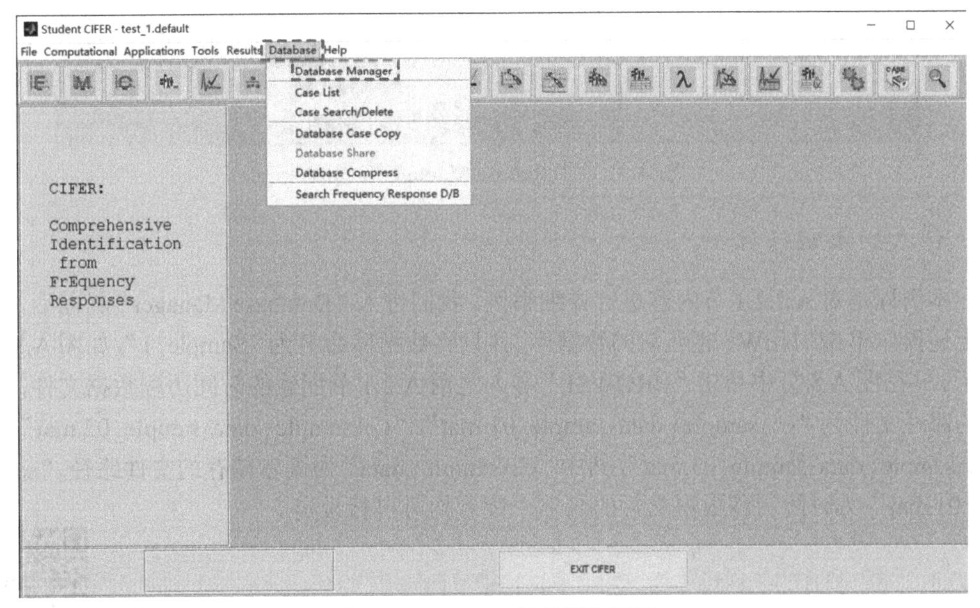

图A.7 CIFFER软件开始界面

进入的“Database Manager”界面如图A.8所示。如图A.8①所示，在“Database”一行的下拉菜单中选择已创建的数据库或者单击“NEW”创建一个新的数据库文件，创建的数据库文件的文件名在此行下一行，即在“Database to create\import”（如图A.8②所示）的这一行输入即可。

创建或选择好数据库文件后，如图A.8③所示，在“Configuration Details”中选择相应的文件夹。此处在“Units”这一行单位选择“Hz”即可。“CIFER Database Directory”用来存储此次的数据库文件，“Plot Directory”、“Batch Directory”和“Time History Root Directory”分别用来存储辨识的结果图，“Batch”文件和上一节所获得的时间历程数据文件。这些文件存储的位置并没有要求，可以按照自己需要放在相应的文件夹里，但是推荐将它们放在一个大文件夹下的不同文件夹内，方便管理。

单击下方的“Apply”（如图A.8④所示），至此便已经完成了数据库的创建操作。接下来在CIFER软件中的操作全都是在此数据库下完成并存储的，如果想更换数据库，只需在“Database”（如图A.8①所示）一栏的下拉菜单中更换/新建数据库即可。

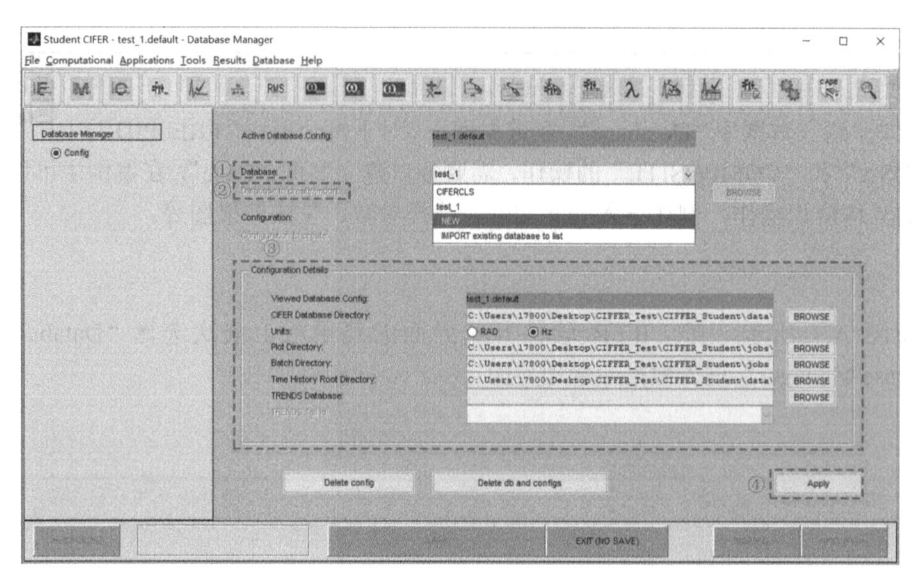

图 A.8 “Database Manager”界面

A.2.2.2 例程说明

本例程是对 A.2.2.1 节内容进行详细举例。我们进入“Database Manager”界面后，按照上述操作单击“NEW”建立新的数据库，并且将数据库命名为“Sample_1”，如图 A.8 ① 所示；并在图 A.8 ③ 中单击“BROWSE”导入之前 A.2.1 节创建的时间历程数据文件，这里的路径文件为“C:\sample\ data\sample_01.mat”，“C:\sample\ data\sample_02.mat”和“C:\sample\ data\sample_03.mat”，其中“C:\sample\ data”为读者储存的文件路径，“sample_01.mat”为时间历程数据文件的名字，读者均可自行设定。

A.2.3 频域响应辨识模块：FRESPID

“FRESPID”模块主要功能是将所获得的时域数据（时间历程数据）转化为频域数据，即输入/输出数据的频域响应，但是需要注意的是：它只是针对单输入/单输出系统而言；对于多输入/多输出系统的数据转换则需要经过下一节介绍的“MISOSA”模块处理。接下来，本节将介绍“FRESPID”模块中的操作步骤。

A.2.3.1 操作说明

1）步骤一：“Case Name”案例创建模块

（1）进入“Case Name”模块，这一步的主要功能在于创建新的案例模块。在菜单栏下单击“FRESPID”模块，图 A.9 ① 所示。在软件中出现的第一个界面是选择/创建此模块下的“Case Name”，如图 A.9 ② 所示。

（2）在“Please enter a case name or select from a list”这一行，如图 A.9 ③ 所示，新的“case”（案例）名字直接输入即可。

（3）单击“BROWSE”可以选择我们已经创建过的案例。

（4）单击“NEXT（F1）”，即完成了案例的创建。

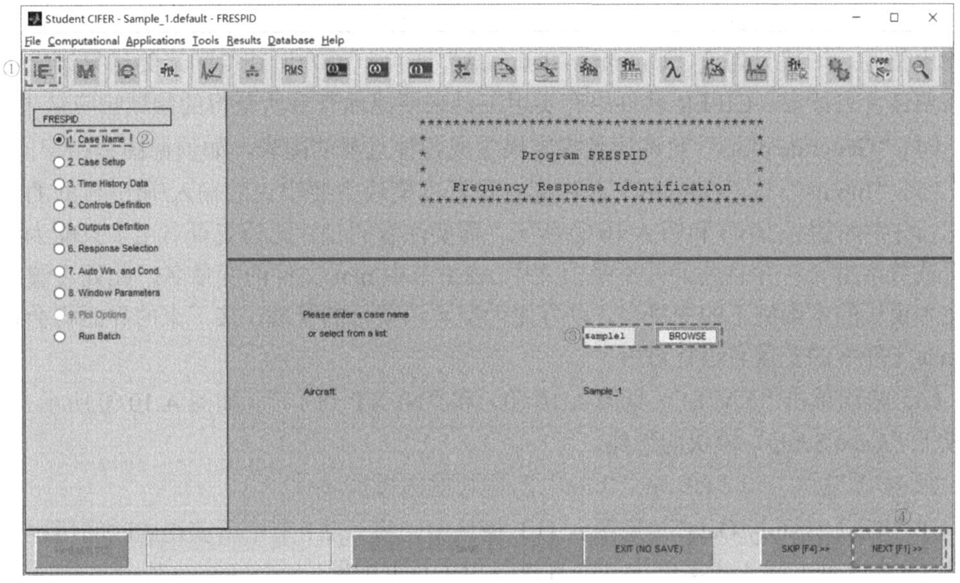

图 A.9　“FRESPID”界面

2）步骤二：“Case Setup”案例设置模块

在“Case Setup”（见图 A.10）中选择进行具体的设置，例如是否选择单输入模块、是否生成相关图标以及输入/输出变量名称的设定。

（1）“Case Name”在步骤一中已经被设置，“Output Name”代表本模块最终输出结果文件的名字，这两行如果不填则默认与案例名称相同。

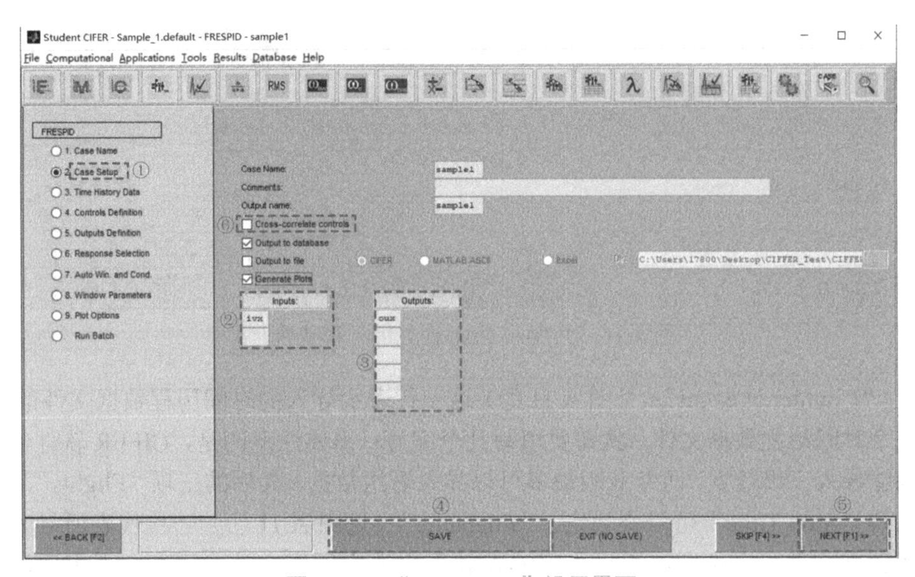

图 A.10　“Case Setup”设置界面

（2）“Cross-correlate controls”如果被勾选，则表示不仅要把单输入/单输出数据进行处理，多输入之间也会两两进行频域处理获得结果；如果是想要获得耦合情况下的输入/输出响应 MISOSA，需要勾选此项（我们将在下一节重新说明此处）。

（3）“Output to database”及“Output to file”允许读者选择本模块最终结果源文件的输出位置，一般只勾选“Output to database”即可。因为所获得的最终结果源文件并不需要读者去读取，CIFER 软件中有实用工具来便捷地查看所获得的频域响应结果。

（4）“Generate plots”允许读者将结果生成各种直观的图表，如伯德图和相干值等。

（5）“Inputs”与“Outputs”允许读者设置本模块中要辨识的输入/输出数据的变量名称，分别如图 A.10 ② 和图 A.10 ③ 所示。需要注意的是，此处变量名至多只能为四个字母或数字组合；并且此处并不是上文中 A2.1 节中 mat 文件的变量名，此处设置的只是在本模块的本案例下的变量名，以方便大型辨识项目的管理，接下来的界面将会让其与 mat 文件中的变量名进行对应。

（6）依次单击“SAVE”（见图 A.10 ④）和“NEXT（F1）”（如图 A.10 ⑤ 所示），则完成了“Case Setup”模块的创建。

3）步骤三：“Time History Data”历程数据选择模块

在“Time History Data”（见图 A.11）模块中，将 A.2.1 节中所获得的时间历程数据文件（mat 文件）导入本案例中，并且进行相关数据配置。

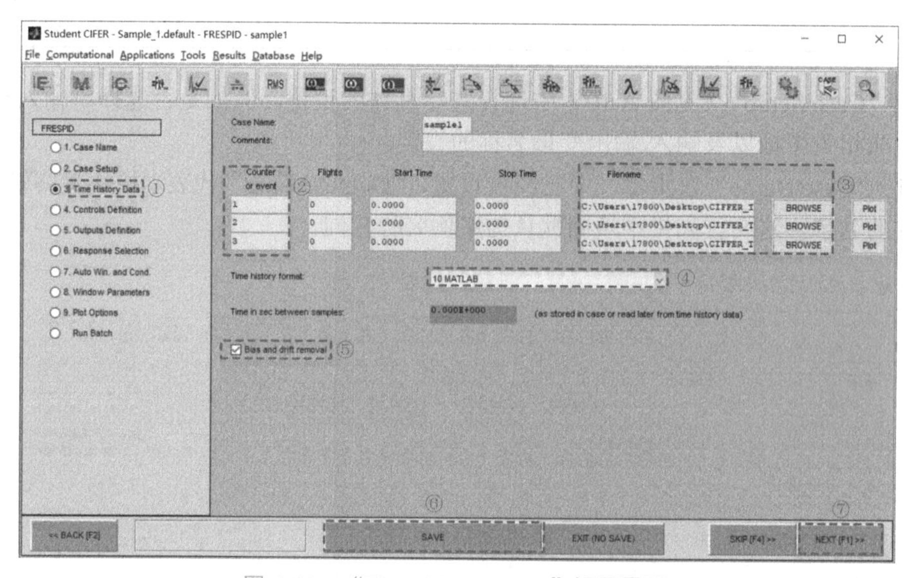

图 A.11 “Time History Data”设置界面

（1）“Counter or event”（见图 A.11 ②）这一行表示导入的时间历程数据文件的序号，导入几个时间历程数据文件，就需要填写几个编号；需要注意的是，CIFER 软件学生版最多只能导入三组数据，而专业版最多可以导入五组数据。其后的三项“Flights”、“Start Time”和“Stop Time”可以不设定，“Filename”（见图 A.11 ③）一栏代表所导入的时间历程数据文件所在位置，通过“BROWSE”来选定所需文件。还有一点需要注意的是：文件目录不能太长，如果超过五十个字符，软件将会报错。也可以选择其中一组或者两组数据进行辨识，但是辨识精度可能会因此受影响，只不过要与“Counter or event”中填写的标号保持一致；同理，专业版可以导入五组数据，而这里是学生版，只可以导入三组数据。另外，此处可以导入三个不同（“不同”的含义请参看 A.2.2 节）的数据文件，但需要保证三者的 mat 文件中变量名和顺序是一致的。除此之外，三个 mat 文件中的时间历程数据的时间间隔还需要一致，但是三个 mat 文件的长度不需要一致，CIFER 软件在辨识时会自动将三段时间历程数据连接起来进行辨识。本案例分别选择了“sample\sample_01.mat”，“sample\ sample_02.mat”以及“sample\sample_03.mat”三个时间历程数据文件。

（2）“TIME history format”（见图 A.11 ①）一栏选择所导入时间历程数据文件的文件类型，一般选取的是 mat 文件，因为这是最简单也是最容易获取的。如果导入的是 mat 文件，在“Time history format”（见图 A.11 ④）菜单里选择“10 MATLAB”即可，CIFER 软件默认的是“CIFERTEXT”；如果读者导入的是其他类型的数据，选择相应设置即可。

（3）“Bias and drift removal”（见图 A.11 ⑤）需要勾选，勾选后可以自动去除数据中与平均值差距过大的杂点，使数据处理更加准确。

（4）依次单击“SAVE”（图 A.11 ⑥）和“NEXT（F1）”（见图 A.11 ⑦），则完成了“Time History Data”模块的创建。

4）步骤四：“Controls Definition”输入数据选择模块和“Outputs Definition”输出数据选择模块

（1）“Controls Definition”模块和“Outputs Definition”模块的作用是将导入 mat 文件中的输入变量与步骤二中的输入变量对应起来。“Outputs Definition”与“Controls Definition”是一样的，只不过是将输出变量对应起来。对应界面的示意图分别如图 A.12和图 A.13 所示。这里只对“Controls Definition”界面进行说明。在“Controls Definition”界面中，将读者在“Case Setup”界面中设置的变量名与“Time History Data”中导入的 mat 文件中的变量名对应起来，如图 A.12 ① 所示。如果是多输入系统，可以在后面的选项中选择相应的变量和系数即可。这里最多支持五组变量数据的叠加。而图 A.12②处则表示该变量的系数，一般而言保持默认值为 1 即可。

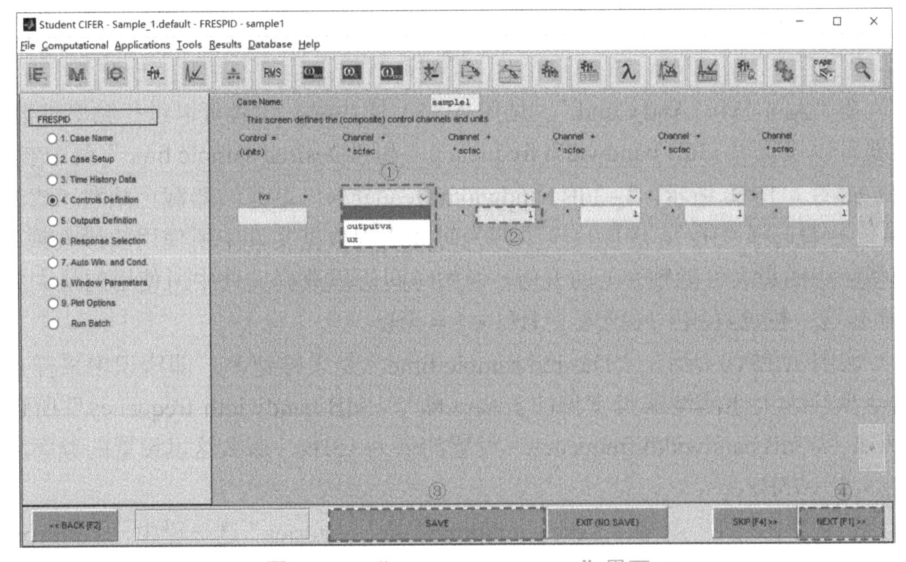

图 A.12 “Controls Definition”界面

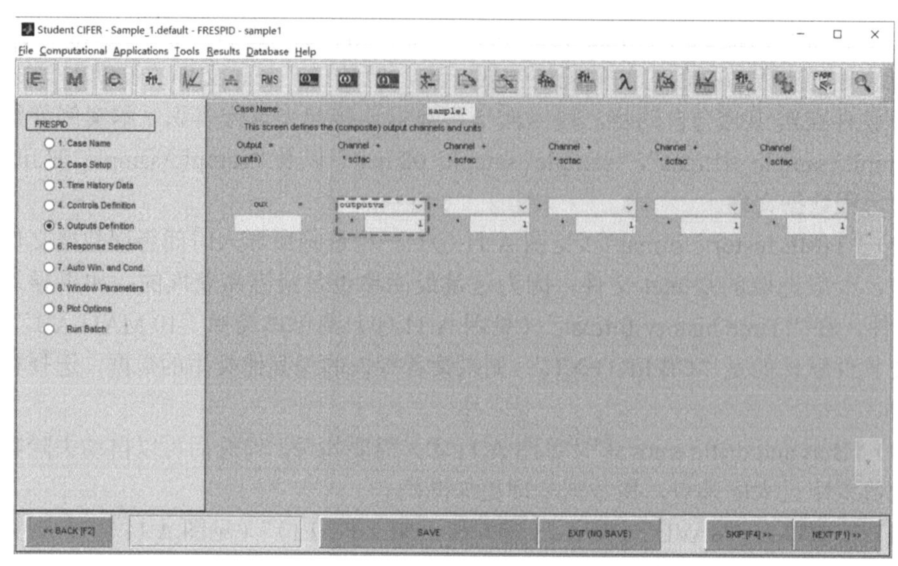

图 A.13 “Outputs Definition”界面

（2）依次单击“SAVE”和“NEXT（F1）”，则完成了“Controls Definition”和“Outputs Definition”模块的创建。至此，时间历程数据文件中的变量数据就导入本模块中。“Case Setup”界面中设置的变量现在被成功“导入”了数据，可以进行下一步的辨识操作。

5）步骤五：“Response Selection”变量关系模块

（1）在“Response Selection”（见图 A.14）中，读者可以选择想要生成的变量/变量对（可以是输入/输出、输入/输入或者输出/输出）频域响应结果。如图 A.14 ② 所示，勾选对应的变量即可，这样就建立了输入与输出的联系；如果是多变量，读者需要根据实际情况勾选相应选项。

（2）依次单击“SAVE”（见图 A.14 ③）和“NEXT（F1）”（见图 A.14 ④），则完成了“Response Selection”模块的选项设置。

6）步骤六：“Auto Win. And Cond.”频率参数设置模块

（1）在“Auto Win. And Cond.”（见图 A.15）模块中，读者可以进行频率参数设置。这里主要可以设置“−3dB bandwidth frequency”和“Desired sample time”两个参数。

（2）如图 A.15 ② 所示，“−3dB bandwidth frequency”是滤波器截止频率（滤波器带宽），单位一般选择“Hz”，选取值至少应为时间历程数据文件中所使用的最大频率（或者说模型应用的最大可能频率）的五倍。例如时间历程数据文件中所使用的最大频率为 1Hz，那么这一栏设置频率应该大于 $1\text{Hz} \times 5 = 5\text{Hz}$。

（3）如图 A.15 ③ 所示，“Desired sample time”是采样速率，即辨识中采样点的密度。它至少应为上述滤波器带宽值的五倍（即“−3dB bandwidth frequency”所设置的值）。例如“−3dB bandwidth frequency”设置的值为 15Hz，那么这里设置的频率应该大于 $15\text{Hz} \times 5 = 75\text{Hz}$。

（4）如图 A.15 ④ 所示，在“Save conditioned time histories”这一栏中，“Unformatted”和“ASCII”两个选项一般不需要进行勾选。

（5）依次单击“SAVE”（见图 A.15 ⑤）和“NEXT（F1）”（见图 A.15 ⑥），则完成了“Auto Win. And Cond.”模块的选项设置。

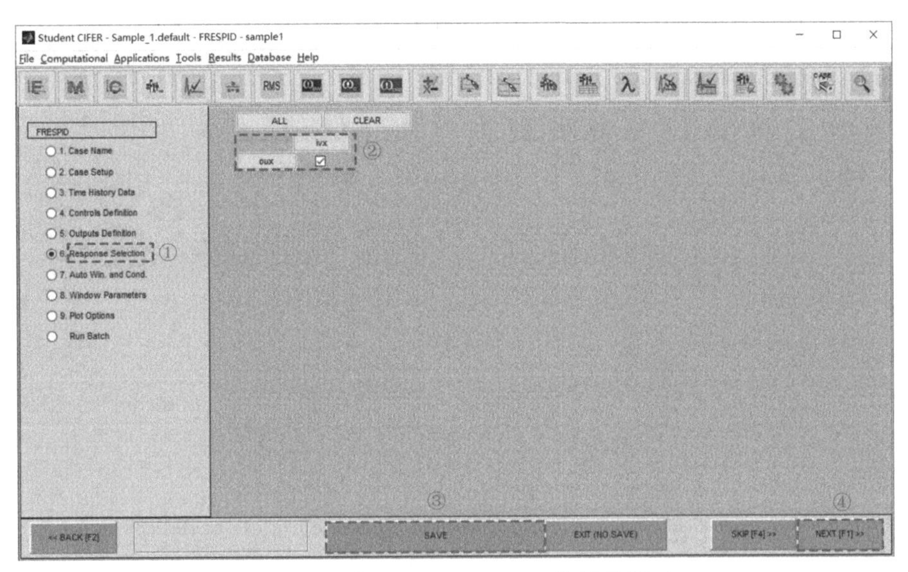

图 A.14　“Response Selection”显示界面

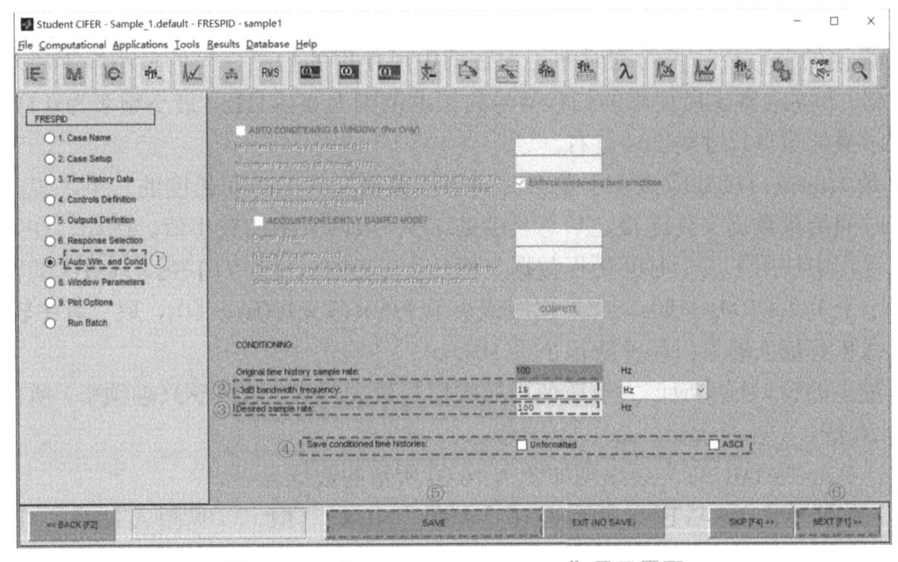

图 A.15　“Auto Win. And Cond.”显示界面

7）步骤七：“Windows Parameter”抽取的时间历程数据长度模块

单击“Windows Parameter”窗口参数设置界面，如图 A.16 ① 所示。在理论知识中已经提到，CIFER 软件采用了分窗技术来提高辨识的准确度，**分窗**即辨识中所抽取的时间历程数据的长度，即时间长度。

（1）CIFER 软件学生版可以选择五个不同的分窗。如果读者想使用五个分窗，则需要要勾选图 A.16 ② 所示“A”、“B”、“C”、“D”以及“E”五个选项；如果读者不需要五个分窗，则依次勾选相应选项即可。接下来需要填写“TWIN”（见图 A.16 ③）一列中的时间长度，然后单击“ADJUST”（见图 A.16 ④），则 CIFER 软件会自动将所有参数计算出来。这里选取窗口长度有以下参考标准。

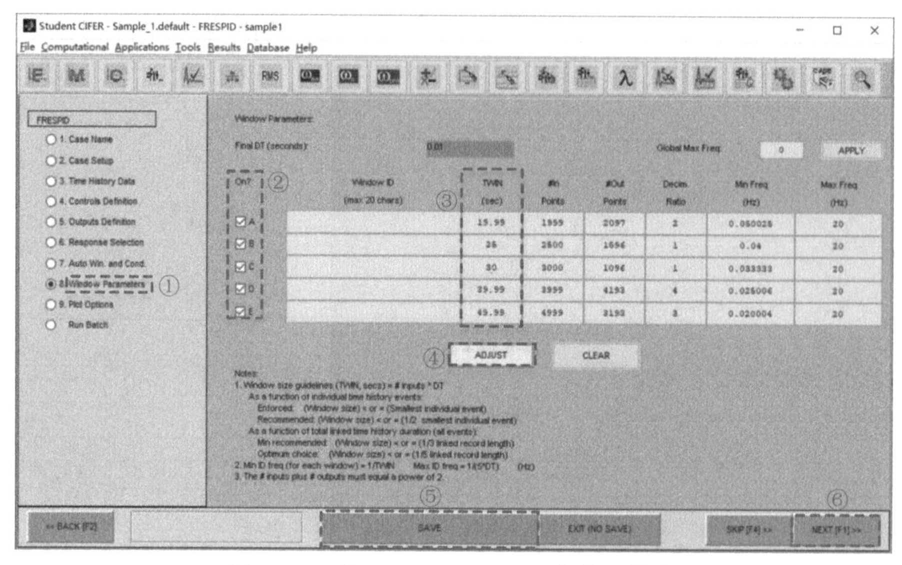

图 A.16 “Windows Parameter”显示界面

① 最佳的窗口尺寸大约为时间历程数据中所使用的扫频信号的最小频率所对应周期的两倍。例如，本文所使用的扫频信号的频率范围为 0.1~1Hz，最小频率为 0.1Hz，这也就表示最佳窗口尺寸是 20s 左右。

② 最大的窗口尺寸应该小于单个时间历程数据文件的时间长度的一半，也应该小于所有时间历程数据文件连接之后总长度的 1/5，取两者中的较小值。例如，在本次系统辨识过程中使用了三个时间历程数据文件，且三者的长度均为 100s，则最大的窗口尺寸应该小于 $1/2 \times 100\text{s} = 50\text{s}$，此外也应该小于 $1/5 \times (3 \times 100\text{s}) = 60\text{s}$，取二者中较小者，这也就意味着最大的窗口尺寸应该小于 50s。

③ 最小的窗口尺寸应该大于所使用扫频信号最大频率（最大感兴趣频率）所代表的周期的 20 倍。

（2）单击“ADJUST”会出现如图 A.16 ③ 所示的数据。

（3）依次单击“SAVE”（见图 A.16 ⑤）和“NEXT（F1）”（见图 A.16 ⑥），则完成了“Windows Parameter”模块的选项设置。

8）步骤八：“Plot Options”图表结果模块

在“Plot Options”（见图 A.17）模块中，读者可以根据需要选择所需的图表结果。同时，如果需要绘制图像数据，则需要勾选“Decimate plotted data?”（见图 A.17 ⑤）选项，CIFER 软件默认是勾选。读者也可以根据自己的需要勾选所需选项。需要注意，如果在“Case Setup”模块中没有选择“Generate Plot”选项，则这个界面会被跳过，不会进行这些设置。最后，依次单击“SAVE”（见图 A.17 ⑥）和“NEXT（F1）”（见图 A.17 ⑦），至此完成了“Plot Options”模块的选项设置。

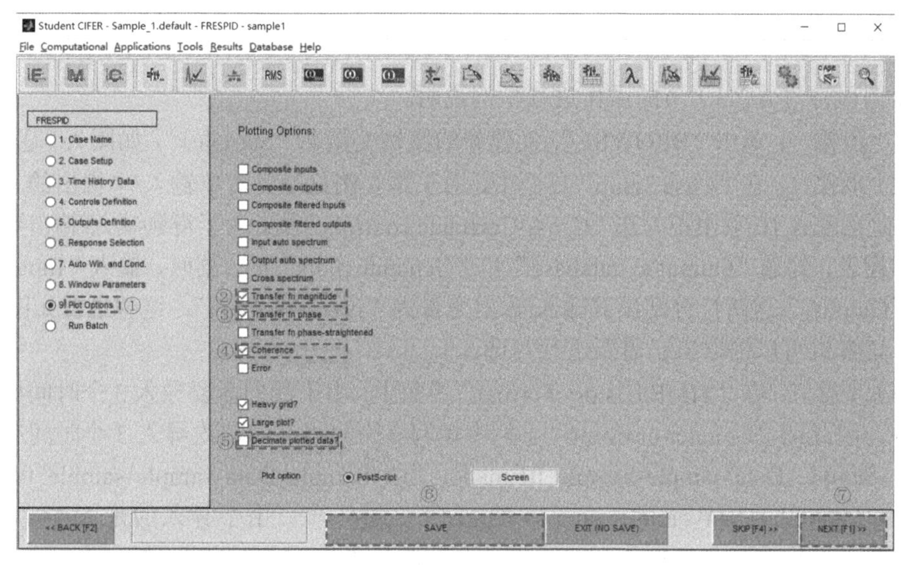

图 A.17 "Plot Options"显示界面

9）步骤九："RUN BATCH"辨识结果生成模块

如图 A.18 所示，在"RUN BATCH"模块中，读者可以保存以及运行本模块生成辨识结果。最后单击"SAVE AND RUN BATCH FRE"，如图 A.18 ② 所示，则可以保存辨识结果。

至此，"FRESPID"模块全部选项设置完毕，完成了时域数据（时间历程数据）转化为频域数据的过程，接下来就可以进行传递函数相关内容配置。

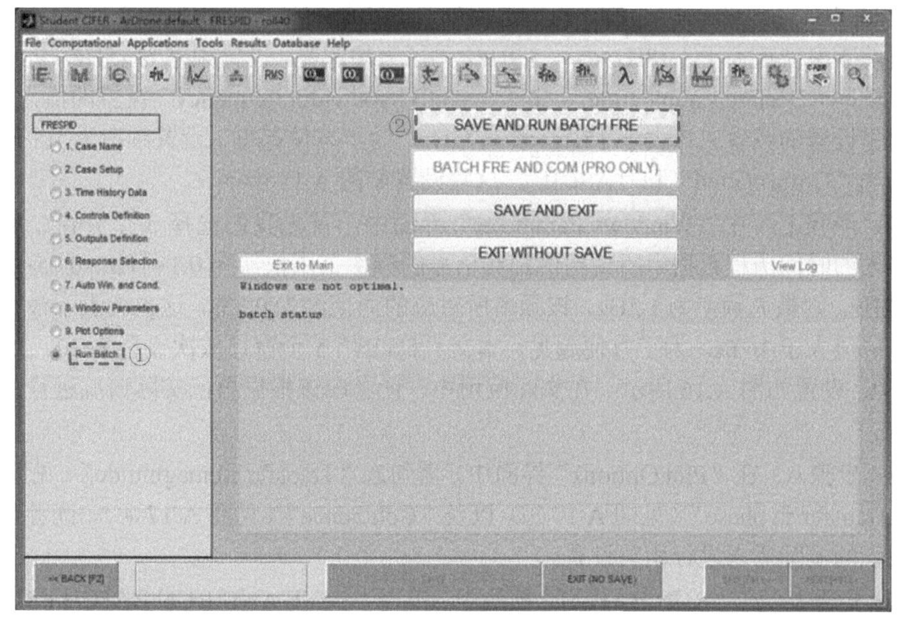

图 A.18 "RUN BATCH"显示界面

A.2.3.2 例程说明

本例程将对 A.2.3.1 节的操作进行举例说明。

（1）步骤一：单击“BROWSE”，创建新的案例变量名“Sample1”，如图 A.9 ③ 所示。

（2）步骤二：在“Case Setup”界面中，由于本实例只是针对单输入/单输出的系统而言，因此在图 A.10 ⑥ 中不勾选“Cross-Correlate controls”框。为了得到输入/输出数据以及输出图表，勾选“Output to database”和“Generate plots”框。同时，输入“Inputs”和输出“Outputs”这两行分别设置输入/输出变量为“ivx”和“uox”。这些设置如图 A.10 所示，读者也可以根据自己需要进行勾选。

（3）步骤三：在“TIME History Format”界面中，由于我们需要导入 3 个时间历程数据文件，因此在“Counter or event”一栏中填写 3 个序号，并依次导入 3 个时间历程文件“C:\Sample\Data\sample\sample_01.mat”、“C:\Sample\Data\sample\sample_02.mat”以及“C:\Sample\Data\sample\sample_03.mat”。进一步，由于导入的是 MATLAB 的 mat 文件，因此需要在“Time history format”选择“10 MATLAB”这一项，同时勾选“Bias and drift removal”。这些设置如图 A.11 所示，读者也可以根据自己需要进行勾选。

（4）步骤四：在“Controls Definition”界面中设置输入变量“ux”，并且设置系数为 1，如图 A.12 所示；在“Outputs Definition”界面中设置输出变量“outputvx”，并且设置系数为 1，如图 A.13 所示。

（5）步骤五：在“Response Selection”界面中勾选输入/输出变量关系“oux” – “ivx”，如图 A.14 所示。

（6）步骤六：在“Auto Win. And Cond.”界面中，先考虑参数滤波器截止频率“−3dB bandwidth frequency”对应选项。由于选用的时间历程文件最大频率为 1.18Hz，因此这里设置的频率应该大于 $1.18\text{Hz} \times 5 = 5.9\text{Hz}$。为了方便起见，设置频率为 15Hz。之后再考虑采样频率“Desired sample time”。由于“−3dB bandwidth frequency”设置的值为 15Hz，因此这里设置的频率应该大于 $15\text{Hz} \times 5 = 75\text{Hz}$。为了方便起见，设置频率为 100Hz，同时不勾选“Unformatted”和“ASCII”。这些设置如图 A.15 所示。

（7）步骤七：在“Windows Parameter”界面中，首先我们选择 5 个分窗。由于在本次导入的时间历程数据中所使用的扫频信号的频率范围依次为 0.1~1Hz、0.05~1.1Hz、0.1~1.2Hz，则最大频率为 1.2Hz，该频率所对应的周期约为 0.83s，这也就表示最小的窗口尺寸应该大于 16.6s。为了方便起见，本文“TWIN”5 个窗口依次设置为 20、25、30、40 及 50，设置如图 A.16 所示。在实际应用中，读者应该根据自己实际情况进行相关频率设置。

（8）步骤八：在“Plot Options”界面中，需勾选“Transfer fn magnitude”（见图 A.17 ②）、“Transfer fn phase”（见图 A.17 ③）以及“Coherence”（见图 A.17 ④）。读者也可以依据自己的实际需求进行相关设置。

（9）步骤九：在“RUN BATCH”模块中，单击“SAVE AND RUN BATCH FRE”，保存辨识结果，完成“FRESPID”模块的相关设置。

A.2.4 多输入规整模块：MISOSA

多数情况下，读者进行系统辨识时，通常各单通道之间存在互相耦合的情况。当考虑耦合的影响时，在进行复合分窗处理前，读者需要额外进行一步“多入单出”处理，即此处的“MISOSA”模块。在考虑耦合效应时，读者需要有一定的先验知识。读者需要确定（至少是理论基础上）所选择进行“多入单出”处理的通道之间是存在耦合效应的。CIFER 软件学生版只支持“双入单出”的系统辨识，因而此处以“双入单出”进行具体说明。

1）考虑耦合情况下的扫频实验

考虑耦合情况时，在确定了所需要的扫频实验双通道之后，读者需要进行耦合条件下的扫频。除这两个需要进行辨识的耦合通道之外，保持整个系统中的其他通道处于稳定状态（如零状态）或者是待辨识的这两个通道需要达到两通道耦合条件所要求的状态，适用于只有将其他通道保持在某个固定状态下待辨识的两个通道才会有耦合效应。

由先验知识可以得到，在对两通道扫频时，对于一个特定的输出，其中一个通道的输入为主要的影响，另一通道的输入为次要的影响，分别称为**主要输入**与**次要输入**。在进行扫频时需要同时对两通道进行扫频，同时采集系统两个通道的输入/输出数据。

获得的输出数据与输入所用的扫频数据一起作为“FRESPID”模块的数据来源进行单通道辨识。需要注意的是，与之前的单通道“FRESPID”模块中操作有些许不同，此时在获得“FRESPID”模块中的结果时，需要在 FRESPID 模块中的“Case Setup”界面中（见图 A.10 ⑥）勾选“Cross-correlate controls”，这样“FRESPID”模块中就会计算主要输入与次要输入之间的互谱函数，该结果是“MISOSA”模块所必需的。

2）耦合扫频实验的数据要求

主要输入与次要输入必须做到“不完全相干”，二者相干值须小于 0.5，但二者又不能完全不相干，否则就不是耦合效应了，退化成了单入单出的情况。这部分请读者参考文献 [18]。

为了满足此要求，对于主要输入与次要输入的设定可以按以下要求操作。

（1）次要输入的谱能量需要远小于主要输入调整进行扫频实验时的扫频信号的幅值，使得次要输入的扫频信号的幅值小于主要输入的扫频信号的幅值的 20%。

（2）次要输入与主要输入的频率范围也要有一定的差别，尤其是将计算机自动扫频输入信号作为控制输入的情况，尽量使次要输入的扫频频率范围小于主要输入的扫频信号的频率范围，二者应为集合的包含关系。例如，主要输入的扫频信号频率范围为 0.1~1Hz，则次要输入的扫频信号频率范围可以取 0.15~0.95Hz。

（3）对于次要输入来说，读者没有必要必须使用扫频数据，简单的在所设定的频率范围内有频率变化的输入也是可以接受的，如参考文献 [18] 所提及的脉冲修正技术。

在完成以上准备工作后，读者应该已经基本了解耦合情况下的系统辨识准备工作，因此接下来可以进行具体的操作。

第一步，则是与上一节相同的“Case Name”界面，不再赘述。第二个界面为“Case Setup”界面，如图 A.19 所示，用来设置所需要的参数。如图 A.19 ② 所示，“Case name”可以选择所需的辨识结果是来自“FRE”单通道辨识模块还是“MIS”多通道耦合辨识模块。之后的“Input prefix”（见图 A.19 ③）表示进行“MISOSA”模块处理的辨识结果的来源案例名称。因为“MISOSA”模块使用的仍是“FRESPID”模块中的结果，所以此处需要单击“BROWSE”选择所想要的“FRESPID”案例结果。而“Output prefix”（见图 A.19 ④）则代表本模块分窗复合后结果输出的文件名称，一般默认与上述的“Input prefix”中所选的案例名称相同，以便进行管理。

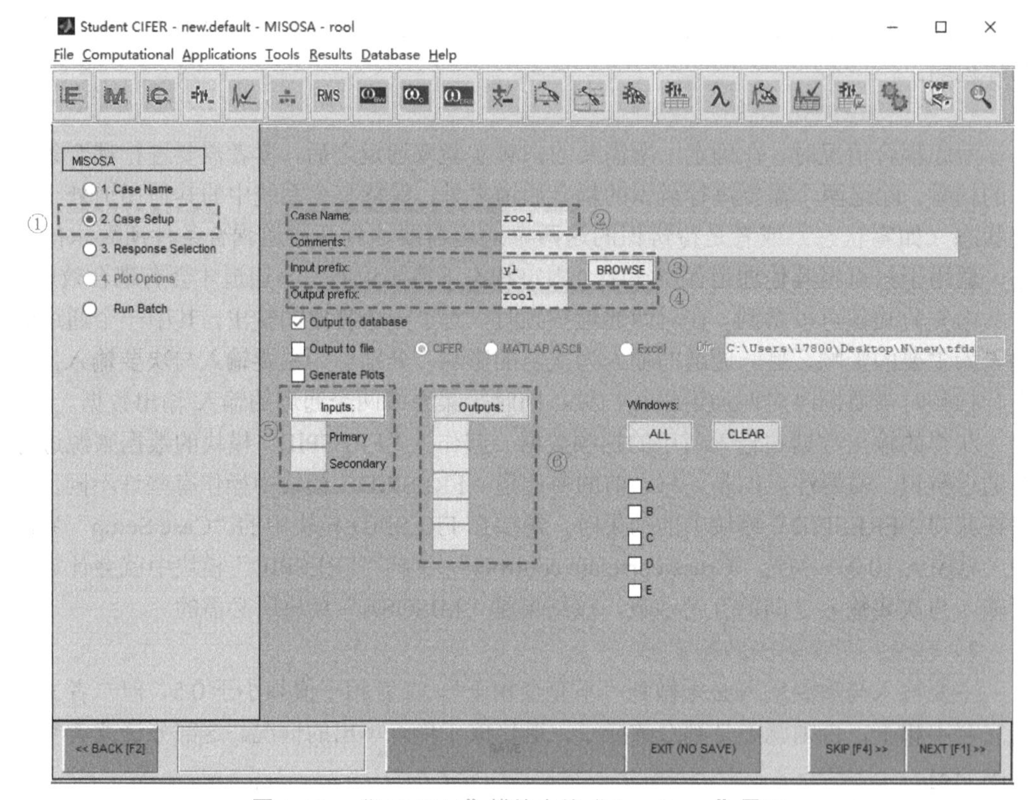

图 A.19 “MISOSA”模块中的“Case Setup”界面

第二步，其他的勾选框与 A.2.3 节内容类似，详细内容请参考 A.2.3 节。

第三步，如图 A.19 ⑤ 所示，在“Inputs”一列中，可以看到此处需要选取“Primary”主要输入与“Secondary”次要输入，读者依据上述所说的先验知识来进行确定。如图 A.19 ⑥ 所示，“Outputs”一列依据模型需要选取。然后，针对“Windows”一列，因为“MISOSA”模块使用的仍是“FRESPID”模块中的结果，所以此处依据“FRESPID”模块中读者已经设定过的分窗设置进行选择。通常情况下使其与“FRESPID”模块中的分窗设置一致即可。

第四步，在如图 A.20 所示的“Response Selection”界面中，读者在其中勾选想要获得“MISOSA”处理结果的输入/输出对即可。

第五步，“Plot Options”与“Run Batch”界面也与 A.2.3 节内容类似，详细内容请参考 A.2.3 节。

由于具体操作和 A.2.3 节的具体操作类似，本节将不再进行具体举例说明。

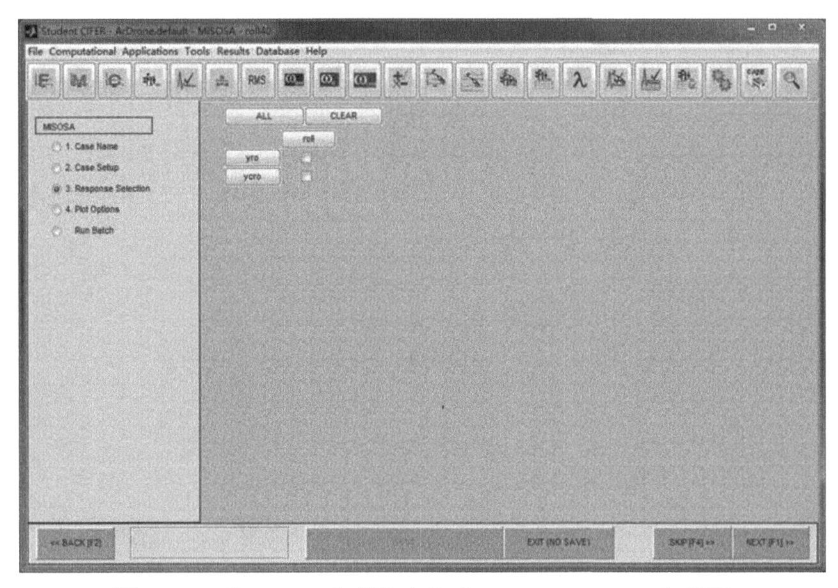

图 A.20 “MISOSA”模块中的“Response Selection”界面

A.3 传递函数辨识

A.3.1 复合分窗模块：COMPOSITE

复合分窗模块用来将之前设置的各个分窗通过加权理论结合在一起，将各自的优点结合起来，用于削弱大尺寸分窗与小尺寸分窗各自的缺点，提高辨识的准确度。

A.3.1.1 操作说明

单击“COMPOSITE”，如图 A.21 ① 所示，进入复合分窗“COMPOSITE”模块的配置。

1）步骤一：“Case Name”案例创建模块

“Case Name”界面如图 A.21 所示，与“FRESPID”模块的功能相同，都是创建一个新的项目名字，详细过程请参考 A.2.3 节。

2）步骤二：“Case Setup”案例设置模块

单击“Case Setup”用来设置所需要的参数，如图 A.22 所示。

（1）如图 A.22 ① 所示，“Input program name”可以选择所需的辨识结果是来自单通道辨识模块还是多通道耦合辨识模块，其中“FRE”代表单通道辨识模块，“MIS”代表多通道耦合模块。

（2）如图 A.22 ② 所示，“Input prefix”表示本模块所需要分窗结合的辨识结果来源案例名称。如果之前在“FRESPID”模块或“MISOSA”模块建立了案例，那么单击“BROWE”则会出现“Load Data”框图，如图 A.22 ③ 所示。在这个框图中，选择我们需要辨识的案例，如图 A.22 ④ 所示，双击此处或者单击 ③ 框中的“Load”就完成了数据加载。

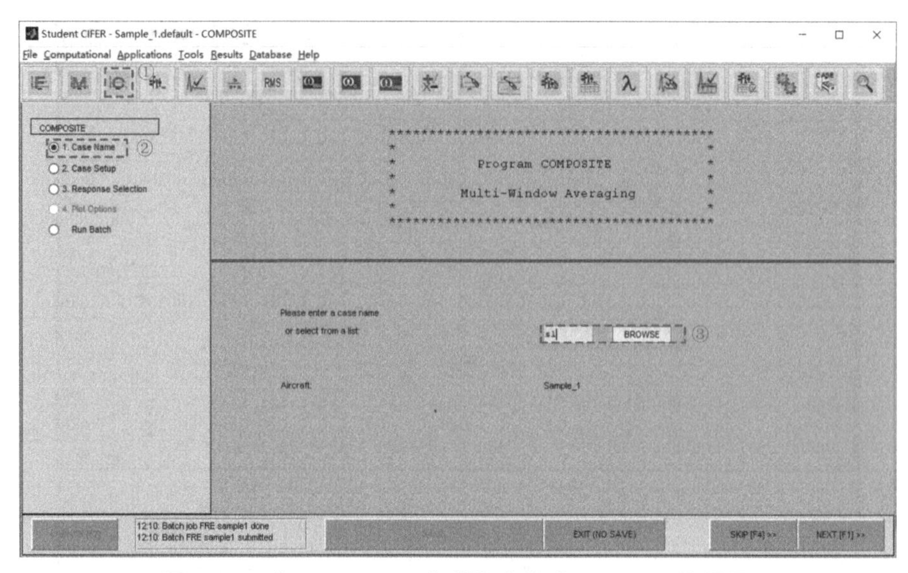

图 A.21 “COMPOSITE”模块中的“Case Name”界面

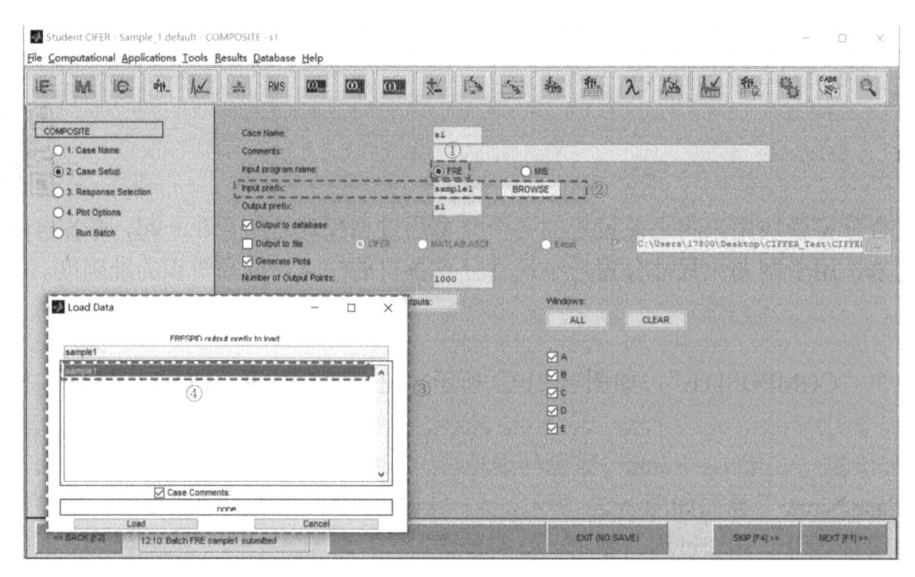

图 A.22 “COMPOSITE”模块中的“Case Setup”界面（一）

（3）“Output prefix”则代表本模块分窗复合后的结果输出的文件名称，一般默认与上述的“Input prefix”中所选的案例名称相同，以便进行管理。

（4）如图 A.23 ① 所示，这里“Output to database”、“Output to file”以及“Generate Plots”和“FRESPID”模块中相应选项类似。

（5）接下来的“Number of Output Points”表示进行分窗复合时所采样的数据点的个数，具体原理请参考《飞机与多旋翼系统辨识》第 10 章的内容。此值最大值为 5000，为了结果的精确性，读者保持默认设置即可，也可根据需要选取合适的值。

（6）“Inputs”与“Outputs”选项用来选择需要进行分窗处理的变量，单击它们可以进行选择。这里我们以“Inputs”进行举例，单击“BROWSE”（见图 A.23 ②），就会出现如图 A.23 ③ 所示的框图，在该框图中勾选相应的输入/输出变量，如图 A.23 ④ 所示。这里的变量是我们之前在“FRESPID”模块或“MISOSA”模块中所建立的变量。

（7）在“Windows”一栏，如果在 A.2.3 节步骤七的分窗过程中选择五个选项，我们需勾选“A”、“B”、“C”、“D”及“E”五个选项选择对应的选项，如图 A.23 ⑤ 所示。

（8）单击“NEXT（F1）”即可（见图 A.23 ⑥），完成“Case Setup”模块的设置。

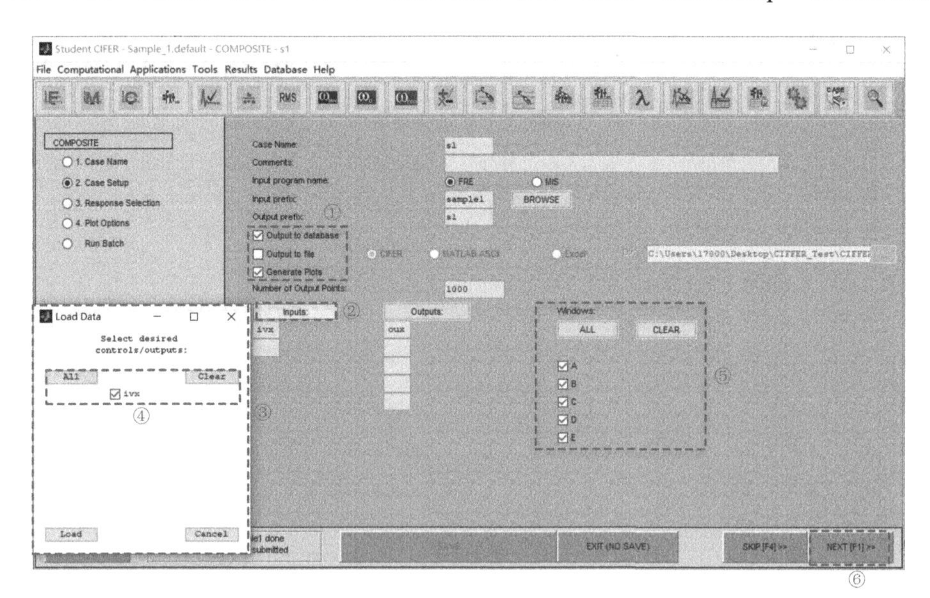

图 A.23 “COMPOSITE”模块中的“Case Setup”界面（二）

3）步骤三：“Response Selection”模块

单击“Response Selection”，进入“Response Selection”模块，如图 A.24 所示。这与之前的模块中此界面是一致的，勾选所需要的变量/变量对（可以是输入/输出、输入/输入或者输出/输出）即可。

4）步骤四：“Plot Options”模块和“Run Batch”模块

最后“Plot Options”模块和“Run Batch”模块和 A.2.3 节中的设置类似，如图 A.25 所示，详细内容请参考 A.2.3 节，依照所需勾选即可，此处不再赘述。

A.3.1.2 例程说明

本例程将对 A3.1.1 节的操作进行举例说明。

（1）步骤一：在“Case Name”界面中，创建新的项目名称“S1”，如图 A.21 ③ 所示。读者也可以依据自己的需要建立自己的项目名称。设置界面如图 A.21 所示。

（2）步骤二：在“Case Setup”界面中，由于本次案例是单通道辨识模块，所以勾选“FRE”框。如果读者辨识的是耦合通道，则需要勾选“MIS”框，根据自己的实际情况进行选择。接下来，在“Input prefix”一栏中导入 A.2.3 节中创建的案例“sample1”；“Output prefix”也保持上述的“Input prefix”中所选的案例名称相同，即“sample1”；此外，勾选“Output to database”和“Generate Plots”。在“Number of Output Points”这一栏，保持默认值 1000 即可。由于我们选择了之前建立好的案例“sample1”，因此在“Outputs”这一栏选择“ivx”；同理，在“Outputs”中，选择输出“oux”。由于在 A.2.3 节步骤七的分窗过程中选择了五个分窗窗口，因此我们这里要选择“A”、“B”、“C”、“D”及“E”五个选项。读者也可以依据自己之前的设置，选择相应的选项，设置界面如图 A.22和图 A.23 所示。读者可以依据自己需要进行相关设置。

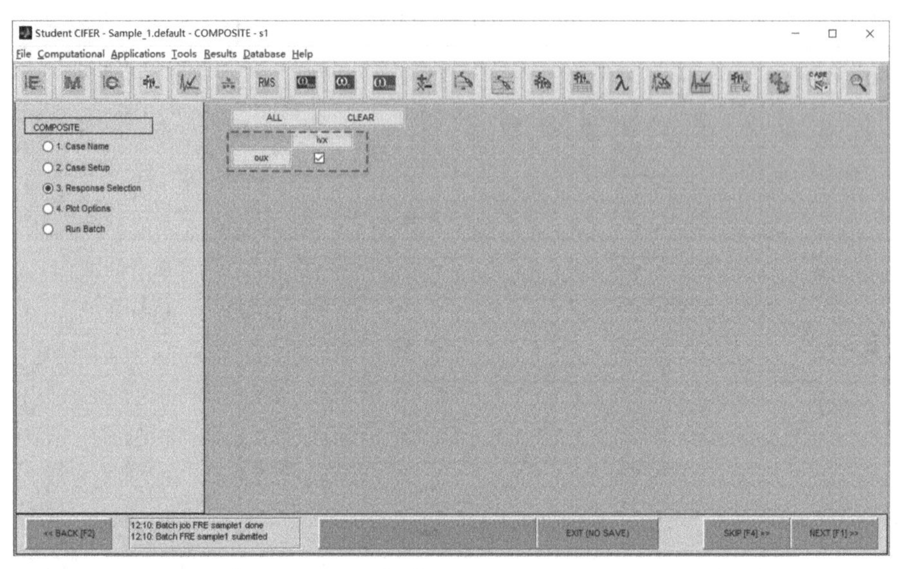

图 A.24 “COMPOSITE”模块中的“Response Selection”界面

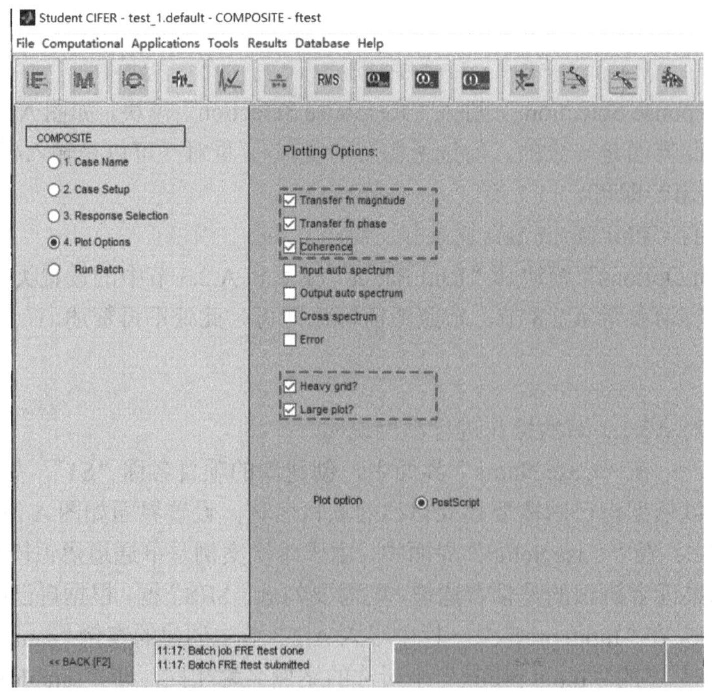

图 A.25 例程“COMPOSITE”模块中的“Plot Options”界面

（3）步骤三：在“Response Selection”界面中，勾选“ivx” – “oux”变量对，如图 A.24 所示。

（4）步骤四：在“Plot Options”界面中，在本例中勾选“Transfer fn magnitude”、“Transfer fn phase”及“Coherence”，其他选项保持默认值，如图 A.25 所示。读者也可以依据自己需要勾选相应选项。

（5）步骤五：在“Run Batch”模块中单击“SAVE AND RUN BATCH FRE”，保存辨识结果，完成“COMPOSITE”模块的相关设置。

A.3.2　传递函数模型建立模块：NAVFIT

在完成了复合分窗过程后，读者便可以得到相应的频域辨识结果。通常情况下，相干值在一定的频率范围内大于 0.6 就是符合要求的频率范围，获得相干值指标的详细操作步骤可以参考 A.4.1 节介绍。首先，简要介绍一下相干值指标。相干函数是反映非参数辨识精度和系统响应线性度的度量，可以直接从测量数据中获取，相干函数表达式如式 (A.2) 所示。

$$\text{相干函数} = \hat{\gamma}_{xy}^2(f) = \frac{\left|\hat{G}_{xy}(f)\right|^2}{\left|\hat{G}_{xx}(f)\right|\left|\hat{G}_{yy}(f)\right|} \tag{A.2}$$

其中，f 代表特定频率，x 和 y 分别代表输入/输出变量，$\hat{G}_{xy}(f)$ 为输入/输出的互谱密度，$\hat{G}_{xx}(f)$ 为输入的自谱密度，$\hat{G}_{yy}(f)$ 输出的自谱密度，相干函数的值即为相干值 $\hat{\gamma}_{xy}^2$。

A.3.2.1　操作说明

1）步骤一：“Setup”模块

单击“NAVFIT”（如图 A.26 ① 所示）则可进入“NAVFIT”中的“Setup”模块，此界面中需要将前面所获得的辨识结果导入进去。

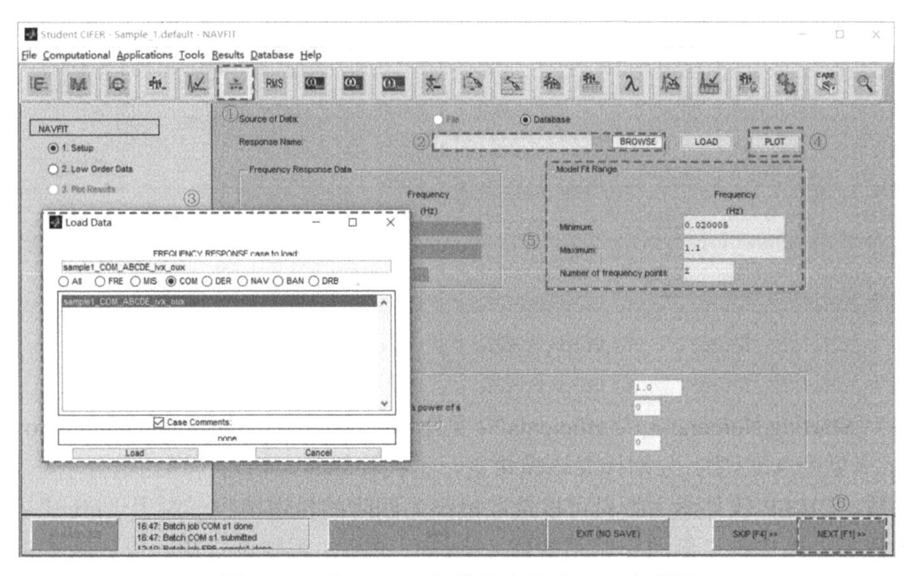

图 A.26　“NAVFIT”模块中的“Setup”界面

（1）在“Response Name”一行中，单击“BROWSE”，如图 A.26 ② 所示，则会出现“Load Data”框（如图 A.26 ③ 所示），选择想要获得传递函数模型的辨识结果。

（2）如图 A.26 ⑤ 所示，“Model Fit Range”框中的内容用于选择要进行传递函数模型建立所选用的频率范围。因为通常情况下，相干值只是在一定的频率范围内符合之前所提到的 $\hat{\gamma}_{xy}^2 > 0.6$ 的相干值指标，所以此处必须要选择符合相干值指标要求的频率范围。在高频阶段，辨识结果往往是不理想的，所以需要依据辨识结果（主要是相干值指标）选择合适的频率范围。这里查看相干值操作的具体步骤参考 A.4.1 节所介绍的内容，选择频率范围；同时，单击如图 A.26 ④ 所示的“PLOT”按钮，将出现相关曲线图。“Model Fit Range”中的“Minimum”表示辨识的最小频率，“Maximum”表示辨识的最大频率，“Number of frequency points”则是一个用于辨识的采样参数。

（3）“Data Corrections”是用于修正建立模型的辨识结果的区域，可以进行增益调节和相移等操作。

（4）单击“NEXT（F1）”，则“NAVFIT”中“Setup”模块设置完毕，如图 A.26 ⑥ 所示。

2）步骤二：“Low Order Data”模块

“Low Order Data”界面用于确定所要建立的传递函数模型的各项参数，如图 A.27 所示。

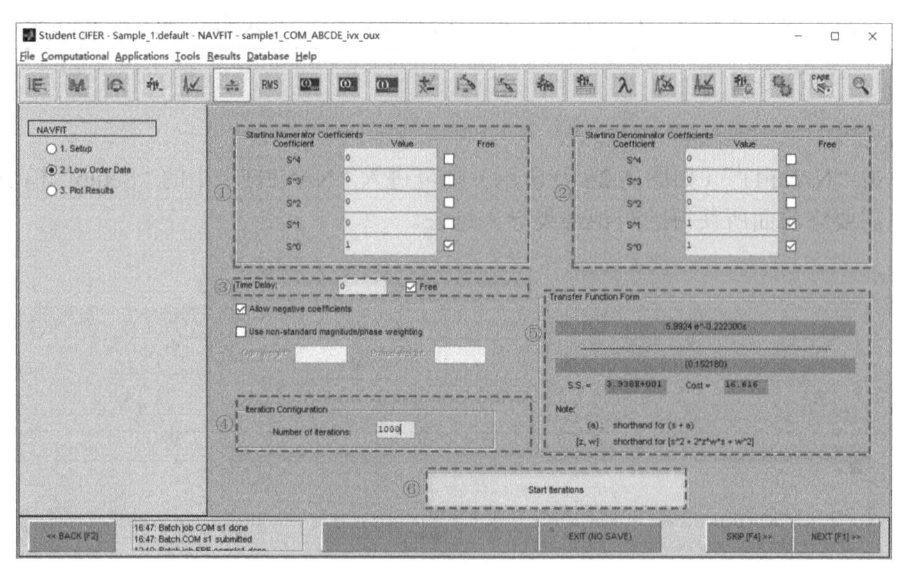

图 A.27 “NAVFIT”模块中的“Low Order Data”界面

（1）“Starting Numerator Coefficients”（见图 A.27 ①）与“Starting Denominator Coefficients”（见图 A.27 ②）分别代表该模块进行迭代计算时，初始传递函数分子与分母的各项系数。CIFER 软件学生版只可以选取最高为四阶的传递函数。对于“Free”框，只有在勾选后，勾选框左侧的初始系数值才会迭代更新，否则设定初始值后就不再变化。一般情况下，在根据先验知识确定了分子分母应有的阶数之后，将其他不需要的初始系数值框内设置为零。此时，不勾选“Free”。而对于需要的初始系数值，一般设置初始值为1是合适的，且需要勾选“Free”，使其进行迭代更新。

（2）“Time Delay”（见图A.27③）代表初始时的延时值设置。如果读者不期望将延时考虑在内，只需将初始值设为0，不勾选“Free”即可。若需要考虑延时，则需要勾选“Free”，同时初始值一般设置为0即可。

（3）“Allow negative coefficients”与“Use non-standardmagnitude\ phase weighting”，分别代表允许负相关系数和使用标准相角/幅值，一般保持系统默认的选择即可。本例中保持系统默认设置。

（4）“Iteration Configuration”（见图A.27④）即设置迭代的次数。一般而言，设置为1000就可以得到比较精确的结果。

（5）单击“Start Iterations”（见图A.27⑤）进行迭代计算，获得结果。

（6）“Transfer Function Form”（见图A.27⑥）显示迭代的计算结果，其以零极点的方式显示。这里，“Cost”是CIFER中判断传递函数模型好坏的指标。一般情况下，当Cost < 100时可以认为传递模型是合理的，但是此值越小越好。当然，这里的“Cost”也就是代价函数，只是一个在数学上判断传递函数辨识结果好坏的指标，还需要结合先验知识进行物理意义上的判断。这时选取合理的传递函数阶数就显得尤为重要了。

3）步骤三：“Plot Results”模块

“Plot Results”界面如图A.28所示，该界面用于输出本次传递函数模型建立后获得的一些结果，读者可以根据需要自行选择输出需要的结果图。

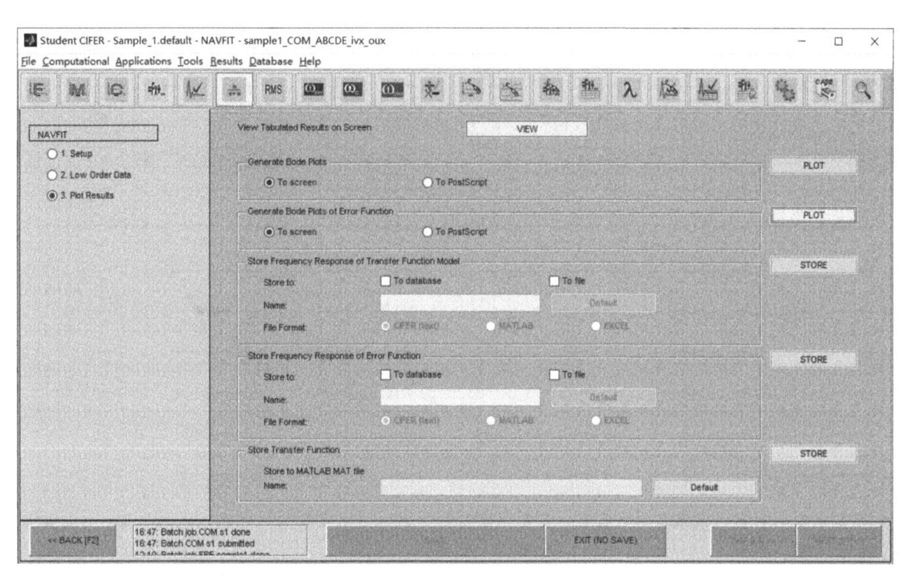

图A.28 “NAVFIT”模块中的“Plot Results”界面

A.3.2.2 例程说明

本例程将对A.3.2.1节的操作进行举例说明。

（1）步骤一：在“Setup”界面中，例程的曲线输出结果图如图A.29所示，从图中可以

看到 $\hat{\gamma}_{xy}^2 > 0.6$ 的相干值指标的频率范围大致在 0~1.2Hz 范围内。因此“Model Fit Range”中“Minimum”保持默认值 0.02005，而“Maximum”设置为 1.1，“Number of frequency points”设置为 2；同时勾选“Coherence weighting”，而不勾选“Data Corrections”。设置界面如图 A.26 所示。

（2）步骤二：在“Low Order Data”界面中，如图 A.27 所示，由先验知识可知，例程模型分子是零阶的，分母是一阶的。因此，在“Starting Numerator Coefficients”中勾选“s^0”，且初始系数设置为 1；“Starting Denominator Coefficients”中勾选“s^0”和“s^1”，且初始系数均设置为 1，并且二者均需勾选“Free”。由于考虑延时的存在，需要勾选“Time Delay”中的“Free”。“Allow negative coefficients”与“Use non-standard magnitude\phase weighting”保持默认设置，并且迭代次数“Iteration Configuration”设置为 1000。在本例程中，得到的传递函数计算结果如图 A.30 所示。传递函数为

$$G(s)=\frac{5.9924}{s+0.152175}\mathrm{e}^{-0.2223s}$$

基于以上传递函数，我们有 Cost = 16.616 < 100，可以认为本例程获得的传递函数是合理的。

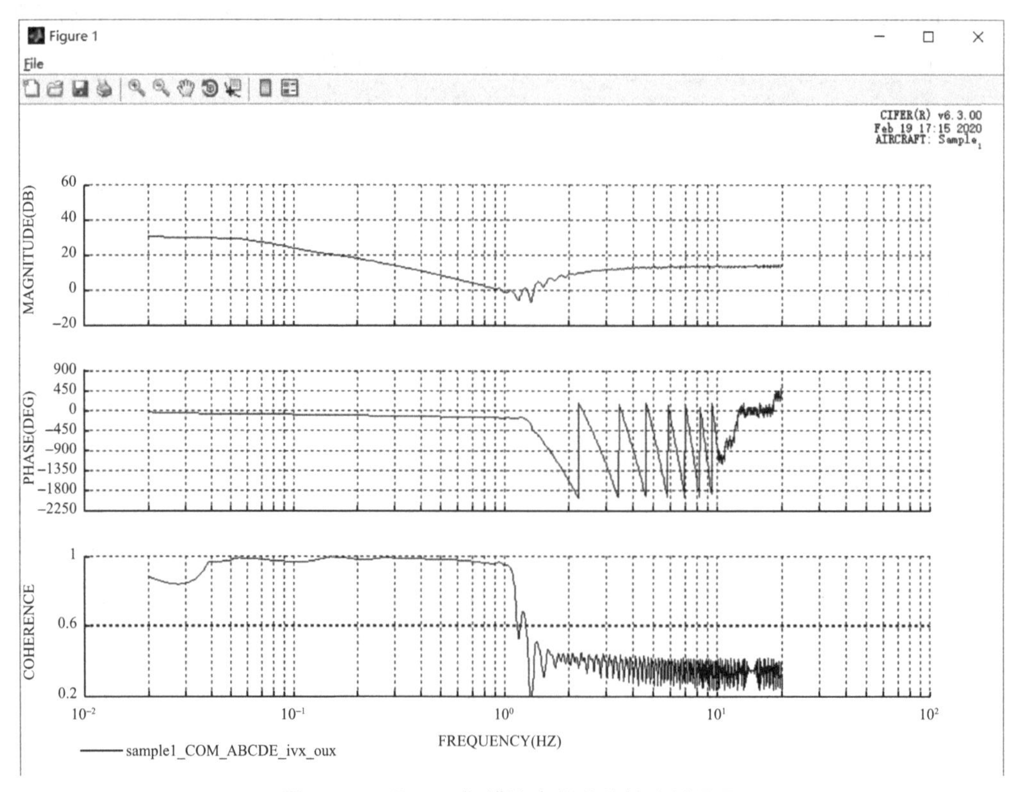

图 A.29 “QPlot”模块中的曲线输出结果图

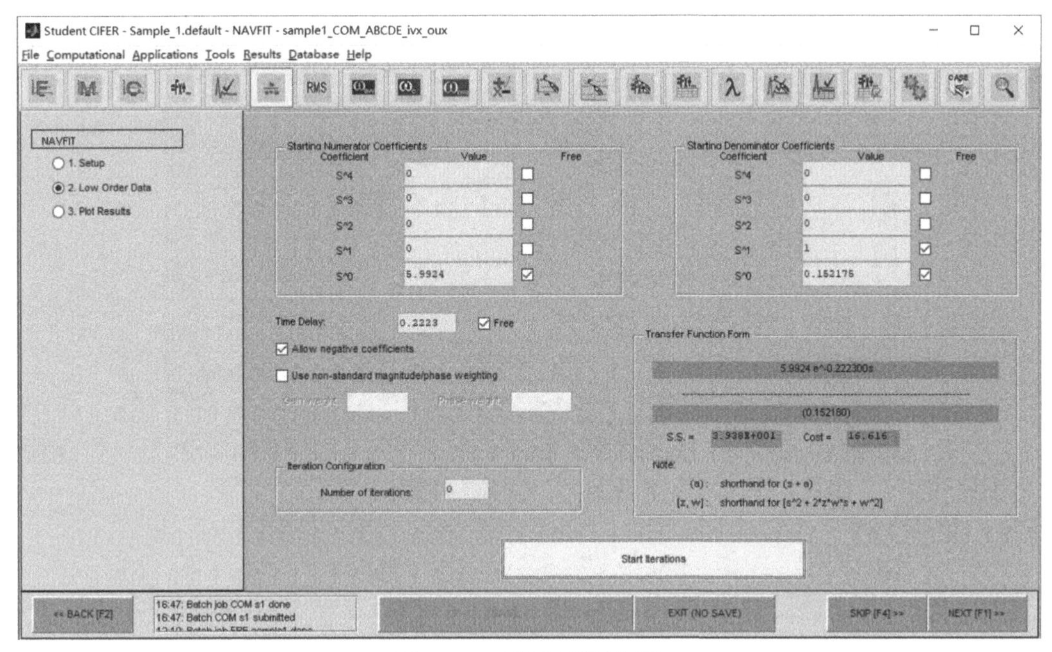

图 A.30　例程计算结果图

A.4　绘图和实用工具

本节主要介绍 CIFER 软件绘图部分的操作内容，来验证辨识的准确度。

A.4.1　画图工具：QPlot

A.4.1.1　操作说明

在菜单栏中单击“Tools”→“QPlot”可以打开 CIFER 软件的画图工具，可以方便地查看获得的各种频域辨识结果，其界面如图 A.31 所示。进入“QPlot”模块，我们可以看到如图 A.32 所示的界面。如图 A.32 ① 所示部分为所画图像中显示信息的内容，读者可以依据自己需要勾选相应内容。然后单击“BROWSE”（见图 A.32 ②）选择案例，单击后会出现如图 A.32 ③ 所示“Load Data”框图，选择我们的案例数据。最后单击“NEXT（F1）”进入“Plot Options”界面，如图 A.33 所示。单击右下方“Plot”，则会出现相关结果图。接下来我们选择频率范围大于 0.6Hz 的频率，因为此段结果是可信的，然后进行本节接下来所讲的传递函数模型建立过程。

A.4.1.2　例程说明

本例程将对“QPlot”部分进行举例说明。进入“QPlot”界面，勾选“Magnitude”、“Phase”及“Coherence”，然后按照上述操作导入“Sample1”案例数据，单击“PLOT”，得到如图 A.34 所示的输出结果图。

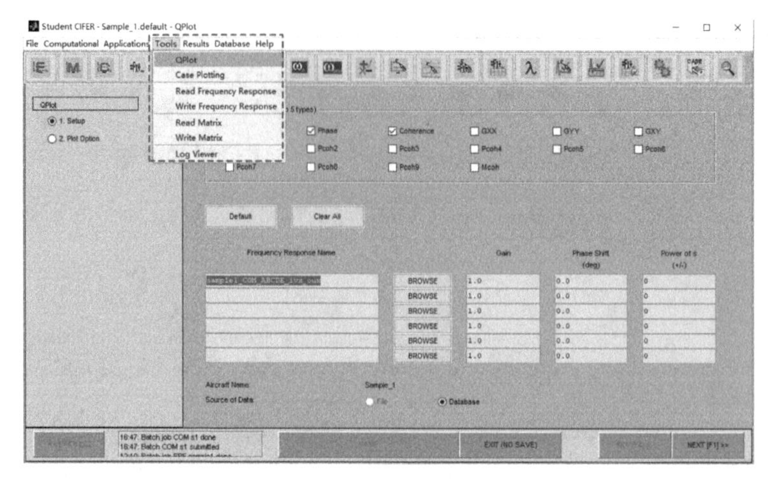

图 A.31 “QPlot”界面

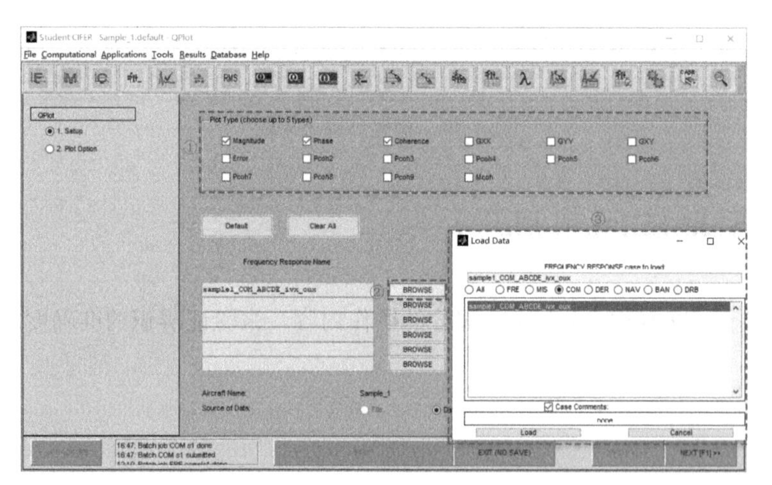

图 A.32 “QPlot”模块中的“Setup”界面

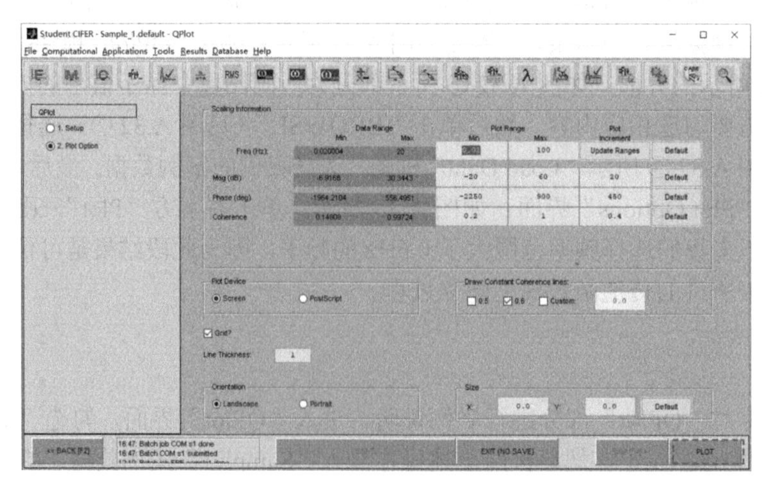

图 A.33 “QPlot”模块中的“Plot Options”界面

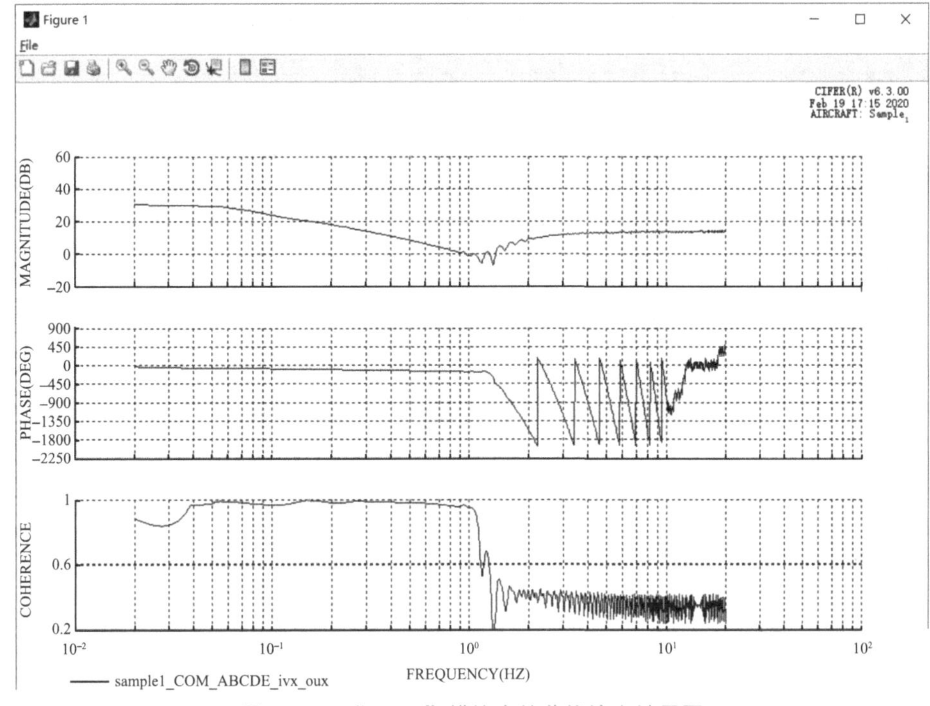

图 A.34 “QPlot”模块中的曲线输出结果图

A.4.2 均方差模块：RMS

A.4.2.1 操作说明

“RMS”模块是用来计算频域辨识结果均方差的模块，如图 A.35 所示，此模块只有一个界面。

（1）首先需要导入准备计算的频域辨识结果，即在“Response Name”一行，单击“BROSWE”，如图 A.35 ② 所示。前几节已经叙述过，不再赘述。

（2）在此之后的“Integrate”，如图 A.35 ③ 所示，表示读者想要获得的均方差，是输入的自谱数据或者是输出的自谱数据。

（3）勾选框“Correct the spectrum with a power of”意义与字面意思相同，需要的话，读者自行勾选即可，勾选后即可在之后的框内选择需要的阶数。

（4）接下来是对计算均方差的频率范围的选取，CIFER 软件提供三种可选的设置，“Entire range”、“Specify”和“Decimal fraction of full range RMS”分别表示完整频率范围、特定频率范围以及寻找特定的频率值。读者可以根据自己需要进行选择。

（5）最后单击“RUN”（见图 A.35 ⑤）来获得结果。

A.4.2.2 例程说明

本例程将对“RMS”进行详细说明。

首先，导入我们之前进行辨识的“Sample1”案例，并且勾选“Input-Auto”，显示输入的方差。然后，勾选“Entire range”，显示完整的频率范围，而其他设置保存默认值。

设置界面如图 A.35 所示，读者可以依据自己实际需要进行相关设置。

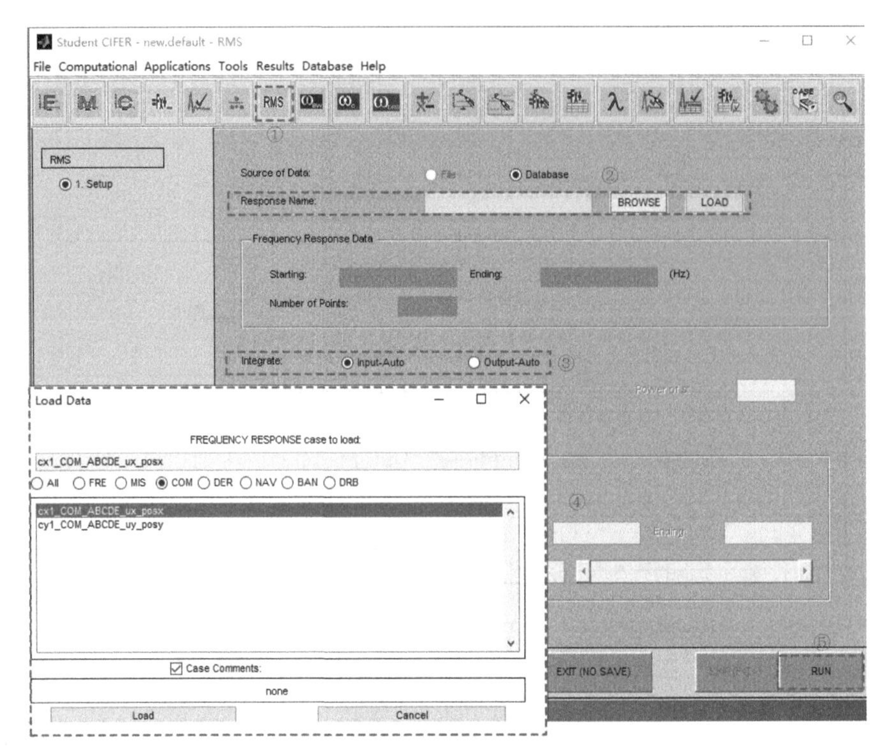

图 A.35 “RMS”界面

最后，得到的结果如图 A.36 所示。这代表在起始频率为“First Freq: 0.02000(Hz)”，终

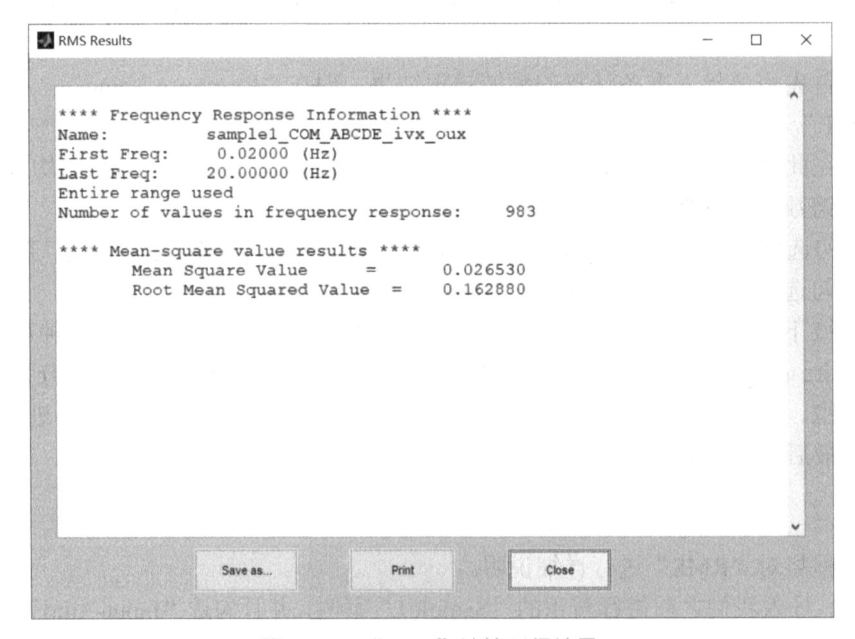

图 A.36 “RMS”计算所得结果

止频率为“Last Freq: 20.00000(Hz)”时，均方差为“Root Mean Squared Value = 0.162880”。

A.4.3 计算频域辨识结果的带宽与相移模块：BANDWIDTH

A.4.3.1 操作说明

“BANDWIDTH”模块用于计算获得频域辨识结果的带宽与相移，如图 A.37 所示。

（1）首先需要导入准备计算的频域辨识结果，即“Response Name”一行，单击“BROWSE”，如图 A.37 ② 所示。前几节已经叙述过，不再赘述。

（2）在“Frequency Data Corrections”中，对所导入结果中不满意的部分进行修正，具体内容与前几节类似的选项框相似，不再赘述。

（3）此外，在最左下方可以设定最小的搜索频率，如图 A.37 ④ 所示。

（4）单击“Search for HQ”（如图 A.37 ⑤ 所示）获得结果。如果需要图表等内容的显示，可以在第二个“Plot”界面中进行相应选择。

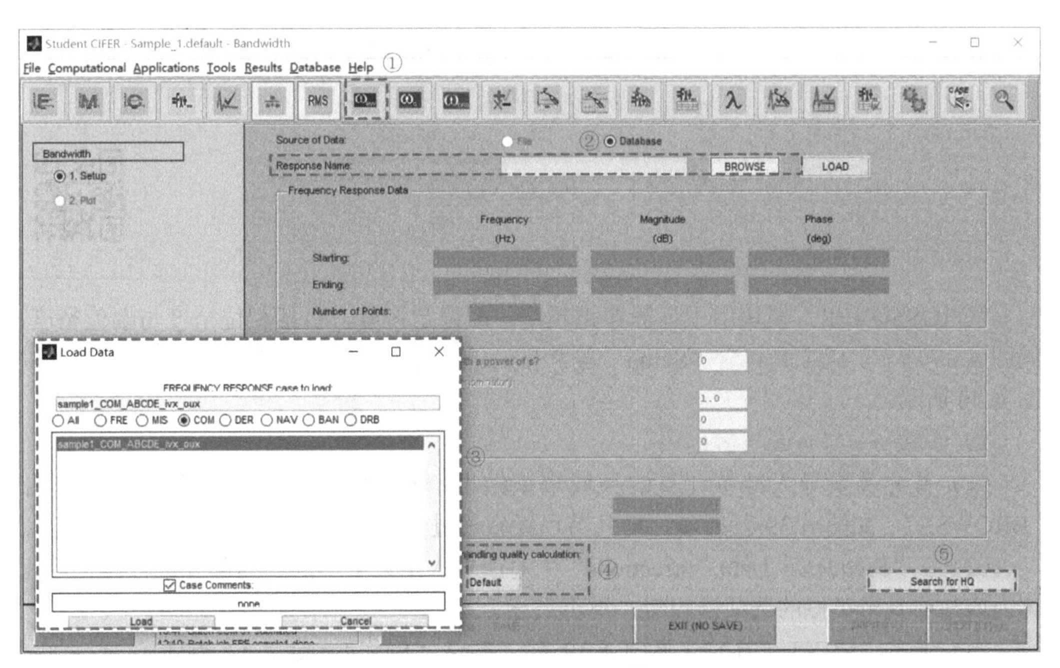

图 A.37 “BANDWIDTH”界面

A.4.3.2 例程说明

本例程将对“BANDWIDTH”模块进行详细说明。在“BANDWIDTH”模块导入之前，创建好“Sample1”案例，其他设置均保存默认设置值，设置界面如图 A.37 所示，得到的结果如图 A.38 所示。从图中可以看到，本例程辨识的幅值裕度为 0.84dB，带宽频率为 0.557359Hz，延时为 0.145292s。

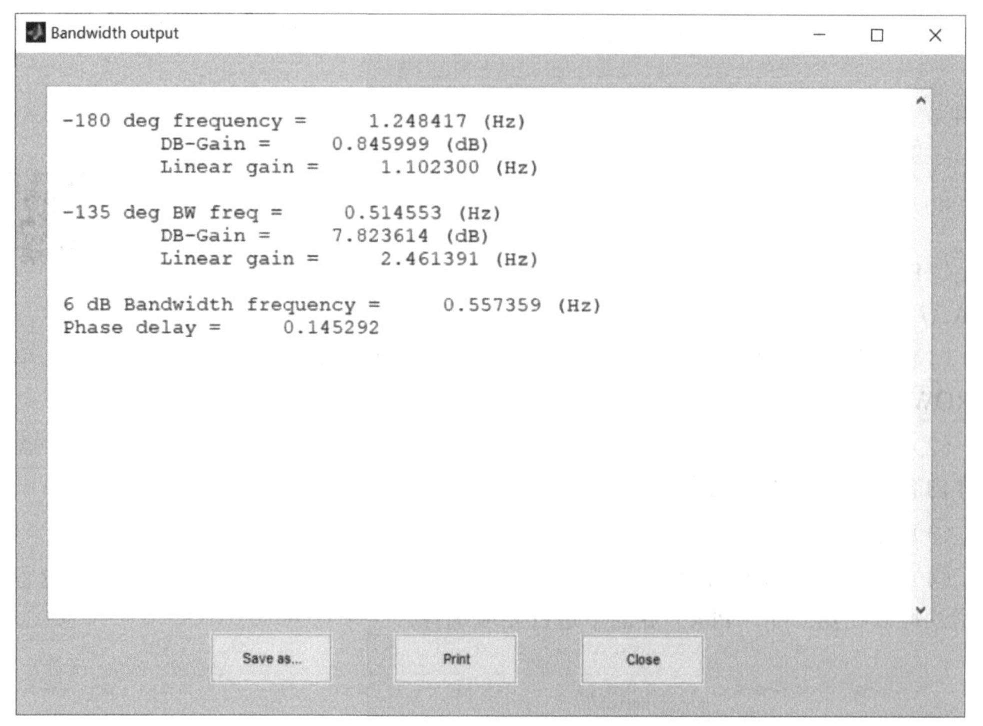

图 A.38 "BANDWIDTH"模块输出结果

A.4.4 计算穿越频率模块：CROSSOVER

A.4.4.1 操作说明

"CROSSOVER"模块用于计算穿越频率，即**稳定裕度**，包括相位裕度与幅值裕度，如图 A.39 所示。此工具包含"Setup"与"Search and plot"两个界面，分别如图 A.39 和图 A.40 所示。

1）步骤一："Setup"界面

（1）首先需要导入准备计算的频域辨识结果，即"Response Name"一行，单击"BROWSE"，如图 A.39 ② 所示，前几节已经叙述过，不再赘述。

（2）在"Frequency Data Corrections"中对所导入结果中不满意的部分进行修正，具体内容与前几节类似的选项框相似，不再赘述。

（3）单击"NEXT（F1）"（见图 A.39 ④），进入"Search and plot"界面。

2）步骤二："Search and plot"界面

在"Search and plot"界面中，读者可以获得想要的幅值裕度以及相位裕度的信息。

（1）如图 A.40 ① 所示，首先在"Crossover Search"内设定需要了解已导入频域辨识结果的稳定裕度的频率范围，可以自行设定，也可以单击"Default"采用默认设置。设置之后，单击"Search"进行检索，会显示输出结果。

（2）在下面的两个框内会依次显示搜索到的相位裕度与幅值裕度，如图 A.40 ② 和如图 A.40 ③ 所示。这里显示的相位裕度与幅值裕度的值就是直接可以进行稳定性判断的值，不需要再进行转换。

（3）之后若勾选“Plot magnitude，phase，and coherence?”，如图 A.40 ④ 所示，可以获得相应的图表。在图 A.40 ⑤ 方框内可以设置图表的频率范围，这里我们单击“Default”，保持软件默认设置即可。同样，此处可以自行设置所需要画图的频率范围，如图 A.40 ⑥ 所示，单击“Plot”即可得到相应的图表。

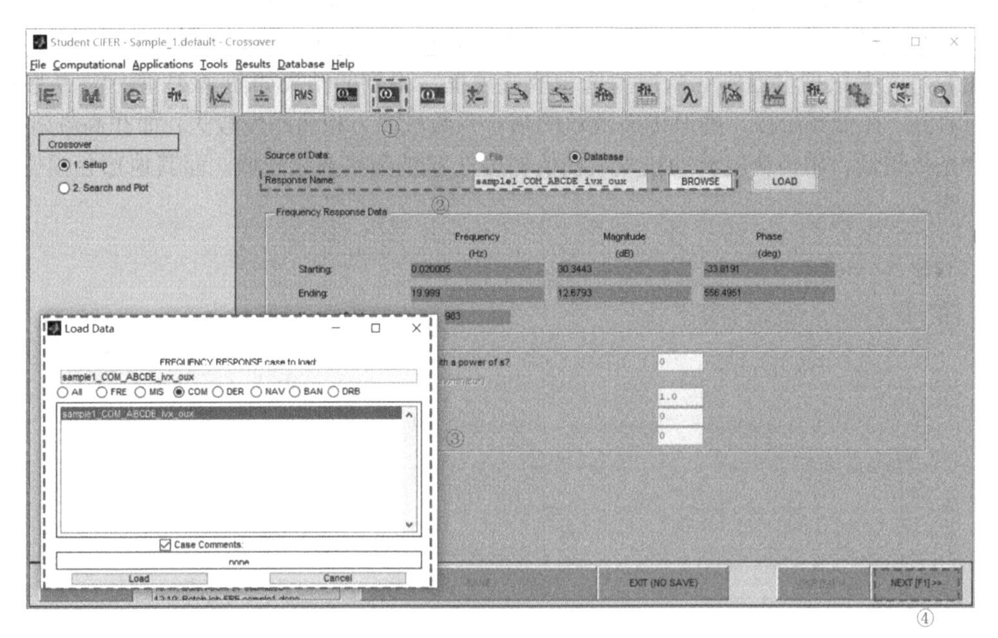

图 A.39　“CROSSOVER”窗口“Setup”界面

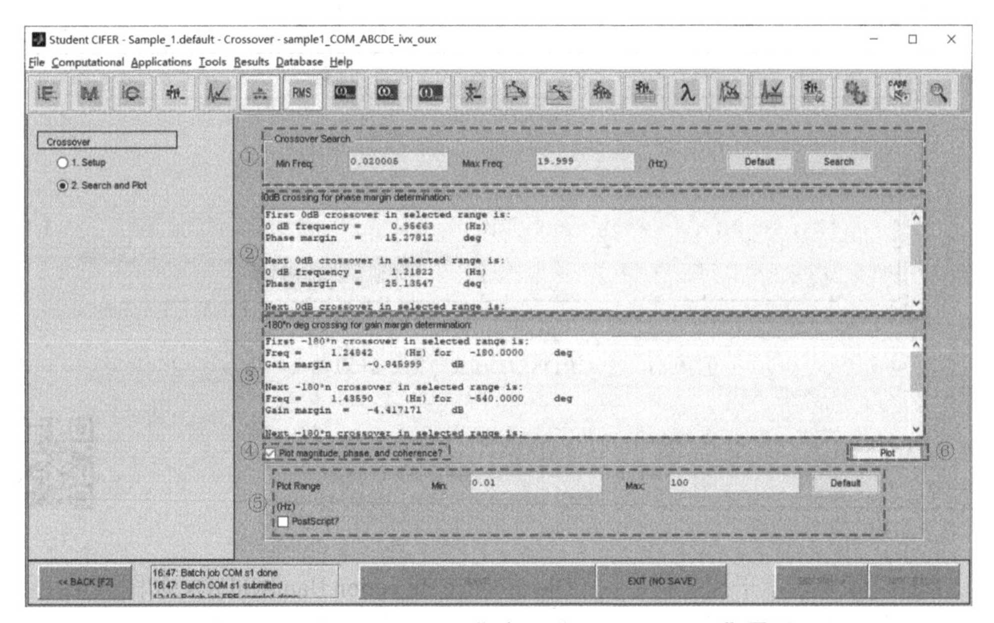

图 A.40　“CROSSOVER”窗口“Search and plot”界面

A.4.4.2 例程说明

本例程将对“CROSSOVER”模块进行详细说明。

（1）步骤一：进入“Setup”界面，选择之前创建的“Sample1”案例，如图 A.39 ③所示，其他设置保持系统默认值。读者也可以依据自己实际情况进行选择。

（2）步骤二：进入“Search and plot”界面，在“Crossover Search”这一栏中，单击“Default”设置系统默认频率范围；勾选“Plot magnitude, phase, and coherence?”获得相应图表，读者依据自己实际情况勾选相应选项框，得到的结果如图 A.41 所示。从图中可以看到，在低频阶段，辨识传递函数的耦合系数较高，相角裕度较大；而在高频阶段，耦合系数较低，相角裕度波动较大。幅值裕度在穿越频率部分较低，而其他部分幅值裕度较高。

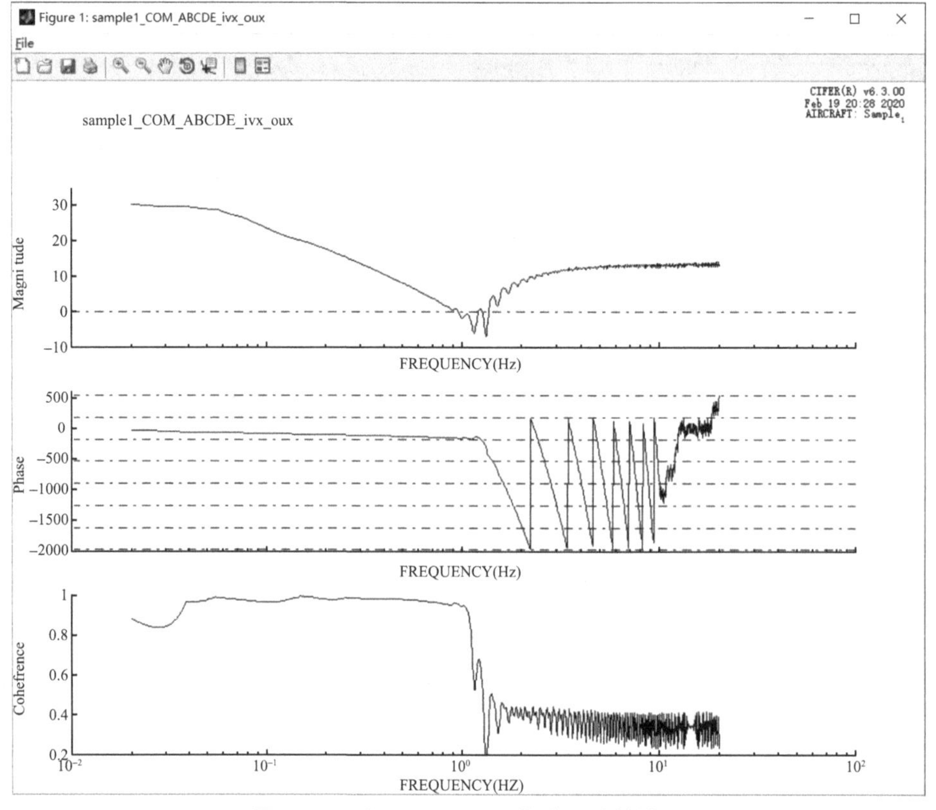

图 A.41 “CROSSOVER”窗口计算结果

A.4.5 干扰抑制带宽模块：DRB

A.4.5.1 操作说明

“DRB”模块表示干扰抑制带宽（Disturbance Rejection Bandwidth），如图 A.42 所示。该模块也是查看获得频域结果（带宽/相移）的一种形式，不过进行了更进一步的处理，抑制了高频的干扰信号。此工具也只有“Setup”与“Plot”两个界面。

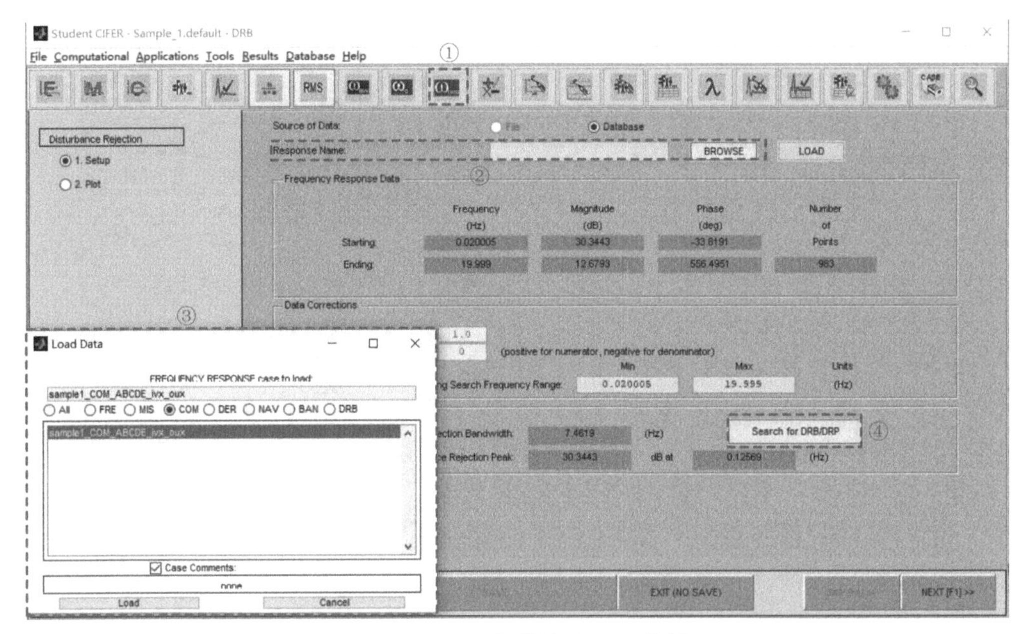

图 A.42 “DRB”模块“Setup”界面

1）步骤一：“Setup”界面

（1）首先导入准备计算的频域辨识结果，即“Response Name”一行，单击“BROWSE”，如图 A.42 ② 所示，前几节已经叙述过，不再赘述。

（2）在“Frequency Data Corrections”中对所导入结果中不满意的部分进行修正，具体内容与前几节类似的选项框相似，不再赘述。

（3）单击“Search for DRB\DRP”（如图 A.42 ④ 所示），可以得到辨识结果。

（4）单击“NEXT（F1）”，进入“Plot”界面。

2）步骤二：“Plot”界面

（1）勾选“Plot magnitude，DRB，DRP，and cohernece”（如图 A.43 ① 所示），可以对所画图形的频率范围进行设置，也可以单击“Default”（见图 A.43 ②），设置软件默认参数；最后单击“Plot”（见图 A.43 ③），生成最后结果。

（2）勾选“Save frequency response”（见图 A.43 ④），可以保存数据文件。

A.4.5.2 例程说明

本例程将对“DRB”模块进行详细说明。

（1）步骤一：在“Setup”界面中，选择之前创建的“Sample1”案例，其他选项保持系统默认设置，如图 A.42 ③ 所示。进而得到辨识结果如图 A.44 所示。从图中可以看到，在搜索频率范围 0.020004~19.999Hz 内，“DRB = 7.46Hz，DRP = 30.3443dB at 0.12569Hz”。

（2）步骤二：勾选“Plot magnitude，DRB，DRP，and cohernece”，其他设置保持系统默认设置，结果和步骤一的类似，这里就不进行举例了。

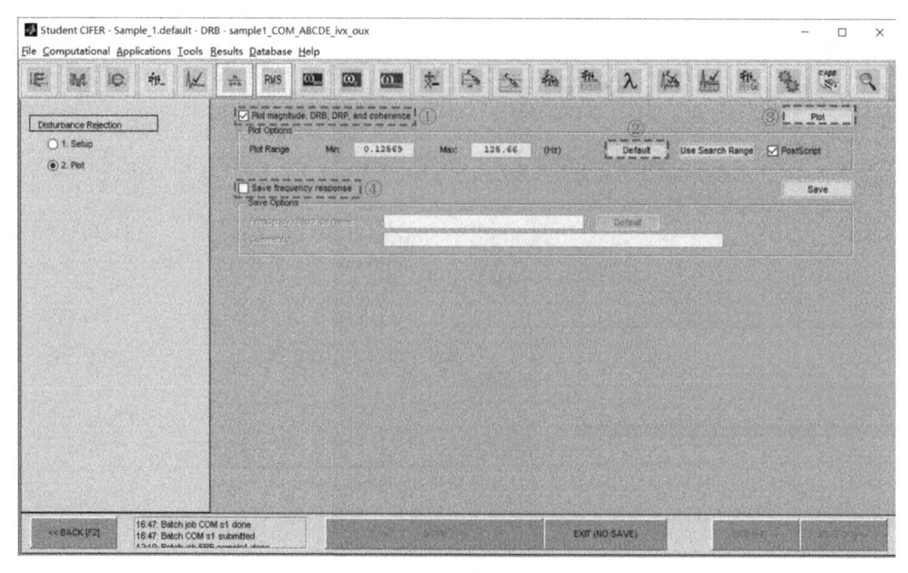

图 A.43　“DRB”模块“Plot”界面

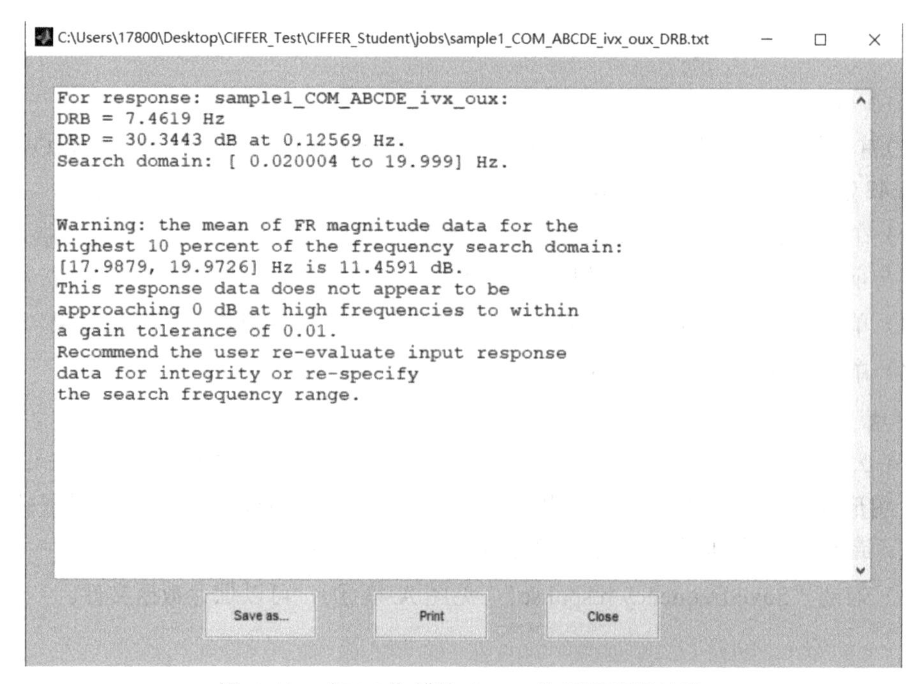

图 A.44　“DRB”模块“Setup”界面辨识结果

附 录 B

Appendix B

教师如何利用此书

本书提供了五个实验，每个实验包含基础实验、分析实验、设计实验和实飞实验。学生首先通过基础实验和分析实验在课下加深对实验原理和基础代码的了解，然后再进行设计实验。为了保证不同学生的设计实验的目标各不相同，以下给出两种解决方案：更新模型或者增加新实验。下面我们一一进行介绍。

B.1 更新模型

可以先参考 [19] 的第 5 章和第 6 章，设计新的多旋翼，并赋予新的参数，得到新的多旋翼，之后用于本书后续实验。以下方式可以保证学生很难有相同的任务。基于修改实验得到的结果，学生系统辨识得到的设计模型都不相同，对于后续的实验也都不相同。根据选课人数，还可以增加新机型，如四旋翼、五旋翼、七旋翼等。

B.1.1 修改多旋翼非线性系统模型参数

1）准备

详见文件夹“e0\SoftwareSimExps”。

2）目标

修改给定的多旋翼非线性系统模型（“e0\SoftwareSimExps\ icon\Init.m”）部分参数，如修改表 B.1 中的多旋翼质量或者转动惯量（注意要满足多旋翼参数配置合理），然后重新进行系统辨识，得到新的设计模型进行后续实验。

表 B.1 多旋翼非线性系统模型部分参数

```
1 %多旋翼模型参数
2 ModelParam_uavMass = 1.4;    %多旋翼质量(kg)
3 ModelParam_uavJxx = 0.0211; %中心主转动惯量
4 ModelParam_uavJyy = 0.0219;
5 ModelParam_uavJzz = 0.0366;
```

B.1.2 修改多旋翼动力系统实验的设计实验

1）准备

详见 https://flyeval.com/paper/及网上的动力单元信息。

2）目标

在海拔 0m，温度 25 °C 的情况下，设计一架多旋翼，载重为 2kg，机架、自驾仪及配件重量为 1kg，外界圆半径小于 1.5m，总体重量小于 $(7+Y)\text{kg}\times 9.8\text{m/s}^2$，悬停时间大于 15min，悬停油门小于满油门 65%，Y 表示给定的重量。需要完成：分别列出该多旋翼的所有飞行参数及基本飞行性能参数，在 https://flyeval.com/paper/上截图并说明选择的合理性。

B.1.3 改进多旋翼建模实验的设计实验

1）准备

“多旋翼飞行器动力系统设计实验”-“设计实验”中设计出的多旋翼，以及 https://flyeval.com/paper/提供的模型参数。

2）目标

列出 B.1.2 节得到的多旋翼数学模型，在 MATLAB/Simulink 上建立完整的多旋翼模型，并在 FlightGear 中添加多旋翼 3D 模型。在姿态模型方面，可以采用四元数模型、旋转矩阵模型或者欧拉角模型。对于选课学生，其学号倒数第三位除 3 的余数得到 $Z=\{0$：四元数模型，1：旋转矩阵模型，2：欧拉角模型$\}$。

B.2 增加新实验

1）滤波器设计实验

目前本书仅提供卡尔曼滤波的实验，还可以涉及目前的互补滤波、无迹卡尔曼滤波和粒子滤波等方法。

2）跟踪控制器设计实验

目前本书仅提供比较经典控制方法，来自于本科学习的 [20]。对于先进实用的控制方法，完全可以让学生在实验中尝试，特别是研究生相关的实验课程等。

3）路径跟随控制器设计实验

目前本书仅提供了基于人工势场法的路径规划算法，可以让学生尝试对人工势场法进行改进，包括引力势函数和斥力势函数等，以及解决局部极小值问题。或者让学生采用其他的路径规划算法，如 A^*、D^*、Dijkstra 算法等。

4）区域覆盖决策设计实验

多旋翼给农作物喷洒农药时，不仅需要沿特定路径飞行，还要在飞行过程中进行避障。因此，可以整合第 7 章和第 8 章算法设计一个新实验，即自动生成路径对区域覆盖和避障。

B.3 无定位系统情况下的实验

若没有室内定位系统，本实验也可以使用自带视觉导航定位功能的多旋翼完成。例如本书使用的 Tello 无人机支持单目视觉 SLAM 算法，能够准确地估计自身六自由度位姿，获取较为精确的位置反馈。同时，它能够接收四通道的速度控制指令，这样就形成了一个实验闭环。详情请参考 https://ww2.mathworks.cn/hardware-support/tello-drone-matlab.html。

如有疑问，请到 https://rflysim.com/docs/#5_Course/Content 查询更多信息。